继往开来 开拓创新

庆祝中国农学会科技情报分会成立三十周年

◎ 许世卫 主编

中国农业科学技术出版社

图书在版编目（CIP）数据

继往开来　开拓创新：庆祝中国农学会科技情报分会成立30周年/许世卫主编．—北京：中国农业科学技术出版社，2015.9
　ISBN 978-7-5116-2257-0

Ⅰ.①继…　Ⅱ.①许…　Ⅲ.①农学-科技情报-情报学会-中国-纪念文集　Ⅳ.①G359.229-53

中国版本图书馆CIP数据核字（2015）第216396号

| 责任编辑 | 朱　绯 |
| 责任校对 | 李向荣 |

出 版 者	中国农业科学技术出版社
	北京市中关村南大街12号　邮编：100081
电　　话	（010）82106626（编辑室）　（010）82109702（发行部）
	（010）82109709（读者服务部）
传　　真	（010）82106626
网　　址	http://www.castp.cn
经 销 者	新华书店北京发行所
印 刷 者	北京富泰印刷有限责任公司
开　　本	787 mm×1 092 mm　1/16
印　　张	21　插页 48面
字　　数	448千字
版　　次	2015年9月第1版　2015年9月第1次印刷
定　　价	158.00元

◆━━ 版权所有·翻印必究 ━━◆

《继往开来　开拓创新》
编委会

顾　问： 张玉香　　王贤甫　　梅方权

主　编： 许世卫

副主编： 孟宪学　　杨宁生　　孙素芬　　俞菊生　　郑业鲁
　　　　　　李　晓　　毕洪文　　刘清水　　刘恩平　　郑国清
　　　　　　李新华　　马建荣　　阮怀军　　朱方林

编　委（按姓氏笔画排列）：
　　　　　　马建荣　　王立涛　　王　昕　　朱永和　　乔德华
　　　　　　刘　慧　　安国民　　阮刘青　　李玉兰　　李兴华
　　　　　　李哲敏　　吴宝华　　沈　健　　沈祥成　　宋庆平
　　　　　　宋治文　　张巴克　　张会玲　　张　峭　　张蕙杰
　　　　　　欧　毅　　赵世强　　查贵庭　　骆建忠　　钱金良
　　　　　　徐红玳　　高　飞　　郭保民　　黄水清　　彭志良
　　　　　　覃泽林　　曾玉荣　　温淑萍　　潘大丰　　魏　虹

中国农学会科技情报分会作为农业情报界的群众性学术团体，自1985年成立以来，在中国农学会的直接领导下，在农业部等有关部门和单位的指导下，在挂靠单位中国农业科学院农业信息研究所和各省、区、市农业科学院农业信息研究所、信息中心、农业大学等单位的大力支持下，学会紧紧依靠团体会员单位和广大农业信息科技工作者，充分发挥作为群众性学术团体沟通、交流、桥梁和纽带的功能和作用，积极组织开展决策咨询、学术交流、科技创新、学科建设、国内外合作、期刊管理与评价、教育培训、人才培养、成果推广、举荐表彰等活动，在繁荣和发展我国农业信息科学、开展农业科技情报研究、促进农业信息技术应用等方面做出了积极贡献，有力地推动了我国农业信息学科建设和发展。

学会成立30年来，坚持"百花齐放，百家争鸣"的方针，倡导"奉献、创新、求实、协作"的精神；坚持民主办会，以科教兴农和农业与农村经济可持续发展为目标，围绕我国农业与农村经济发展、农业科技情报事业发展、农业信息学科体系建设与农业信息科技创新发展等重大问题以及农业科技情报研究、农业信息分析、农业智能监测预警、农业知识组织、农业信息共享、农业大数据、农业物联网、农业信息科技前沿技术等重要专业领域和方向，积极组织开展学术研讨、成果展示、技术交流等活动，先后组织全国性具有重大影响力的学术研讨会70余次，编印、汇集、交流学术论文2 000余篇，在为农业和农村经济发展科学决策、开创农业科技情报事业新局面、引领农业信息科技发展方向、加强国内外农业信息科技交流与合作、力、强农业信息科技人才培养、促进农业科技信息技术普及和推广等方面都发挥了重要的作用，先后多次被中国农学会授予"先进学会"荣誉称号。

在中国农学会科技情报分会成立30周年纪念之际，我们回顾学会发展历程、回顾学科发展进步，在总结过去30年来学科发展的基础上，唤醒和激励广大的农业信息工作者面向未来、更加积极地投身于农业信息科技创新发展之中，共同为现代农业发展提供强大信息科技支撑而努力。在30周年庆祝之际，我代表科技情报分会对中国农学会等上级有关部门，对中国科协、农业部、科技部及其相关业务司局，向相关学院及各省、区、市农业科研机构、农业大学等单位以及相关国际农业科研机构长期以来对学会工作的指导、关心、关注和大力支持表示衷心的感谢！向创建中国农学会科技情报分会的领导和前辈致敬！向为中国农业科技情报事业做出贡献的老一辈科学家致敬！向奋战在农业信息科研和信息服务战线一代代农业信息工作者致敬！是你们的不懈努力、辛勤耕耘、默默奉献和持恒相伴铸就了中国农学会科技情报分会的今天和辉煌！

2015年，是"十二五"收官之年，也是谋划"十三五"开篇之年，学会将继续深入贯彻落实党的"十八大"和十八届四中全会精神，按照农业部和中国农学会的工作部署以及工作思路的总体要求，顺应现代农业信息学科建设和发展需要，积极组织开展各种学术研讨和交流培训活动，坚持为农业与农村经济发展服务，坚持为农业信息学科建设和科技创新服务，坚持为农业信息科技工作者服务，不断提升学会服务能力和水平，全面推进学会工作再上新台阶，为繁荣和发展我国农业科技情报、农业信息科技事业做出新的更大贡献。

中国农学会科技情报分会　理事长
许世卫
2015年9月

目录

第一部分　中国农学会科技情报分会历届理事长（照片）/ 1

第二部分　中国农学会科技情报分会历届领导机构人员名单 / 5

第三部分　中国农学会科技情报分会主要成绩和荣誉 / 29

第四部分　中国农学会科技情报分会情怀 / 41

相守·共荣 …………………………………………………………… 李　晓（43）
庆祝中国农学会科技情报分会成立三十周年有感 ………………… 孙学权（45）
回顾与遐想
　　——庆祝中国农学会科技情报分会成立三十周年 …………… 唐　研（46）

第五部分　中国农学会科技情报分会活动照片 / 49

第六部分　中国农学会科技情报分会成立以来大事记 / 83

第七部分　中国农学会科技情报分会院所发展征文 / 93

团结进取、务实创新、促进农业信息学科发展 ……………………………（95）
中国水产科学研究院渔业信息学科情况简介 ……………………………（104）
中国热带农业科学院科技信息所发展历程及发展设想 …………………（111）
北京现代农业科技信息服务体系建设的探索与实践 ……………………（117）
上海市农业科学院农业科技信息研究所 …………………………………（124）
发展中的天津市农业科学院信息研究所 …………………………………（126）
科研立中心、人才兴中心、服务强中心 …………………………………（133）

黑龙江省农业科学院信息中心发展回顾与展望 ……………………………………（137）
吉林省农业科学院农业经济与信息服务中心现状及发展设想 ……………………（144）
辽宁省农业科学院信息中心 ……………………………………………………………（149）
开拓进取谋发展，继往开来谱新篇 ……………………………………………………（156）
新疆农业科学院农业经济与科技信息所发展现状和未来设想 ………………………（161）
新疆畜牧科学院畜牧业科技信息五十年 ………………………………………………（165）
青海省农林科学院科技信息研究所 ……………………………………………………（168）
甘肃省农业科学院农业经济与信息研究所发展历程与"十三五"
　　设想 ………………………………………………………………………………（170）
历史承载进步　创新引领发展 …………………………………………………………（173）
四川省农业科学院农业信息与农村经济研究所回顾与展望 …………………………（179）
贵州省农业科技信息研究所 ……………………………………………………………（184）
云南省农业科学院农业经济与信息研究所 ……………………………………………（186）
农业科研院所农业信息学科建设的实践与思考 ………………………………………（192）
适应发展要求，激发创新活力 …………………………………………………………（197）
适应新常态，不断创新突破 ……………………………………………………………（204）
河南省农业科学院农业经济与信息研究所基本情况与发展设想 ……………………（210）
安徽省农业科学院农经与信息所发展历程及未来展望 ………………………………（217）
江苏省农业科学院农业经济与信息研究所回顾与发展 ………………………………（226）
以学科建设为龙头　走特色发展道路　加快教学研究型学院建设
　　进程 ………………………………………………………………………………（233）
浙江省农业科学院农村发展研究所发展历程与设想 …………………………………（237）
湖北省农业科学院农业经济技术研究所发展之路 ……………………………………（244）
科技创新与信息服务并举　开拓信息所新局面 ………………………………………（252）
江西省农业科学院农业信息学科建设30年回顾与展望 ………………………………（258）
福建省农业经济与农业信息发展战略研究团队建设探讨 ……………………………（263）
改革创新驱动农业科技情报事业跨越发展
　　——广东省农业科学院农业经济与农村发展研究所30年发展
　　回顾及展望 ………………………………………………………………………（270）
依托信息资源优势，以现代信息技术助推现代农业发展 ……………………………（278）

第八部分　中国农学会科技情报分会学术论文交流 / 285

东北地区农林高校图书馆科研实力计量分析
　　………………………………………………………刘凤侠，李颖，刘婷婷（287）
构建农业大数据需解决的问题
　　………………………………………罗治情，陈娉婷，官波，彭栋，沈祥成（292）

竞争情报理论、方法与农业信息咨询服务研究
.... 孙晶岩，关静霞，秦疏影，刘娜（298）
均线分析应用于农产品市场价格波动变化的研究
.... 林中，戴明华，高国赋，李丹（304）
农产品质量安全溯源发展浅析
.... 黄红星，郑业鲁，刘晓珂，李静红（312）
上海现代都市农业科技发展战略展望
.... 俞菊生，罗强，董家田，张晨，俞美莲，马佳，马莹（318）

第一部分

中国农学会科技情报分会
历届理事长（照片）

王贤甫
第一、第二届理事长（1985—1994年）

郭典瑞
第三届理事长（1994—1997年）

梅方权
第三、第四届理事长（1997—2003年）

许世卫
第五、第六、第七届理事长（2003年— ）

第二部分

中国农学会科技情报分会历届领导机构人员名单

中国农学会科技情报分科学会第一届常务委员会名单

（第一届委员会1985年11月5日选举产生）

名誉主任委员：鲍贯洛（中国农业科学院）
主 任 委 员：王贤甫（中国农业科学院情报研究所）
副主任委员：蒋建平（中国农业科学院情报研究所）
　　　　　　徐承强（山西省农业科学院情报研究所）
　　　　　　齐显章（沈阳农学院情报资料室）
常 务 委 员：王自佩（中国农业科学院茶叶研究所）
　　　　　　成广仁（中国农业科学院兰州畜牧研究所）
　　　　　　刘毓香（中国农业科学院图书馆）
　　　　　　陈恩平（上海市农业科学院情报研究所）
　　　　　　姚浩然（黑龙江省农业科学院情报研究所）
　　　　　　黄天珍（北京农业大学情报室）
　　　　　　翁永庆（中国农垦情报中心）
　　　　　　熊笑园（农牧渔业部水产科学研究院情报研究所）

中国农学会科技情报分科学会第一届委员会专业学组及办公室组成名单

(第一届委员会1985年11月5日选举产生)

文献与检索学组
  组　　长：赵金林
  副组长：张良元　　柴　俊
  成　　员：章蜀贤　　于尔壬　　刘源甫　　黄益券

编译与报道学组
  组　　长：陈恩平
  副组长：马益康　　厉葆初
  成　　员：郑学玲　　关声环　　何祖才　　高　凯

情报研究学组
  组　　长：孙学权
  副组长：周世昆　　顾月清
  成　　员：张　戡　　吕从周　　袁志清　　王克海
  秘　　书：刘清水

情报理论与教育学组
  组　　长：叶永保
  副组长：李起秀　　薛紫华
  成　　员：薛德榕　　杜万莱　　刘淑霞　　宋华屏

学会办公室
  主　　任：赵伟钧

中国农学会科技情报分会
第二届常务理事会名单

(第二届理事会1989年10月13日选举产生)

名誉理事长：刘志澄（中国农业科学院）
理　事　长：王贤甫（中国农业科学院科技文献信息中心）
副理事长：徐承强（山西省农业科学院情报研究所）
　　　　　陈恩平（上海市农业科学院情报研究所）
　　　　　叶永保（山东农业大学科研管理处）
常务理事（按姓氏笔画排列）：
　　　　　马益康（江苏省农业科学院情报研究所）
　　　　　王民生（中国水产科学研究院情报研究所）
　　　　　王自佩（中国农业科学院茶叶研究所）
　　　　　王贤甫（中国农业科学院科技文献信息中心）
　　　　　厉葆初（中国水稻研究所科技情报系）
　　　　　叶永保（山东农业大学科研管理处）
　　　　　成广仁（中国农业科学院兰州畜牧研究所）
　　　　　孙学权（北京农业工程大学图书馆情报室）
　　　　　张森富（农业部农垦司科教处）
　　　　　陆忠康（中国水产科学研究院东海水产研究所）
　　　　　陈恩平（上海市农业科学院情报研究所）
　　　　　赵华英（中国农业科学院科技文献信息中心）
　　　　　赵金林（辽宁省农业科学院）
　　　　　侯汉清（南京农业大学图书情报系）
　　　　　徐承强（山西省农业科学院情报研究所）
　　　　　章蜀贤（河南省农业科学院情报研究所）
　　　　　梁忆冰（农业部植物检疫所情报室）
秘　书　长：赵华英（中国农业科学院科技文献信息中心）

副秘书长：林聚家（中国农业科学院科技文献信息中心）

第二届常务理事会授予荣誉理事名单

蒋建平（中国农业科学院农业技术经济研究中心）
齐显章（沈阳农业大学）
张　戡（吉林省农业科学院情报研究所）

中国农学会科技情报分会
专业委员会名单

情报检索与新技术专业委员会
  主 任 委 员：赵金林
  副主任委员：章蜀贤 柴 俊
  委   员：梁忆冰 高 凯 郑冶钢 窦葆璋

情报理论、教育与普及专业委员会
  主 任 委 员：叶永保
  副主任委员：薛紫华 侯汉清
  委   员：朱宾龙 李起秀 李 莎 林更生
       冠 冰 薛德榕

情报研究与开发专业委员会
  主 任 委 员：孙学权
  副主任委员：丁金城 柴 俊
  委   员：徐承强 成广仁 张森富 李文茂 干劲天
       刘清水 杨 辉 宋玉金 袁志清
  秘   书：景梅芳

编译与报道专业委员会
  主 任 委 员：陈恩平
  副主任委员：马益康 厉葆初
  委   员：何祖才 郑学玲 李培华 黄达晶
       高 成 王自佩

渔业情报协作网
  主 任 委 员：王民生
  副主任委员：陆忠康 翁维源
  委   员：张进宝 黄建平 王绍元 巫道镛 陈 彤
       王福俊 赵升玉

中国农学会科技情报分会第三届常务理事会名单

(第三届理事会1994年9月7日选举产生)

名誉理事长：刘志澄（中国农业科学院）
　　　　　　　王贤甫（中国农业科学院科技文献信息中心）
理　事　长：郭殿瑞（中国农业科学院科技文献信息中心）
　　　　　　　梅方权（中国农业科学院科技文献信息中心）
副理事长：陈恩平（上海市农业科学院情报研究所）
　　　　　　　郑冶钢（辽宁省农业科学院情报研究所）
　　　　　　　徐承强（山西省农业科学院情报研究所）
　　　　　　　叶永保（山东农业大学情报室）
　　　　　　　黄达晶（浙江省农业科学院情报研究所）
常务理事（按姓氏笔画排列）：
　　　　　　　王民生（中国水产科学研究院情报研究所）
　　　　　　　叶永保（山东农业大学情报室）
　　　　　　　向　阳（西南农业大学图书馆）
　　　　　　　孙学权（北京农业工程大学图书馆情报室）
　　　　　　　李位鑫（北京市农林科学院情报研究所）
　　　　　　　陆忠康（中国水产科学研究院东海水产研究所）
　　　　　　　陈林官（天津市农业科学院信息研究所）
　　　　　　　陈恩平（上海市农业科学院情报研究所）
　　　　　　　陈德寿（贵州省农业科学院科技信息研究所）
　　　　　　　郑冶钢（辽宁省农业科学院情报研究所）
　　　　　　　赵华英（中国农业科学院科技文献信息中心）
　　　　　　　柳世铭（中国水稻研究所科技信息系）
　　　　　　　冠　冰（山东省农业科学院情报研究所）
　　　　　　　徐承强（山西省农业科学院情报研究所）

　　　　　　郭殿瑞（中国农业科学院科技文献信息中心）
　　　　　　黄达晶（浙江省农业科学院情报研究所）
　　　　　　蔡　鑫（江苏省农业科学院情报研究所）
　　　　　　缪卓然（中国农业科学院科技文献信息中心）
　　　　　　薛紫华（浙江农业大学情报室）
秘 书 长：赵华英（中国农业科学院科技文献信息中心）
副秘书长：侯连德（中国农业科学院科技文献信息中心）
荣誉理事：赵金林（辽宁省农业科学院）
　　　　　　成广仁（中国农业科学院兰州畜牧研究所）
　　　　　　马益康（江苏省农业科学院情报研究所）
　　　　　　厉葆初（中国水稻研究所科技情报系）

中国农学会科技情报分会专业委员会名单

情报检索与新技术专业委员会
　　主 任 委 员：郑冶钢
　　副主任委员：林　海　　何祖才
　　委　　　员：白碧君　　李光明　　潘　薇　　刘世兴
　　　　　　　　马剑峰　　赵立桢

情报研究与开发咨询专业委员会
　　主 任 委 员：孙学权
　　副主任委员：陈林官　　张继蕊　　蔡　鑫
　　委　　　员：成广仁　　王文玺　　刘清水　　游承俐　　谢承桂
　　　　　　　　徐承强　　李位鑫　　窦翰修　　李小平　　何崇安

情报编译与传播专业委员会
　　主 任 委 员：黄达晶
　　副主任委员：陈德寿　　赵锁劳
　　委　　　员：陈恩平　　侯连德　　柳世明　　杨有龙　　赵　侠
　　　　　　　　谢勤臣　　向善荣

情报教育与理论方法专业委员会
　　主 任 委 员：薛紫华
　　副主任委员：叶永保　　冠　冰　　向　阳
　　委　　　员：朱永和　　朱宾龙　　谷跃麟　　孙希琪
　　　　　　　　谈大军　　董毅士

渔业情报专业委员会
　　主 任 委 员：王民生
　　副主任委员：王　宇　　陆忠康　　张洁月
　　委　　　员：张进宝　　卢　怡　　王绍元　　巫道镛　　陈　彤
　　　　　　　　王福俊　　薛鸿瀛　　赵永泉　　李正军

中国农学会科技情报分会
第四届常务理事会名单

(第四届理事会1998年9月14日选举产生)

名誉理事长：刘志澄　闵耀良　王贤甫　郭殿瑞
理　事　长：梅方权（中国农业科学院科技文献信息中心）
副理事长：张玉香（农业部市场信息司）
　　　　　方　喻（农业部信息中心）
　　　　　缪卓然（中国农业科学院科技文献信息中心）
　　　　　郑冶钢（辽宁省农业科学院情报研究所）
　　　　　孙学权（中国农业大学东校区）
　　　　　俞菊生（上海市农业科学院信息研究所）
　　　　　侍守江（长江农业集团）
常务理事（按姓氏笔画排列）：
　　　　　方　喻（农业部信息中心）
　　　　　朱永和（安徽省农业科学院情报研究所）
　　　　　向　阳（西南农业大学图书馆）
　　　　　孙学权（北京农业工程大学图书馆情报室）
　　　　　李　建（中国水稻研究所农经与科技信息系）
　　　　　李　晓（四川省农业科学院情报研究所）
　　　　　李小平（深圳农科中心情报室）
　　　　　杨宁生（中国水产科学研究院信息研究所）
　　　　　吴小平（湖南鹏程集团）
　　　　　张玉香（农业部市场信息司）
　　　　　张继慈（新疆畜牧科学院科研处）
　　　　　陈林官（天津市农业科学院信息研究所）
　　　　　陈德寿（贵州省农业科学院科技信息研究所）
　　　　　林　海（浙江省农业科学院情报研究所）

　　　　　　林聚家（中国农业科学院科技文献信息中心）
　　　　　　侍守江（长江农业集团）
　　　　　　周建农（江苏省农业科学院情报研究所）
　　　　　　郑业鲁（广东省农业科学院情报研究所）
　　　　　　郑冶钢（辽宁省农业科学院情报研究所）
　　　　　　赵　春（山西省农业科学院情报研究所）
　　　　　　俞菊生（上海市农业科学院信息研究所）
　　　　　　高春新（山东省农业科学院情报研究所）
　　　　　　郭志弘（北京市农林科学院农业科技情报研究所）
　　　　　　梅方权（中国农业科学院科技文献信息中心）
　　　　　　章云兰（浙江农业大学情报室）
　　　　　　缪卓然（中国农业科学院科技文献信息中心）
秘 书 长：林聚家（中国农业科学院科技文献信息中心）
副秘书长：王千里（内蒙古农牧业科学院信息研究所）
　　　　　　李　晓（四川省农业科学院情报研究所）
　　　　　　杨宁生（中国水产科学研究院信息研究所）
　　　　　　周建农（江苏省农业科学院情报研究所）
　　　　　　郑业鲁（广东省农业科学院情报研究所）
　　　　　　段玉仙（中国农业科学院科技文献信息中心）
荣 誉 理 事（按姓氏笔画排列）：
　　　　　　马益康　　王民生　　厉葆初　　成广仁　　叶永保　　齐显章
　　　　　　李位鑫　　陆忠康　　陈恩平　　赵华英　　赵金林　　徐承强
　　　　　　黄达晶　　蒋建平　　蔡　鑫　　薛紫华

中国农学会科技情报分会工作委员会名单

组织联络工作委员会
  主 任 委 员：孙学权
  副主任委员：郭志弘 林聚家
  委   员：王千里 王景辉 刘晓嫒 李文明 张小青
        陈德寿 徐承强 章练红 韩成伟

学术工作委员会
  主 任 委 员：郑冶钢
  副主任委员：张继蕊 林 海 俞菊生 杨宁生
  委   员：丁超英 于 戈 王怀惠 卢 怡 刘清水
        李小平 张国伟 陈旭毅 周 海 周建农
        黄水清 游承俐 路文如

咨询与开发工作委员会
  主 任 委 员：缪卓然
  副主任委员：陈林官 朱永和 郑业鲁 李 晓
  委   员：王效睦 戈贤平 包 平 吴士荣 赵 春
        赵永泉 赵锁劳 段玉仙 程永千 魏秀娟

中国农学会科技情报分会
第五届常务理事会名单

(第五届理事会2003年9月12日选举产生)

名誉理事长：王贤甫　　梅方权

理 事 长：许世卫（中国农业科学院科技文献信息中心）

副理事长：孟宪学（中国农业科学院科技文献信息中心）

　　　　　　林聚家（中国农业科技出版社）

　　　　　　杨宁生（中国水产科学研究院信息研究所）

　　　　　　俞菊生（上海市农业科学院农业科技信息研究所）

　　　　　　丁超英（湖南省农业科学院科技情报研究所）

　　　　　　郑业鲁（广东省农业科学院科技情报研究所）

　　　　　　朱建华（山东省农业科学院情报研究所）

　　　　　　孙素芬（北京市农林科学院农业科技信息研究所）

　　　　　　李　晓（四川省农业科学院科技情报研究所）

　　　　　　戴　健（新疆农业科学院农业经济科技信息所）

常 务 理 事：（按姓氏笔画排列）

　　　　　　丁超英（湖南省农业科学院科技情报研究所）

　　　　　　卫建强（山西省农业科学院科技情报研究所）

　　　　　　包　平（南京农业大学图书馆）

　　　　　　朱　莉（山东农业大学图书馆）

　　　　　　朱永和（安徽省农业科学院情报研究所）

　　　　　　朱建华（山东省农业科学院情报研究所）

　　　　　　刘红葵（内蒙古畜牧科学院信息研究所）

　　　　　　许世卫（中国农业科学院科技文献信息中心）

　　　　　　孙素芬（北京市农林科学院农业科技信息研究所）

　　　　　　李　建（中国水稻研究所科技信息中心）

　　　　　　李思经（中国农业科学院科技文献信息中心）

李　晓（四川省农业科学院科技情报研究所）
杨从科（河北省农业科学院农业经济研究所）
杨宁生（中国水产科学研究院信息研究所）
杨晓临（西北农林科技大学图书馆情报室）
张继慈（新疆畜牧科学院科研处）
吴宝华（天津农学院图书馆）
陆文龙（天津市农业科学院信息研究所）
陈毓生（上海水产大学图书馆）
林聚家（中国农业科技出版社）
俞菊生（上海市农业科学院农业科技信息研究所）
郑业鲁（广东省农业科学院科技情报研究所）
孟宪学（中国农业科学院科技文献信息中心）
赵　侠（辽宁省农业科学院情报研究所）
赵　春（山西省多元农业发展研究中心）
姜玉梅（长春市农业信息中心）
骆云中（西南农业大学图书馆）
章云兰（浙江大学图书馆农业分馆）
彭志良（贵州省农业科学院科技信息研究所）
蔡鹭茵（浙江省农业科学院农村发展与信息研究所）
缪小燕（北京农学院图书馆）
潘　薇（中国农业大学图书馆）
薛喜梅（河南省农业科学院农业经济信息研究所）
戴　健（新疆农业科学院农业经济科技信息所）
戴起伟（江苏省农业科学院科技情报研究所）

秘 书 长：孟宪学（中国农业科学院科技文献信息中心）
副秘书长：李思经（中国农业科学院科技文献信息中心）
　　　　　邵长磊（中国农业科学院科技文献信息中心）
　　　　　潘　薇（中国农业大学图书馆）
　　　　　卫建强（山西省农业科学院科技情报研究所）
　　　　　薛喜梅（河南省农业科学院农业经济信息研究所）
　　　　　朱永和（安徽省农业科学院情报研究所）
　　　　　戴起伟（江苏省农业科学院科技情报研究所）
　　　　　王千里（内蒙古农牧业科学院信息研究所）
荣誉理事：张玉香　　方　瑜　　向　阳　　孙学权　　李小平
　　　　　陈林官　　陈德寿　　林　海　　周建农　　郑冶钢
　　　　　高春新　　郭志弘　　段玉仙

中国农学会科技情报分会专业委员会名单

情报研究与教育专业委员会
  主 任 委 员：俞菊生
  副主任委员：聂凤英 朱 莉 章云兰 包 平 刘 锋
  委   员：陆文龙 蔡鹭茵 欧阳海鹰 张 权 亢成业
        吴宝华 黄 海 叶 勤 陈毓生

信息技术应用专业委员会
  主 任 委 员：邵长磊
  副主任委员：周国民 刘 喜
  委   员：赵春江 赵瑞雪 诸叶平 高 飞 郑国清
        郑可峰 刘世洪 王文生 刘 扬

情报咨询与产业开发专业委员会
  主 任 委 员：郑业鲁
  副主任委员：孙素芬 李 晓
  委   员：卫建强 张 峭 李秀峰 彭志良 曾玉荣
        薛喜梅 戴 健

编辑出版专业委员会
  主 任 委 员：林聚家
  副主任委员：路文如 朱永和 梁国彪 戴起伟
        赵 春 赵 侠
  委   员：王千里 陈新平 刘红葵 李 建 王景辉
        张晓琴 雷 波

国际交流与合作专业委员会
  主   任：李思经
  副 主 任：潘淑春 潘 薇
  委   员：张 莉 胡定金 刘月仙 陈 清 宋治文
        邱敦莲 李运景

中国农学会科技情报分会
第六届常务理事会名单

(第六届理事会2008年10月29日选举产生)

名誉理事长：张玉香　　王贤甫　　梅方权
理 事 长：许世卫（中国农业科学院农业信息研究所）
副理事长：孟宪学（中国农业科学院农业信息研究所）
　　　　　　杨宁生（中国水产科学研究院信息中心）
　　　　　　孙素芬（北京市农林科学院农业科技信息研究所）
　　　　　　朱建华（山东省农业科学院信息中心）
　　　　　　戴　健（新疆农业科学院）
　　　　　　丁超英（湖南省农业科学院科研处）
　　　　　　郑业鲁（广东省农业科学院科技情报研究所）
　　　　　　李　晓（四川省农业科学院农业信息与农村经济研究所）
　　　　　　方　佳（中国热带农业科学院科技信息研究所）
　　　　　　俞菊生（上海市农业科学院农业科技信息研究所）
　　　　　　任长顺（黑龙江省农科院科技信息中心）
　　　　　　许才明（江苏省农业科学院农业信息研究所）
　　　　　　刘清水（中国农业大学图书馆）
常 务 理 事（按姓氏笔画排列）：
　　　　　　丁红军（农业部人力资源开发中心）
　　　　　　丁超英（湖南省农业科学院科研处）
　　　　　　于春池（河北省农林科学院农业信息与经济研究所）
　　　　　　方　佳（中国热带农业科学院科技信息研究所）
　　　　　　王云峰（西北农林科技大学图书馆）
　　　　　　王文生（中国农业科学院农业信息研究所）
　　　　　　王立涛（黑龙江省农垦科学院科技情报研究所）
　　　　　　王登举（中国林业科学研究院林业科技信息所）

白　泰（甘肃省农业科学院科技信息中心）
朱永和（安徽省农业科学院情报研究所）
朱建华（山东省农业科学院信息中心）
任长顺（黑龙江省农科院科技信息中心）
刘世禄（中国水产科学研究院黄海水产研究所）
刘红葵（内蒙古农牧业科学院畜牧科技信息研究所）
刘清水（中国农业大学图书馆）
许才明（江苏省农业科学院农业信息研究所）
许世卫（中国农业科学院农业信息研究所）
孙素芬（北京市农林科学院农业科技信息研究所）
苏延科（西南大学图书馆）
李　建（中国水稻研究所科技信息中心）
李　晓（四川省农业科学院农业信息与农村经济研究所）
李思经（中国农业科学技术出版社）
杨宁生（中国水产科学研究院信息中心）
杨剑平（北京农学院图书馆）
宋治文（天津市农业科学院信息研究所）
吴宝华（天津农学院图书馆）
陈玉成（辽宁省农业科学院科技信息研究所）
陈益忠（中国农业科学院农业信息研究所）
张　峭（中国农业科学院农业信息研究所）
张巴克（江西省农业科学院农业经济与信息研究所）
张思竹（云南省农业科学院农业经济与信息研究所）
张蕙杰（中国农业科学院农业信息所）
郑业鲁（广东省农业科学院科技情报研究所）
郑国清（河南省农业科学院农业经济与信息研究所）
孟宪学（中国农业科学院农业信息研究所）
胡定金（湖北省农科院农业测试与科技信息中心）
俞菊生（上海市农业科学院科技信息研究所）
姜玉梅（长春市农业信息中心）
徐红玳（浙江省农业科学院农村发展与信息研究所）
高荣华（南京农业大学信息科学技术学院）
章云兰（浙江大学图书馆）
梁　贤（广西农业科学院科技情报研究所）
彭志良（贵州省农业科学院科技信息研究所）
彭新德（湖南省农业科学院科技情报研究所）

　　　　　　温淑萍（宁夏农林科学院农业科技信息研究所）
　　　　　　曾　路（新疆农垦科学院科技信息研究所）
　　　　　　曾玉荣（福建省农业科学院农业经济与科技信息研究所）
　　　　　　路立平（吉林省农业科学院农业经济与信息中心）
　　　　　　戴　健（新疆农业科学院）
秘 书 长：张　峭（中国农业科学院农业信息研究所）
副秘书长：陈益忠（中国农业科学院农业信息研究所）
　　　　　　丁红军（农业部人力资源开发中心）
　　　　　　张蕙杰（中国农业科学院农业信息所）
　　　　　　朱永和（安徽省农业科学院情报研究所）
　　　　　　胡定金（湖北省农业科学院农业测试与科技信息中心）
　　　　　　郑国清（河南省农业科学院农业经济与信息研究所）
　　　　　　陈玉成（辽宁省农业科学院科技信息研究所）
　　　　　　彭新德（湖南省农业科学院科技情报研究所）
　　　　　　李思经（中国农业科学技术出版社）
　　　　　　姜玉梅（长春市农业信息中心）
　　　　　　李哲敏（中国农业科学院农业信息研究所）
　　　　　　温淑萍（宁夏农林科学院农业科技信息研究所）
荣誉理事：方　瑜　　孙学权　　向　阳　　陈林官　　陈德寿
　　　　　　李小平　　林　海　　陆文龙　　周建农　　朱　莉
　　　　　　郑冶钢　　高春新　　郭志弘　　段玉仙　　薛喜梅

中国农学会科技情报分会专业委员会名单

情报研究与教育专业委员会
  主 任 委 员：俞菊生
  副主任委员：路文如 高荣华 刘 锋 杨剑平 彭志良
       章云兰 李志强 陈毓生

信息技术应用专业委员会
  主 任 委 员：王文生
  副主任委员：孙素芬 刘世洪 郑国清 曾玉荣 陈新平
       张学福 彭新德 王立涛

国际交流与合作专业委员会
  主 任 委 员：许才明
  副主任委员：张蕙杰 胡定金 李思经 刘红葵 李秀峰
       张巴克 李 建 高彦生

情报咨询与产业开发专业委员会
  主 任 委 员：郑业鲁
  副主任委员：邵长磊 李 晓 魏 虹 宋治文 石明芳
       郑美玉 林希森 刘凤霞

中国农学会科技情报分会
第七届常务理事会名单

(第七届理事会 2013 年 11 月 19 日选举产生)

名誉理事长：张玉香　　王贤肯　　梅方权
名誉副理事长：丁超英　　方　佳　　朱建华　　许才明
理　事　长：许世卫（中国农业科学院农业信息研究所）
副理事长：孟宪学（中国农业科学院农业信息研究所）
　　　　　杨宁生（中国水产科学研究院信息中心）
　　　　　孙素芬（北京市农林科学院农业科技信息研究所）
　　　　　俞菊生（上海市农业科学院农业科技信息研究所）
　　　　　郑业鲁（广东省农业科学院科技情报研究所）
　　　　　李　晓（四川农业科学院农业信息与农村经济研究所）
　　　　　任长顺（黑龙江省农科院科技信息中心）
　　　　　刘清水（中国农业大学图书馆）
　　　　　刘恩平（中国热带农业科学院科技信息研究所）
　　　　　郑国清（河南省农业科学院农业经济与信息研究所）
　　　　　彭新德（湖南省农科院科技情报研究所）
　　　　　马建荣（新疆农业科学院农业经济与科技信息研究所）
　　　　　阮怀军（山东省农业科学院科技信息研究所）
　　　　　刘华周（江苏省农业科学院农业经济与信息研究所）
常务理事（按姓氏笔画排列）：
　　　　　丁超英（湖南省农业科学院研究生院）
　　　　　于春池（河北省农林科学院农业信息与经济研究所）
　　　　　万　忠（广东省农业科学院科技情报研究所）
　　　　　马　彦（甘肃省农业科学院农业经济与信息研究所）
　　　　　马建荣（新疆农业科学院农业经济与科技信息研究所）

王　昕（辽宁省农业科学院信息中心）
王云峰（西北农林科技大学图书馆）
王立涛（黑龙江省农垦科学院科技情报研究所）
方　佳（中国热带农业科学院科技信息研究所）
朱永和（安徽省农学科院情报研究所）
朱建华（山东省农业科学院信息中心）
任长顺（黑龙江省农科院科技信息中心）
刘　慧（中国水产科学研究院黄海水产研究所）
刘华周（江苏省农业科学院农业经济与信息研究所）
刘恩平（中国热带农业科学院科技信息研究所）
刘清水（中国农业大学图书馆）
安国民（吉林省农科院农业经济与信息服务中心）
许才明（江苏省农业科学院设计农业研究中心）
许世卫（中国农业科学院农业信息研究所）
孙素芬（北京市农林科学院农业科技信息研究所）
阮刘青（中国水稻研究所科技信息中心）
阮怀军（山东省农业科学院科技信息研究所）
李　晓（四川农业科学院农业信息与农村经济研究所）
李玉兰（西南大学图书馆）
杨宁生（中国水产科学研究院信息中心）
吴宝华（天津农学院图书馆）
宋庆平（新疆农垦科学院科技信息研究所）
宋治文（天津市农业科学院信息研究所）
沈　健（浙江大学图书馆）
张　峭（中国农业科学院农业信息研究所）
张巴克（江西省农业科学院农业经济与信息研究所）
张蕙杰（中国农业科学院农业信息所）
俞菊生（上海市农科院科技信息研究所）
郑业鲁（广东省农业科学院农业经济与农村发展研究所）
郑国清（河南省农业科学院农业经济与信息研究所）
孟宪学（中国农业科学院农业信息研究所）
查贵庭（南京农业大学图书馆）
骆建忠（中国农业科学技术出版社）

钱金良（云南省农业科学院农经与信息研究所）
徐红玳（浙江省农业科学院农村发展与信息研究所）
郭保民（内蒙古农牧业科学院畜牧科技信息研究所）
高　飞（北京农学院图书馆）
高彦生（珠海出入境检验检疫局）
黄水清（南京农业大学信息科学技术学院）
彭立军（湖北省农科院农业测试与科技信息中心）
彭志良（贵州省农科院科技信息研究所）
彭新德（湖南省农科院科技情报研究所）
覃泽林（广西农业科学院农业科技信息研究所）
温淑萍（宁夏农林科学院农业科技信息研究所）
曾玉荣（福建省农科院农业经济与科技信息所）
潘大丰（山西省农业科学院农业科技信息研究所）
魏　虹（中国农业科学院农业信息研究所）

变更增补常务理事名单

毕洪文（黑龙江省农业科学院信息中心）
李兴华（湖南省农业信息与工程中心）
朱方林（江苏省农业科学院农业经济与信息研究所）
赵世强（河北省农林科学院农业信息与经济研究所）
乔德华（甘肃省农业科学院农业经济与信息研究所）
张会玲（西北农林科技大学图书馆）
杨前进（安徽省农学科院情报研究所）
沈祥成（湖北省农业科学院农业经济技术研究所）

秘　书　长：张　峭（中国农业科学院农业信息研究所）
副秘书长：丁红军（农业部人力资源开发中心）
张蕙杰（中国农业科学院农业信息所）
骆建忠（中国农业科学技术出版社）
朱永和（安徽省农学科院情报研究所）
温淑萍（宁夏农林科学院农业科技信息研究所）
宋治文（天津市农业科学院信息研究所）
曾玉荣（福建省农科院农业经济与科技信息所）
王　昕（辽宁省农业科学院信息中心）
彭立军（湖北省农业科学院农业测试与科技信息中心）

欧　毅（重庆市农业科学院科技信息中心）
李哲敏（中国农业科学院农业信息研究所）
魏　虹（中国农业科学院农业信息研究所）

名 誉 理 事（排名不分先后）：

方　瑜	孙学权	陈林官	陈德寿	李小平
林　海	陆文龙	周建农	朱　莉	高春新
郭志弘	段玉仙	薛喜梅	郑冶钢	姜玉梅
路文如	陈益忠	林聚家	李思经	李锁平
戴　健	杨剑平	路立平	陈玉成	刘红葵
曾　路	白　泰	张思竹	刘思禄	高荣华
章云兰	苏延科			

第三部分

中国农学会科技情报分会
主要成绩和荣誉

中国农学会科技情报分会作为农业情报界的群众性学术团体，自1985年成立以来，在中国农学会的直接领导下，在农业部等有关部门和单位的指导下，在挂靠单位中国农业科学院农业信息研究所和各省、区、市农（牧）业科学院农业信息研究所的大力支持下，学会紧紧依靠团结各单体会员和广大农业信息科技工作者，充分发挥作为群众性学术团体沟通、交流、桥梁和纽带的功能与作用，围绕我国农业与农村经济发展、农业科技情报事业发展、农业信息学科体系建设和农业信息科技创新发展等重大问题以及农业科技情报研究、农业信息分析、农业智能监测预警、农业知识组织、农业信息共享、农业大数据、农业物联网、农业信息科技前沿技术等重要专业领域和方向，积极组织开展决策咨询、学术交流、科技创新、学科建设、国内外合作、期刊管理、教育培训、人才培养、成果推广、举荐表彰等活动。为繁荣和发展我国农业科技情报、农业信息事业做出了积极贡献，有力地推动了我国农业信息学科建设和发展。

学会先后组织全国性重大影响力学术研讨会70余次，举办各类专业培训班近20次，编印、汇集、交流学术论文2 000余篇；组织会员参加国内外（学会以外）学术研讨会12次以上；组织编辑出版各种著作及工具书12部，编辑出版学刊245期，组稿3.6万多篇，发稿1万多篇，4 500万字；发展团体会员单位90多个，会员2 000多人；先后进行各类表彰300多人次；编辑学会工作简讯62期，60多万字。

一、结合我国农业与农村经济发展中的重大问题，组织开展科学研究与学术交流，为农业生产和农村经济发展科学决策服务

1. 1986年，为配合中央四部委主持召开的武夷山区农村开发和综合治理学术研讨会，学会组织会员开展了国内外山区农村开发和综合治理经验教训的研究，提供了9篇苏、日、法、东南亚及我国古代山区开发综合治理的综述文章，受到中国农学会及与会代表的好评。这是学会成立以来第一次组织直接开展为我国农业生产和科研工作的发展提供咨询服务。

2. 1988年6月，根据中央提出"把我国人民的食物结构问题作为战略问题考虑，并作为一项基本国策"精神，学会在北京组织召开了"我国不同类型食物消费与发展战略研讨会"。根据我国农业生产条件和经济发展水平，特别是食物消费水平以及饮食习惯等因素，会议提出了我国食物消费与发展的地区类型划分及发展战略。

3. 1990年11月，学会在安徽歙县组织召开"农业科技情报转化为生产力学术研讨会"，探讨了农业科技情报促进农业科技转化为生产力的经验、途径、方法、潜力和科技情报工作在促进转化过程中的地位和作用，并向有关领导部门提出了"关于开发情报资源，促进科技兴农的建议"、"关于加强农业科技情报研究工作的建议"及"关于开展查新工作的建议"，引起有关部门的重视，1991年受农业部科技司委托，由中国农业科学院科技文献中心正式立题开展研究。

4. 1991年，学会以农业部课题"农业科技情报转化为生产力研究"为基础，面向农业与农村经济主战场，积极开创农业科技情报工作新局面，于10月和11月分别在北京、海南组织召开了"农业科技情报与科教兴农学术研讨会"、"强化情报服务，促进科教兴农研讨会"，提出为科教兴农服务的四个方面，即为领导部门决策咨询服务、为科研人员科技创新服务、为农业生产技术推广服务、为农业经营人员生产经营服务。并对农业情报工作管理体制提出了书面建议。

5. 1993年5月，针对即将恢复我国关贸总协定缔约国地位和发展农业信息产业的新形势，学会在湖北沙市组织召开了"复关与农业信息产业化问题研讨会"，分析了我国"入关"及农业发展对策，提出了开展若干国家和地区农产品贸易政策法规资料编译、研究和我国农产品竞争态势及对策研究的建议。

6. 1998年9月，学会在内蒙古呼和浩特组织召开了"全国农业信息产业化与农业产业化经营学术研讨会"，围绕农业信息机构改革、农业信息产业化建设和农村经济服务等当前的重大问题开展研讨，为进一步开展农业信息产业化研究，深化信息机构改革奠定了基础。

7. 2006年7月和9月，学会先后在贵阳和海南召开了两次有关农业信息化、信息技术与新农村建设研讨会，会议的召开对于我国农业信息化、农业信息技术发展与新农村建设起到了积极的推动作用。

二、针对农业科技情报事业发展中的重大问题，组织开展学术研究与合作交流，不断开创农业科技情报事业工作新局面

1. 1986年，为正确评价农业科技情报研究成果，解决农业情报工作人员的技术职称，稳定情报队伍，保证农业情报事业顺利发展，在调查的基础上，学会组织开展了"农业情报研究成果的评价标准和评价方法"的研究，撰写了"情报研究成果评价标准及评价方法研究报告"。该报告被农牧渔业部科技成果管理部门采纳，并正式编入《农牧渔业部科技成果报奖条例》。

2. 1987年，在科技情报界引进计算机之初，学会在陕西杨陵组织召开了"全国农业情报电子计算机系统建设培训班"，根据我国农业情报系统的实际情况，提出了"七五"期间农业数据库建设以及具有地方特色的省级农业数据库的建设目标，此次会议对推动全国农业情报计算机系统建设产生了极大的影响，为制定农业科技情报发展规划提供了重要的决策依据。

3. 1987年3月，学会在北京组织全国20所农业院校参加的"高等农业院校科技情报工作座谈会"，起草了"农业高等院校科技情报工作方向和任务（讨论稿）"，提交第五次全国农业科技情报工作会议讨论，为促进农业高等院校情报事业的发展起到了积极作用。

4. 1987年10月，在农业情报事业创建30周年之际，学会在云南昆明组织召开了"农业科技情报事业创建30年实践与理论学术研讨会"，从理论上总结了情报事业的发展规律，讨论了"2000年我国农业科技情报工作发展战略和当前工作重点"，

确定了农业情报计算机检索系统建设和人才培养两重点，并对2000年造就一支结构合理、素质较高、能够满足需要的农业情报队伍提出了具体意见。

5. 1990年11月，学会在安徽歙县组织召开了"农业、农垦、畜牧、水产科学院情报所所长研讨会"，明确了"八五"期间我国农业科技情报工作方针、目标和任务，对制定行业情报规划提出了方向性意见，提出了关于"关于加强农业科技情报研究工作的建议"和"关于开展查新工作的建议"。

6. 1995年10月，为了探讨在市场经济条件下农业科技情报事业发展对策，探讨农业科技情报工作改革模式，学会在江苏无锡组织召开了"农业信息业发展研讨会"，探讨了农业科技情报计算机网络发展和情报服务模式，提出了农业科技情报的发展对策。并向农业部提出"关于农业数据库与网络建设和加强农业科技信息服务的建议"。

7. 1999年10月，在河北承德召开"全国农业信息机构体制改革与农业信息企业建设研讨会"，就全国农业情报信息机构的定位、改革目标、任务及途径、措施进行了研讨，并就农业情报机构的合作，农业图书、情报、期刊和信息技术集成优势，农业信息机构的分类管理，农业信息技术的研究与开发，全国农业信息机构联合共建国家农业研究信息系统以及农业信息队伍建设，创新农业信息技术人才培养体系，开设农业信息管理博士点等问题向上级部门提交了建议。

8. 2002年4月，在北京召开的"全国农业科技基础数据工作研讨会"，讨论研究了"农业在研项目库"、"农业科技成果库"等多个数据库的建设方案和实施计划，极大的推动了全国各省农业成果数据库的建设，促进了农业科技信息机构间开展实质性业务合作。

三、围绕农业信息学科体系建设和农业信息科技创新发展，组织开展系列学术研讨与交流，引领我国农业信息科技发展方向

1. 2000年10月，在北京召开的"全国农业科技信息网络化和数字化工作会议暨学术研讨会和信息技术展示会"，就"中国农业科教网合作建设方案"、"农业信息资源数字化合作建设方案"、"AGRIS建设方案"等9个议题进行研讨，是一次大型农业信息化工作会议，会议对在"十五"期间建立我国农业信息管理体系，建立高效、实用、覆盖全国的农业信息网络体系，实现信息资源共享具有重要意义。

2. 2003—2008年，围绕农业信息学科建设与发展，学会先后组织召开了"全国农业信息管理与共享服务高层研讨会（2003）"、"全国农业信息管理与技术学术研讨会（2004）"、"全国农业信息创新体系建设与信息共享研讨会（2005）"、"中国农业信息科技创新与学科发展大会（2007）"等系列会议，初步构建起以农业信息分析、农业信息技术和农业信息管理为主的农业信息学科体系，有力地推动了全国农业信息界的横向交流与合作，促进了农业信息学科建设与信息科技发展创新，促进了农业信息资源共享和管理创新，极大地提高了农业信息机构信息资源管理水平、

信息管理创新能力与公共服务能力，对于我国进一步开展农业信息科技创新与学科发展意义深远。

3. 2008—2015 年，在前期构建农业信息学科体系建设的基础上，围绕农业信息分析技术与信息科技创新发展主题，学会组织先后召开了"全国农业信息分析学术研讨会（2008）"、"全国农业信息分析理论与方法学术研讨会（2009）"、"全国现代农业与信息智能分析预警学术研讨会（2010）"、"全国农业信息监测预警方法与技术学术研讨会（2012）"、"全国农业信息科技创新研讨会（2013）"、"农业信息科技前沿技术与应用研讨会暨农业大数据、物联网与智慧农业研讨会（2015）"等系列会议，讨论并通过了"协同开展信息分析预警工作，加强农业产业安全"倡议，会议的召开对于推动我国农业信息通知分析预警研究、促进农业监测预警方法与技术发展、强化农产品监测预警、准确把握国内外农产品市场变化、确保主要农产品有效供给和市场稳定的国家重大需求、促进我国农业信息科技创新以及农业信息科技前沿技术的发展与应用等方面都产生了积极重要的作用和深远的影响。

四、积极组织会员参加国内外学术交流和培训活动

1. 1985—1998 年，学会曾先后 4 次组团分别赴美洲、欧洲、亚洲等国家进行考察及参加学术活动。如 1990 年 1 月，学会理事长王贤甫参加在匈牙利召开的"国际农业情报专家协会（IAALD）第八届会员代表大会"。通过国际间的系列学术交流与研讨，有力地加强了我国农业信息学者与国际优秀学者的交流与合作，增强了我国农业信息界与国际权威学术机构的联系。

2. 1990 年 3 月，组织学会会员参加由加拿大国际发展研究中心（IDRC）资助、中国农业科学院科技文献信息中心承办的"农业情报管理新水平"国际研讨会。

3. 1997 年 11 月，协助并组织参加中国农业科学院科技文献信息中心在北京召开的"第七次全国农业科技信息与文献工作会议"。

4. 2002 年 10 月，协助并组织参加中国农业科学院科技文献信息中心在北京召开的"第三届亚洲农业信息技术大会"。

5. 2007 年 10 月，协助并组织参加中国农业科学院农业信息研究所在北京召开"中国农业信息科技创新与学科发展大会"。

6. 2011 年 6 月，联合承办并组织参加由农业研究与发展信息共享体系（CIARD）和中国农业科学院主办在北京召开的"建立全球农业数据和信息共享体系框架国际专家磋商会"。

7. 2013 年 6 月，组织参加由联合国粮农组织和经合组织联合主办，中国农业科学农业信息研究所承办的"世界农业展望大会"。

8. 2014 年 4 月，组织参加由中国农业科学院农业信息研究所主办的"2014 首届中国农业展望大会"。本次展望大会召开，标志着中国特色农业信息监测预警体系建设取得成效，开启了提前发布市场信号、有效引导市场、主动应对国际变化的新

篇章。

9. 2015年4月，组织会员参加由中国农业科学院农业信息研究所主办，农业部市场预警专家委员会、农业部市场与经济信息司支持，农业部农村经济研究中心、信息中心、农业贸易促进中心协办的"2015中国农业展望大会"。

五、适应农业科技情报和农业信息学科建设和发展需要，组织开展理论研讨和业务培训活动，培养和造就合格的农业信息人才

1. 1996年3月、1997年7月，学会先后组织举办了"农业图书情报现代化管理高层研讨班"、"中美农业信息管理技术与发展高级研讨班"，聘请美国国家图书馆长和国内知名情报专家授课，先后对70多名农业图书情报单位的负责人、业务骨干进行了培训，开阔了眼界，增长了知识，了解了国内外信息产业发展的状况和趋势。

2. 1988年6月、1996年6月，学会先后组织召开了"农业情报人才培养研讨会"、"21世纪农业科技情报人才培养学术研讨会"，是专门针对农业情报人才培养问题召开的学术研讨会，研讨会在分析农业情报人员现状的基础上，认真探讨了跨世纪农业情报人才培养目标、途径以及知识结构等方面的问题。

3. 为提高农业情报工作人员的情报意识和业务水平，结合不同业务工作需要，学会先后组织举办了"农业科技情报计算机系统"、"农业数据库建设"、"文献标引"、"文献检索与参考咨询"、"分类与标引"、"查新技术"、"实用文献情报检索"、"农业情报理论与方法"、"情报研究与预测"、"信息资源建设与利用"、"信息研究与图书馆资源利用"、"期刊编辑"、"现代化管理"等多次业务培训班，培训各类农业信息情报业务人员1 000多人，对于提高在职情报人员的业务素质，适应市场经济条件下农业科技情报工作需要发挥了重要作用。

六、加强农业科技期刊标准化、规范化建设，开展农业科技期刊科学评价，为推动农业科技期刊持续健康发展发挥重要作用

1. 学会根据我国农业科技期刊特点和发展现状以及存在的问题，有针对性地开展不同类型刊物特点和办刊方针研究，先后组织召开了"农业科技情报译刊编辑学术研讨会"（1987）、"农业科学学术期刊编辑学术研讨会（1987）"、"农业科技情报专业期刊学术研讨会（1987）"、"综合性中级农业科技优秀刊物评选会（1989）"、"学术期刊编辑加工规范化研讨会（1990）"、"全国农业专业技术期刊编辑学术研讨会（1991）"、"第二次农业科技期刊青年编辑学术研讨会（1992）"、"农业科技期刊编排规范化研讨会（1996）"、"全国农业科技期刊编排规范化研讨会（1997）"等系列会议，对推进农业科技期刊标准化、规范化进程，促进农业科技期刊持续健康发展发挥了重要作用。

2. 积极参与由中国农业科学院农业信息研究所主持开展的中国农业核心期刊评价工作，充分利用中国农业科学院国家农业图书馆馆藏资源优势和农业行业专业人才优势，于 2005 年、2009 年、2014 年连续开展农业科技期刊评价工作，其评价结果为优化农业科技期刊结构、全面提升农业科技基地质量和竞争力发挥了重要作用，为广大读者和作者重点阅读和投稿提供了依据，同时对农业项目、成果、人才、机构等各类科学评价和科学管理具有参考价值。

七、加强学会会刊管理建设，不断提高办刊质量和水平，组织编辑出版农业理论著作及工具书，传播农业科技情报理论和知识

1. 加强学会会刊建设和管理，不断提高办刊质量和水平。自 1989 年学会会刊改版以来，学刊始终以探讨农业图书情报领域新理论、新技术、新方法，宣传报道国内外农业图书情报事业发展进展，交流农业科技情报工作经验，传播农业科技情报知识、培养农业科技情报人员为己任，充分发挥编辑、编委和专家的作用，努力加大组稿、约稿和审稿力度，经过多次改版、增容（栏目、内容等）和标准化、规范化建设以及在学术风气、读者服务等方面采取新举措，促使学刊学术水平逐年提升、学术影响力逐步扩大。截至 2015 年 6 月份，学刊发刊 245 期，组稿 3.6 万多篇，发稿约 1 万多篇，4 500 万字。

2. 加强农业科技情报理论建设，组织编辑出版农业理论著作及工具书。学会先后支持、组织编辑出版了《情报研究成果评价标准和评价方法研究报告》（1986）、《农业情报研究与预测》（薛紫华，1990）、《全国农业机构名录》（1990）、《国际农业情报管理水平研讨会文集》（1990）、《农业科技情报转化为生产力实例汇编》（1990）、《农业信息·情报理论与实践》（王贤甫等，1993）、《农业文献数据库与计算机检索》（刘源甫，1991）、《农业信息检索指南》（赵华英，1995）、《学会工作手册》（1993）、《农业信息管理与技术探讨》（2004）以及《农业文献检索与利用》和《生物学文献检索与利用》等著作。其中《农业信息·情报理论与实践》荣获 1997 年中国农业科学院科技进步一等奖，《农业情报研究与预测》荣获浙江省教委科技进步三等奖。以上著作对发展情报科学、普及情报学知识具有重要作用。

八、加强学会组织建设与管理，完善学会规章制度建设，组织推荐、开展各种表彰活动，不断增强学会凝聚力

1. 学会成立 30 年以来，始终遵照执行民政部社会团体组织管理、中国农学会章程以及其他相关规章制度要求，不断完善学会规章制度和组织建设，先后召开了 7 次全体会员代表大会，与时俱进修改学会章程和相关规章制度，加强和完善学会领导机构，积极发展团体会员单位，不断完善学会组织体系，截至 2015 年，学会发展团体会员单位 89 个，常务理事 54 人，理事 104 人，会员 2 000 多人。

2. 学会成立 30 年以来，先后组织会员参加中国科协、中国农学会、中国科技情报学会组织的各种评奖活动。2000 年向中国农学会推荐第七届青年科技奖人选 5 人，新疆农业科学院农业经济与科技信息研究所戴健获此殊荣。并根据中国科协"关于建立全国性学科带头人、科技专家库的通知"和中国科技情报学会"关于推荐学科带头人和科技专家的通知"精神要求,学会推荐了5名同志入围中国科协的科技专家库。2004年推荐第八届中国农学会青年科技奖人员1名。

3. 积极组织开展"学会活动积极分子"、"全国优秀农业图书情报工作者"、"先进团体会员单位"等表彰活动。1989年10月、2003年9月、2005年9月、2008年10月、2013年11月,学会先后评选出"学会活动积极分子"14名、"全国优秀农业图书情报工作者"169名、"学会活动积极分子"88名、"先进团体会员单位"19个和"优秀学会工作者"58人、"先进团体会员单位"20个和"优秀学会工作者"43人。通过组织开展表彰活动,展示了学会风采,增强了学会凝聚力。

4. 为进一步加强学会宣传力度,提升学会影响力,增进学会与会员单位和兄弟学会之间的交流,自2003年开始,学会开始组织编辑电子版《学会工作简讯》(以下简称《简讯》),充分利用互联网方便、快捷的优势,及时将学会工作信息通过电子邮件传送给各位理事、常务理事、团体会员单位和会员,《简讯》内容主要涉及"简讯"、"学术交流"、"经验交流"、"学科进展"、"专家论坛"、"领导讲话"、"组织建设"、"评选表彰"、"相关信息"、"会员园地"、"会议通知"等内容。截止到2015年,学会组织编辑《简讯》62期,60多万字。

九、近几年获得的部分荣誉

2007年,在中国农学会第九次全国会员代表大会上,中国农学会科技情报分会被中国农学会授予"先进学会"荣誉称号。

2012年,在中国农学会第十次全国会员代表大会上,中国农学会科技情报分会再次被中国农学会评为"先进学会"。

2013年,中国农学会授予中国农业科学院农业信息研究所"会员之家"。

主要出版物

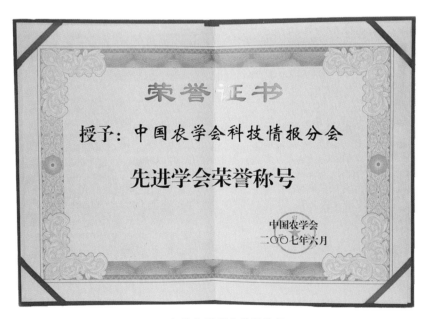

2007年获先进学会荣誉称号

2012年先进学会

会员之家（2013年）

第四部分

中国农学会科技情报分会
情 怀

相守·共荣

李 晓

(四川农业科学院农业信息与农村发展研究所)

凝视着1985年深秋,在成都平原的四川省农业科学院招待所门前镌刻着"中国农学会科技情报分科学会成立大会"的巨幅黑白照片,尽管环境简陋,人们的衣着十分朴实,但令我百感交集。学会的火种就此在中国大地燎原。历经几代人的奋斗,带领全国农业信息界的科技工作者,不断开拓创新,为促进我国农业信息学科发展、农业信息技术普及及提升农业信息服务水平发挥了自己独特的作用。带着回忆、带着感动、带着希望步入了而立之年。

在这三十年间,我从未离开过农业信息界,作为参与者和见证者与学会相守了三十年。此时此刻,此情此意,此缘此分都让我感动、让我自豪。我只能用点滴的回忆串起时光的足迹,抒发蕴藏在心中与学会三十年相守、三十年情深、三十年共荣的情怀。

我从事农业信息科技工作已三十七年了,在学术生涯中的许多第一次和关键节点都是学会给我提供的。1987年我人生中的第一次到首都北京,并第一次参加全国性学术会议;1989年我人生中的第一篇学术论文是在学会的杂志《农业图书情报学刊》上发表的;1991年第一次在全国性学术会议上大会发言,并被时任北京农业大学图书馆馆长杨直民教授评价为学会"冉冉升起的一颗新星";1997年我作为主要发起者成立了全国青年农业信息工作者专业委员会,才有了1999年出版了我人生中的第一部学术专著,梅方权理事长亲笔作序,并给予了经费支持,并在2000年申报了我人生中的第一项科技进步奖;我人生中的第一份社会兼职也是在学会从任专业委员会委员开始的,直到2003年担任学会副理事长至今;我人生中的第一次亦是仅有的一次出国访问也是学会提供的,许世卫理事长带领我们到英国的CABI、牛津大学图书馆、大英图书馆及设在意大利罗马的(FAO)信息中心等机构学术交流,开阔视野,搭建了合作平台;2009年我第一次作为中国农业科学院研究生院的硕士生导师,而后又成为西南财经大学的硕士生导师,……虽然,我在以后的人生中获得了多项重大科技成果,发表了近百篇学术论文,出版多部学术专著,培养了十余名硕士研究生。但是，这些"第一次"是最宝贵的，也是最值得我去感恩的。

学会让我认识了王贤甫、谢成桂、梅方权、赵华英、刘源甫、叶永保、陈恩平、马益康、黄达晶、孙学权、段玉仙、林海、贺纯佩、侯连德、黄学高、章蜀贤、杨直民等等众多农业信息界的开创者、前辈们、老师们，我也和他们中的一些结成了"忘年交"；学会让我结识了许世卫、孟宪学、贾善刚、刘俐、王文生、林聚家、郑冶钢、朱永和、薛喜梅、路文如、魏虹、郑业鲁、翁永卫、周建农、戴健、游承俐、邰伟东、张巧巧、李思经、聂凤英、于春池、孙素芬、丁超英、黄水清、包平、任长顺、张峭、张蕙杰、方佳、彭志良、郑国清、胡定金、赵春、卫建强、潘大丰等等全国农业信息界的领导和同行们，我们互帮互学、合作共事，在为中国农业信息事业奋斗的同时也结下了深厚的战斗友谊。虽然，有的已离开人世、有的已调离升迁，但在我的记忆里已经永存。

我特别要感谢学会，让我遇见了我的恩师：浙江农业大学的薛紫华教授。1993年我有幸成为了她的关门弟子，在杭州的华家池畔度过了三年的求学生涯，在职攻读农业信息管理方向的硕士学位。由于我基础差、年龄大、又远离家乡，在学习、生活中都遇到了许多难以预料的困难。紫华老师在精神上、学业上、生活上都给予了我悉心的教诲和无微不至的关爱，给予了我战胜困难的信心和力量。最后，我以优异的成绩完成了学业。紫华老师的人格魅力、学术造诣和乐观向上的精神影响了我的整个后半生，我们是师生、似母女，更像朋友。还有幸成为了我国农业考古学泰斗游修龄先生的学生。他给我开了一门课——农业历史学，让我第一次较为全面地了解了中国农业历史；他亲自为我修改硕士论文、亲自听我学位答辩前的演练、一针见血地指出我的缺点；他的为人、他的博学、他的幽默等，都让我终生难忘。他现已95岁高龄，我每逢佳节都会给他打电话问候，有机会到华东地区出差都要顺道去看望他老人家。他笔耕不辍，还在著书立说，我一直都能在他那里获得知识和精神的源泉。

我从青春少年已经走向了知天命之年；从一个工人成长为二级研究员，享受国务院特殊津贴的专家，四川省学术和技术带头人；肩负了所长、学会副理事长等重任；还获得了"全国三八红旗手"称号等多项荣誉。在中国农业信息界、四川省农业科技界也有了一定的知名度。所以，我与学会相守了三十年，有太多的人、太多的事、太多的情值得回忆和珍藏。在这三十年的拼搏、奋进、收获中我深深地感到学会是摇篮，哺育我们茁壮成长；学会是学校，让我们共同进步；学会是个大家庭，我们像兄弟姐妹，相互关爱，倍感幸福。

随着时光的推移，再过几年我也将离开学会这个大舞台，但我的心将永远归属于她。我衷心地祝愿中国农学会科技情报分科学会的生命之树常青，我们继续相守共荣，再创辉煌，迎接美好的未来。

庆祝中国农学会科技情报分会成立三十周年有感

七　律

孙学权

韶光三十又蓉城，当年植木绿成荫①。
新朋幸会联新谊，旧友重逢话旧情。
兴农伟业蒸蒸上，小草逢春默默恩②。
老骥犹怀千里志，欣闻万马奋蹄声③。

2015 年 8 月 7 日于昆明

---

① 1985 年学会在成都成立，2015 年又在成都庆祝成立三十周年，学会已从幼年走向兴旺发达
② 自喻。本人才疏学浅，承蒙学会委以要职，非常感恩
③ 曹操诗句："老骥伏枥，志在千里"

回顾与遐想
——庆祝中国农学会科技情报分会成立三十周年

唐 研

(山东农业科学院科技信息研究所)

序 曲

三十年历程，
一段不短也不长的人生，
从少年到中年砥节砺行；
三十年历程，
一万零九百五十个日落日升，
大地依旧水绿山青；
全国五千多名农业科技情报工作者，
怀揣着梦想和激情，
薪火相传、苦心经营，
才迎来了丰收的喜庆；
是勤奋、智慧和青春，
才装点出如此绚丽的风景！
听，前进的号角依旧长鸣；
看，那就是前辈奋斗的身影！

创 业

一九八五年的十一月，
在天府之国的蓉城，
来自全国的一百二十四位代表，
是"中国农学会科技情报分会"成立的共同见证！
从铁笔、钢板、蜡纸、铅字，
开始了艰难的振兴！
从严寒到酷暑、从晚上到黎明，
陪伴长夜的是桌上的台灯！
用一麻袋、一麻袋的卡片，
说明了有恒乃成！
给科研一线的研究人员，

提供了据典引经！
从简陋的资料室、编辑室，
到边远乡村的田间窝棚，
自行车载着行李卷，
将高产高效技术送到农民手中！
我们的前辈脚步匆匆，
高擎着生命的蜡炬前行；
青年后学紧紧跟上，
要把光辉的事业继承！

发　展

图书砌成的巷道，
曲曲折折通向知识的高峰；
指尖在键盘上游动，
思想的火花闪烁在荧屏！
遥感技术覆盖大地，
数学模型预演着生命的进程；
网络虽然无息无声，
却时时传递着精彩纷呈！
……
我们就是这样一群人，
耐住寂寞、付出真诚；
农业生产的每个问题，
都让我们寝食难宁！
科研的脚步不敢消停，
服务"三农"没有止境；
好学创新、互相支撑，
不断向新的目标攀登！
图书数字化，
你走过了多少沟坎泥泞？
农业信息化，
你排除了多少暗雷明钉？
只有凭添的皱纹和白发，
才是辛勤付出的证明！
物联网、大数据，
又进入你的工作日程！
数据收集要经反复验证，

软件设计必求严整过硬；
精准农业、远程监控、
网上交易、产品追踪，
都在鼠标轻点中完成！
过去，我们是科研的后勤，
现在，已成为科研的尖兵！

展　望

三十个寒来暑往、春夏秋冬，
一万零九百五十个日夜阴晴；
我们把最美的论文，
写在了河湖、海域、平原和丘陵；
祖国大地的六畜兴旺、五谷丰登，
也有我们的一份劳动！
昨天，汗水和智慧的浇灌，
换来了万物复苏春意萌；
今天，仍然满怀着梦想与激情，
迈向更高更险的巅峰！
明天，将携带着欢笑和幸福，
共同盘点这收获的丰盈！
看，一群群多学科、高学历的青年才俊，
充实队伍、前来加盟！
听，他们的决心如沸如腾，
去担当那些急、难、险、重！
粮足兵精、风清气正，
给科技情报事业注入了新的生命！
广阔的舞台已经搭起，
等着我们纵马驰骋！

今天，又在中秋美丽的蓉城，
群英再聚、满座高朋，
庆祝中国农学会科技情报分会成立三十周年，
总结过去，展望前景！
我，一个承前启后的普通会员，
祝愿学会在而立之年扬帆远行，
续写更加辉煌的篇章！

第五部分

中国农学会科技情报分会 活动照片

1985年中国农学会科技情报分会成立大会合影

1985年中国农业科学院情报所王贤甫所长讲话

1987 年全国计算机系统研讨培训

1987 年全国计算系统研讨培训合影

第五部分 中国农学会科技情报分会活动照片

1987年中国农学会科技情报分会常委会

1987年中国农学会科技情报分会常委会委员们在讨论

1988年利用微机建立农业数据库研讨会

1991年农业文献检索刊物研讨会

1991年农业文献检索刊物研讨会合影

1994年中国农学会科技情报分会第二、三届理事会

1995 年农业信息业发展研讨会

1995 年农业信息业发展研讨会会场

1995 年农业信息业发展研讨会会场

1997 年中美农业信息管理技术与发展研讨会

1997年中美农业信息管理技术与发展研讨会合影

1997年中美农业信息管理技术与发展研讨会会场

1997年第一次全国青年农业信息工作者学术研讨会合影

1997年第一次全国青年农业信息工作者学术研讨会合影

1997年中美农业信息管理技术与发展研讨会文献中心主任梅方权向 Andre 女士发聘书

1998联合制作推广《百项农业实用技术》科普教学片系列产品协商会议

1998年全国农业信息产业化研讨会合影

1998年全国农业信息产业化研讨会会场

1998年全国农业信息产业化研讨会会场

1999年全国农业信息机构体制改革研讨会合影

1999年全国农业信息机构体制改革研讨会会场

2004年全国农业信息管理与技术学术研讨会合影

2005年全国农业信息创新体系建设与信息共享研讨会合影

2006年全国农业信息化与农村建设学术研讨会合影

第五部分　中国农学会科技情报分会活动照片

2006年全国农业信息研究所所长工作交流会合影

2008年中国农学会科技情报分会第六次全国会员代表大会暨全国农业信息分析学术研讨会合影

2009年全国农业信息分析理论与方法学术研讨会合影

2009年全国农业信息科研管理创新研讨会合影

2010年全国农业信息智能服务技术高层论坛会场

2010年全国农业信息智能服务技术高层论坛会场

2010年全国农业信息智能服务技术高层论坛会场

2010年全国农业信息智能服务技术高层论坛会场

2010年全国农业信息智能服务技术高层论坛会场

2010年全国农业信息智能服务技术高层论坛会场

2010年全国农业信息智能服务技术高层论坛会场

2010年全国现代化农业与信息智能分析预警学术研讨会合影

2011年北京建立全球农业数据和信息共享体系框架国际专家磋商会合影

2011年北京建立全球农业数据和信息共享体系框架国际专家磋商会会场

2011年北京建立全球农业数据和信息共享体系框架国际专家磋商会会场

2011年全国农业科研系统信息学科建设与管理研讨会合影

第五部分　中国农学会科技情报分会活动照片

2012年全国农业信息监测预警方法与技术学术研讨会合影

2012年全国农业信息监测预警方法与技术学术研讨会会场

2012年全国农业信息监测预警方法与技术学术研讨会会场

2012年全国农业信息监测预警方法与技术学术研讨会孟宪学先生讲话

2012年全国农业信息监测预警方法与技术学术研讨会郑冶钢先生讲话

2012年全国农业信息监测预警方法与技术学术研讨会杨宁生先生讲话

2012年全国农业信息监测预警方法与技术学术研讨会郑业鲁先生讲话

2012年全国农业信息监测预警方法与技术学术研讨会俞菊生先生讲话

2012年全国农业信息监测预警方法与技术学术研讨会郑国清先生讲话

2012年全国农业信息监测预警方法与技术学术研讨会阮怀军先生讲话

全国农业信息科技创新研讨会暨国家农业图书馆首展活动 2013.11.18

2013年全国农业信息科技创新大会合影

2013年全国农业信息科技创新大会会场

2013年全国农业信息科技创新大会会场

2013年中国农学会科技情报分会第七次会员代表大会会场

2014年农业信息科技前沿技术与应用学术年会暨农业大数据、物联网与智慧农业研讨会会场

2014年农业信息科技前沿技术与应用学术年会暨农业大数据、物联网与智慧农业研讨会会场

2014年农业信息科技前沿技术与应用学术年会暨农业大数据、物联网与智慧农业研讨会会场

第六部分

中国农学会科技情报分会成立以来大事记

时间	大事记
1985年	
10月	经中国科协和中国农学会批准同意成立"中国农学会科技情报分会分科学会"
11月3~7日	在成都召开"中国农学会科技情报分科学会"成立大会,标志着"中国农学会科技情报分科学会"正式成立。来自全国各省、直辖市、自治区农业科研单位、高等院校的124名代表参加了成立大会,交流学术论文95篇。大会选举产生了由名誉主任委员、主任委员、副主任委员、常务委员组成的第一届常务委员会和四个专业学组及学会办公室
1986年	
全年	组织开展"农业情报研究成果评价标准和评价方法"研究,撰写了《情报研究成果评价标准及评价方法研究报告》
9月9~13日	"农业情报研究成果评价标准和评价方法学术研讨会"在福建福州召开。34人参加了会议,交流学术论文28篇
9月10~12日	"农业文献主题标引研讨会"在北京召开。40多位代表参加了会议,交流学术论文23篇
10月8~11日	"综合性中级农业科技期刊学术研讨会"在陕西武功召开。61人参加了会议,交流学术论文35篇
10月26~30日	"第二次全国科技文献检索刊物评比表彰经验交流大会"在四川成都召开。参会代表166人,评选获奖刊物53种
1987年	
2月17日至3月1日	"全国农业科技情报计算机系统培训研讨班"在陕西杨陵举办。来自全国24个省、直辖市、自治区农科院、7所农业院校、4所专业研究所的52名代表参加了培训研讨
3月6~9日	"部分农业高等院校科技情报工作座谈会"在北京召开。全国20所农业院校情报室主任和部分科研处处长、图书馆馆长出席参加了此次座谈会。起草了《农业高等院校科技情报工作方向和任务(讨论稿)》
8月21~24日	"农业文献管理与检索服务研讨会"在辽宁兴城召开。49人参加会议,交流学术论文44篇
9月5~8日	"农业科技情报译刊编辑学术研讨会"在黑龙江哈尔滨召开。29人参加会议,交流学术论文32篇
9月5~12日	"农业情报研究理论方法讲习与研讨会"在北京举办。37个农业科研和教学单位50名情报研究人员参加会议
9月12~13日	"农业科学学术期刊编辑学术研讨会"在辽宁兴城召开。《中国农业科学》、《上海农业学报》等单位代表出席了会议
9月19~22日	"农业科技情报专业期刊学术研讨会"在河北承德召开。33个专业期刊编辑部43人参加会议,交流学术论文27篇
10月16~21日	"农业科技情报事业创建三十年实践与理论学术研讨会"在云南昆明召开。60多人参加会议,交流学术论文51篇

续表

时 间	大 事 记
1988 年	
6 月 16~20 日	"农业情报人才培养研讨会"在广西桂林召开。17 所农业科研和教育单位 20 名代表参加会议，交流学术论文 10 篇
6 月 27~30 日	"我国不同类型地区食物消费与发展战略学术研讨会"在北京召开。12 个省、直辖市、自治区的 29 名代表参加了会议，交流学术论文 16 篇
9 月 13~15 日	"利用微机建立农业数据库研讨会"在北京召开。出席会议的代表 43 人，交流学术论文 23 篇
11 月 30 日至 12 月 4 日	"青年编辑学术研讨会"在浙江杭州召开。出席会议的代表 37 人，交流学术论文 44 篇
1989 年	
8 月 9~12 日	"1988 年综合性中级农业科技优秀刊物评选会"在山东泰安召开，评选出 11 种优秀期刊，5 个单项奖
9 月 22~25 日	"农业情报用户培训研讨会"在吉林长春召开。参加会议 31 人，交流学术论文 25 篇
10 月 12~14 日	"中国农学会科技情报分科学会换届大会暨学术研讨会"在上海市召开。参加会议代表 77 人，交流学术论文 30 篇。大会选举产生了第二届常务理事会以及四个专业委员会和一个协作网
10 月 17~20 日	"农业文献数据库机前处理问题研讨会"在浙江杭州召开。参加会议 26 人，交流学术论文 15 篇
1990 年	
全年	组织编印《全国农业机构名录》工具书，发行 4 000 余册
全年	组织委托浙江农业大学薛紫华老师编著出版《农业情报研究与预测》专著，1990 年 5 月由农业出版社出版
全年	"水产文献主题标引培训班（共 3 期）"在北京举办，培训学员共计 117 人
1 月 23~26 日	学会理事长王贤甫参加在匈牙利召开的"国际农业情报专家协会（IAALD）第八届会员代表大会
3 月 13~16 日	组织会员参加由中国农业科学院科技文献信息中心组织、加拿大国际发展研究中心（IDRC）资助的"农业情报管理新水平"国际研讨会，10 个国家和 4 个国际组织的中外情报专家、学者共 76 人参加此次会议。会后出版了《国际农业情报管理新水平研讨会论文集》
8 月 17~27 日	"农业情报研究与预测讲习班"在浙江杭州举办。33 个图书情报部门的 48 位代表参加了培训学习
8 月 22~24 日	"学术性期刊编辑加工规范化研讨会暨信息类刊物编辑经验交流会"在辽宁兴城召开。19 个单位 36 位代表出席会议，交流学术论文 16 篇

时　间	大　事　记
11月1~5日	"农业科技情报转化为生产力研讨会"在安徽歙县召开。出席会议代表77人，交流学术论文48篇。编印了《农业科技情报转化为生产力实例汇编》。向有关部门提出了"关于开发情报资源，促进科教兴农的建议"
11月6~7日	"农业、农垦、畜牧、水产科学院情报研究所所长研讨会"在安徽歙县召开。近40位所长参加了研讨会，传达学习了全国科技情报局（所长）会议精神，讨论研究农业科技情报"八五"规划等问题。向有关部门提出了"关于加强农业科技情报研究工作的建议"和"关于开展查新工作的建议"
1991年	
1990—1991年	《学刊》编辑部组织刘源甫老师撰写农业文献计算机检索业务讲座（连载），在增补内容的基础上，出版了《农业文献数据库与计算机检索》一书
4月23~25日	"农业文献检索刊物研讨会"在北京召开。参会代表40人，交流学术论文27篇
10月15~19日	"农业科技情报与科教兴农学术研讨会"在北京召开。参会代表33人，交流学术论文27篇
10月16~18日	"第二次农业情报用户培训研讨会"在辽宁沈阳召开。参加会议32人，交流学术论文26篇
11月7~12日	"强化情报服务，促进科教兴农学术研讨会"在海南省热作"两院"召开。17个省市自治区24所高校、7个省级以上科研院所的39人参加会议，交流学术论文39篇
12月13~15日	"全国农业专业技术期刊编辑学术研讨会暨1990年度优秀农业专业技术期刊授奖会"在河南郑州召开。参会代表35人，交流学术论文22篇。15个期刊获评优秀期刊奖
1992年	
2月26~28日	"全国水产报刊宣传工作暨经验交流会"在江苏无锡召开。参会代表80人，交流学术论文40篇
4月7~14日	"农业科研实用文献情报检索培训班"在北京举办。参加培训人员43人
5月4~9日	"农业情报咨询检索技术与标准研讨会"在四川成都召开。参会代表42人，交流学术论文23篇
5月19、21日	组织参加由中国科技情报学会举办的"情报与社会"讲演比赛，提供讲稿三篇，获二个三等奖、一个优秀奖
10月10~14日	"农业情报研究与预测讲习班暨农业科技信息交流会"在江西九江举办。10个省市自治区农业情报部门的31位代表参加了研讨培训学习

续表

时间	大事记
10月28~31日	"全国第二次农业科技期刊青年编辑学术论文报告会"在山东烟台召开。参会代表44人,论文征集74篇,交流学术论文45篇,评选出优秀论文11篇
10月12~24日	"文献检索与参考咨询培训班"在江苏南京举办。参加培训人员30人
1993年	
全年	组织编印《学会工作手册》工具书,发行2 000余册
1990—1993年	1990年学会决定由理事长王贤甫任主编,黄达益、马益康任副主编,组织部分专家学者编辑撰写《农业信息·情报理论与实践》专著,1993年9月由中国农业科技出版社出版
3月18~28日	"第二期农业科研实用文献情报检索培训班"在北京举办。参训人员26人
5月4~9日	"复关与农业信息产业化问题研讨会"在湖北沙市召开。参会代表30多人,交流学术论文21篇
1994年	
7月16~18日	"全国水产报刊质量研讨会暨科技新成果发布会"在浙江舟山召开。参会代表46人,交流学术论文34篇
9月6~9日	"第二届、第三届理事会暨学术交流会"在贵州贵阳召开。参会代表58人,交流学术论文104篇。大会选举产生了由名誉理事长、理事长、副理事长、秘书长组成的学会第三届常务理事会以及专业委员会、协作网和学会办公室
1995年	
1994—1995年	组织编辑出版赵华英老师《农业信息检索指南》著作,1995年7月由中国农业科技出版社出版
10月7~10日	"农业信息业发展研讨会"在江苏无锡召开。参会代表70多人,交流学术论文86篇
1996年	
3月13~21日	"农业图书情报现代化管理高层研讨班"在北京举办。参加研讨培训学员26人
10月8~10日	"全国查新检索技术与规范化研讨会"在河南郑州召开。全国20多个农业科研院所和大专院校的39人参加会议。交流学术论文37篇
10月8~12日	"农业科技期刊编排规范化研讨会"在江西南昌召开。10个单位的16名代表参加会议
6月24~27日	"21世纪农业情报人才培养学术研讨会"在浙江杭州召开。参会代表40人,交流学术论文36篇
10月21~25日	"农业信息咨询研讨会"在安徽黄山召开。参会代表30人,交流学术论文28篇

续表

时 间	大 事 记
1997 年	
7 月 21~25 日	"中美农业信息管理技术与发展高级研讨班"在北京举办。参加研讨培训学员 40 人
11 月 18~21 日	"全国农业科技期刊编排规范化研讨会"在陕西西安召开。参会代表 40 人,交流学术论文 20 篇
11 月 25~28 日	协助科技文献信息中心在北京召开"第七次全国农业科技信息与文献工作会议",来自全国各省(市、区)的农业科学院、高等院校、中国农业科学院和农业部有关部门共计 114 人参加会议,交流学术论文 165 篇
12 月 2~9 日	"第一次全国青年农业信息工作者学术研讨会"在广东广州召开。参会代表 38 人,交流学术论文 58 篇
12 月 5~9 日	"信息与农业宏观决策学术研讨会"在福建武夷山召开。参会代表 36 人,交流学术论文 22 篇
1998 年	
9 月 11~14 日	"全国农业信息产业化与农业产业化经营学术研讨会暨中国农学会科技情报分会代表会议"在内蒙古呼和浩特召开。28 个省市自治区、104 名代表参会,交流学术论文 83 篇。大会选举产生了第四届常务理事会和工作委员会
12 月 24~26 日	"全国《百项农业适用技术》推广行动计划协商会"在天津召开。18 个单位、30 名代表参加了此次活动
1999 年	
8 月 16~22 日	"第二届青年学者专业委员会工作暨学术研讨会"在四川成都召开。参会代表 15 人
10 月 30 日至 11 月 2 日	"全国农业信息机构体制改革与农业信息企业建设研讨会"在河北承德召开。参会代表 150 人,交流学术论文 120 篇
2000 年	
3 月 29~31 日	"农业信息化暨农产品电子商务观摩研讨会"在广东广州召开。45 人参加会议
10 月 28~30 日	"全国农业科技信息网络化和数字化工作会议暨学术研讨会和信息技术展示会"在北京召开。30 个省市自治区农业科研单位和高等院校、120 余人参加了会议
2001 年	
7 月 6~8 日	"农业信息为西部大开发服务学术研讨会"在宁夏银川召开。18 个省市自治区农业科研单位、30 余人参加了会议
2002 年	

续表

时间	大事记
4月24~25日	"全国农业科技基础数据工作研讨会"在北京召开。22个农业情报（信息）单位、34名代表参加会议
10月26~28日	"第三届亚洲农业信息技术大会"在北京召开，学会协助单位承办了此次大会，并组织会员参加会议，30多个国家和地区、200多名代表参加了此次大会
2003年	
9月11~12日	"全国农业信息管理与共享服务高层研讨会"在新疆维吾尔自治区乌鲁木齐召开。28个省市自治区、120余名代表参加了会议。会议围绕农业信息管理学科发展与服务创新开展了研讨，召开了中国农学会科技情报分会第五次代表大会并完成了换届工作，大会选举产生了第五届常务理事会和工作委员会。开展了"优秀论文"、"全国优秀图书情报工作者"和"学会工作积极分子"评选表彰活动
2004年	
9月22~24日	"全国农业信息管理与技术学术研讨会"在四川成都召开。31个省市自治区、143名代表参加了会议，会议收到学术论文102篇，其中26篇被评为优秀论文
12月19~20日	"全国农业咨询产业发展研讨会"在广东广州召开。16个省市自治区、50多人参加了研讨会，并一致同意筹备成立全国农业咨询产业联盟
2005年	
5月9~10日	"全国农业信息资源建设与利用培训班"在北京举办。18个省市自治区29个单位、40多人参加培训活动
9月12~13日	"全国农业信息创新体系建设与信息共享研讨会"在山东济南召开。30个省市自治区、180多人参加会议。收到学术论文70余篇，交流学术论文46篇。会上宣读了中国农学会致科技情报分会成立20周年的贺信
2006年	
4月24~27日	"全国农业信息研究与图书馆资源利用培训班"在北京昌平举办。12个省市、19个单位、30多人参加培训
5月18~21日	"农业信息技术与图书馆发展学术研讨会暨全国农业图书馆馆长工作交流会"在河北保定召开。19个省市自治区、120多人参加会议
7月12~16日	"信息技术与新农村建设暨全国农业信息研究所所长工作交流会"在贵州贵阳召开。26个省市自治区农科院信息研究所所长以及100多位代表参加会议
9月13~18日	"全国农业信息化与新农村建设学术研讨会"在海南海口召开。20多个省市自治区、120多人参加会议
2007年	

续表

时 间	大 事 记
10月19~20日	"中国农业信息科技创新与学科发展大会"在北京召开。30个省市自治区以及联合国粮食与农业组织（FAO）、加拿大曼尼托巴大学、国际应用生命科学中心（CABI）等国外研究教育单位和国际机构代表300多人参加了大会。交流学术论文53篇。以此会议为契机共同庆祝中国农业科学院农业信息研究所建所50周年华诞
6月9日	在中国农学会第九次全国会员代表大会上，科技情报分会被中国农学会评为"先进学会"
2008年	
10月28~29日	"全国农业信息分析学术研讨会"在广西壮族自治区南宁召开。29个省市自治区、180多位代表参加了会议。大会选举产生了第六届常务理事会和工作委员会，对19个先进团体会员单位和58名优秀学会工作者进行了表彰并颁发了证书
2009年	
7月30日至8月2日	"全国农业信息科研管理创新研讨会"在黑龙江哈尔滨召开。27个省市自治区农科院信息所所长、农业大学信息学院院长近50人参加了会议
11月13~15日	"全国农业信息分析理论与方法学术研讨会"在河南郑州召开。21个省市自治区、140余人参加了会议
2010年	
9月15~18日	"全国现代农业与信息智能分析预警学术研讨会"在上海召开。28个省市自治区、180多人参加会议
12月5~6日	"全国农业信息智能服务技术高层论坛"在河北石家庄召开。来自科技部、农业部主管部门领导，河北省农业厅以及涉农信息科研机构和特邀代表等近100人出席了会议
2011年	
6月20~23日	由农业研究与发展信息共享体系（CIARD）和中国农业科学院联合组织，CIARD秘书处、中国农科院农业信息研究所、中国农学会农业图书馆分会和中国农学会科技情报分会联合承办的"建立全球农业数据和信息共享体系框架"国际专家磋商会在北京召开。来自联合国粮农组织，国际应用生物科学中心（CABI）等24个国家和地区的代表以及中国农业科学院农业信息研究所、中国农业大学等22个农业科研机构、高等院校的100多名专家学者参加会议
8月25日	"全国农业科研系统信息学科建设与管理研讨会"西藏拉萨召开。20多个省市自治区农业信息科研机构的所长、主任等50余名代表参加了会议
2012年	
4月14~17日	"全国农业信息监测预警方法与技术学术研讨会"在福建福州召开。29个省市自治区、180多位专家学者参加会议

续表

时 间	大 事 记
12月12日	在中国农学会第十次全国会员代表大会上，科技情报分会再次被中国农学会评为"先进学会"
2013年	
6月6~7日	由中国农业部支持、联合国粮农组织（FAO）和经合组织（OECD）联合主办，中国农业科学院农业信息研究所承办的"2013世界农业展望大会"在北京召开。中国农学会科技情报分会组织会员代表会80多人参加会议
11月18~19日	"全国农业信息科技创新研讨会"在北京召开。30个省市自治区的300多人参加会议。同期召开了科技情报分会第七次全国会员代表大会并完成了换届工作，选举产生了第七届常务理事会。对评20个先进团体会员单位和43名优秀学会工作者进行了表彰并颁发证书
11月19日	中国农学会授予中国农业科学院农业信息研究所"会员之家"揭牌活动在北京国家农业图书馆举行
2014年	
4月20~21日	由中国农业科学院农业信息研究所主办的"2014首届中国农业展望大会"在北京召开。中国农学会科技情报分会组织会员代表会近100人参加会议
10月15~16日	"2014农业信息科技前沿技术与应用学术年会暨农业大数据、物联网与智慧农业研讨会"在江苏南京召开。30个省市自治区、150多人参加会议

第七部分

中国农学会科技情报分会院所发展征文

团结进取、务实创新、促进农业信息学科发展

(中国农业科学院农业信息研究所)

一、基本情况

(一) 职能和任务

中国农业科学院农业信息研究所是以农业信息科技创新和公益服务为主要任务的非营利性科研机构。担负着全国农业信息科学重大基础与应用基础、应用研究和为全国农业科研提供信息支撑的任务,在解决农业、农村信息化建设中基础性、方向性、全局性、关键性重大科技问题以及为农业科研和科技兴农提供公益性信息服务、开展国内外农业科技信息交流与合作等方面发挥着重要的作用。并以其信息资源和人才优势,致力于农业信息领域的技术引领、公益服务与决策咨询三大职能,承担开展农业信息技术创新与应用、农业情报与信息分析研究、农业信息资源收集加工与传播、农业数字图书馆研究与建设、为全国农业科技创新提供信息支撑与服务、构建国内外农业信息技术学术交流与科研合作平台六大任务。是农业信息技术创新国家级科研机构,是国家农业图书资源保障及网络服务中心。

(二) 机构与人员

经过50多年的发展,中国农业科学院农业信息研究所逐渐发展成为具有较大规模和较强实力的综合性研究机构。全所下设22个部门,其中,5个管理部门,17个业务部门(其中研究室10个,公益服务部门5个,产业开发部门2个)。研究室包括智能农业技术研究室、多媒体技术研究室、网络技术研究室、网站资源系统室、知识工程研究室、数据库研究室、农业监测预警研究中心、信息分析评估室、国际情报研究室、食物与营养信息室;公益服务部门包括数字化图书馆研究与建设部、文献资源发展部、文献信息服务部、期刊编辑与出版部、《中国农业科学》编辑出版部;产业开发部门包括物业管理部、信息产业开发中心。

全所现有在职职工272人,其中,具有博士学位78人,硕士学位99人,享受政府特殊津贴专家2人,863专家1人,农业部有突出贡献的中青年专家2人,农业部杰出科研人才1人,中国农业科学院杰出人才14人。正高级专业技术人员32人,副高级专业技术人员70人。全所45岁以下职工170人,占全所职工总数的62.5%;

35岁以下职工112人，占全所职工总数的41.2%。

（三）条件与环境

2013年，国家农业图书馆大楼（建筑面积31 936平房米）建成投入使用，极大地改善了农业信息研究所科技创新和公益服务条件与环境。目前，国家农业图书馆拥有馆藏文献220万册，33万余种，包括中外文农业科技图书31万余册；古农书、地方志15 000余册；中外文资料12万余册；期刊164.7万余册；科技档案15万卷。

在加强农业图书文献资源建设的同时，农业信息研究所围绕科研创新和信息服务，积极加强基础条件和平台建设，先后建有农业部重点实验室1个、中国农业科学院重点实验室1个、中国农业科学院工程技术中心1个、北京市工程技术中心1个、农业信息化示范基地3个、国家农业科学数据中心1个、"金农工程"科技数据分中心1个、农业监测预警研究空间1个、中国农业科技文献信息与服务平台1个、全国性专业网站4个。

发挥农业信息研究所国家级研究机构的优势，利用挂靠信息所多家全国性学术咨询机构和学会组织，开展全国性农业信息技术合作研究和学术交流；利用与相关国家和国际组织的合作关系，不断拓展国际农业与农业信息学科的学术交流与科技合作，目前，农业信息研究所已与FAO、OECD、IFPRI等国际机构以及美国、加拿大、澳大利亚、法国、英国、巴基斯坦、柬埔寨等美洲、澳洲、欧洲、亚洲国际科研与教学机构建有深入的交流与合作关系。

二、发展历程

中国农业科学院农业信息研究所是由中国农业科学院情报所（1957年成立）、中国农业科学院图书馆（1957年成立）、中国农业科学院计算中心（1981年成立）、中国农业科学院宏观研究室（1992年成立）四家独立研究机构逐步合并发展起来的，其机构变革和科技体制改革的历程是我国农业信息科技事业发展的一个缩影。

1957年3月，中国农业科学院成立，与此同时中国农业科学院图书馆正式成立，接管了原华北农业科学研究所图书室。在经历20世纪60年代初期大发展和"文化大革命"的影响后，1979年，中国农业科学院图书馆恢复独立建制。

1956年7月，中国农业科学院筹备组设立情报外联组和资料组，1959年11月，科技情报资料室成立，1971年，中国农林科学院成立科技情报研究所，1985年，经国家科委批准，中国农业科学院情报研究所同时加挂农牧渔业部情报研究所的牌子，明确了全国农业情报业务协调的职能作用。

1981年，中国农业科学院开始筹建计算中心，1983年1月正式成立，是我国农业系统第一个计算机应用研究机构，为推动我国现代农业信息技术和手段在农业研究和生产领域的应用发挥了重要作用。1996年12月，中国农业科学院党组决定将计算中心整建制并入中国农业科学院科技文献信息中心。

中国农业科学院农业宏观室始建于1992年，其研究方向是：开展粮食和农村经济发展的理论、政策与宏观战略研究，承担国家和有关部门科学研究项目，为领导决策提供科学依据和咨询服务等，1995年11月，中国农业科学院党组决定将农业宏观研究室整建制并入中国农业科学院科技文献信息中心。

1996年7月，《中国农业科学》编辑部整建制并入中国农业科学院科技文献信息中心。

2003年3月，为进一步加强农业信息科研创新和公益服务事业建设，科技文献信息中心调整科研、服务、开发、管理等处室结构，根据改革要求进行研究所全员竞聘上岗，2003年7月，科技文献信息中心全面完成科技体制改革，并围绕建设现代化研究所目标，制订、修改、调整、完善了相关人事管理、科研管理、财务管理、行政管理方面的30多项规章制度。根据科技部、财政部和中编办国科发政字〔2002〕356号文件《关于农业部等九个部门所属科研机构改革方案批复》的要求，2005年1月，中国农业科学院科技文献信息中心正式更名为中国农业科学院农业信息研究所。

三、主体业务

农业信息学科是中国农业科学院八大学科集群之一。目前，农业信息研究所主要有两大主体业务，一是农业信息科技创新研究，二是农业信息资源和网络公益服务。

在农业信息科技创新研究方面，逐步形成了农业信息分析、农业信息管理、农业信息技术三大领域和农业信息监测与预警、食物安全仿真决策、农业经营风险分析、农业科技竞争情报、农业生产管理数字化技术、农业系统智能控制与虚拟技术、农业信息服务技术、农业知识组织与知识挖掘、农业文献数字化与关联发现技术和农业网络技术十大科研方向，以此为基础形成10支科技创新团队，其中，8支创新团队纳入中国农业科学院科技创新工程。

在农业信息资源和网络公益服务方面，主要是三大类公益服务：一是文献信息服务，包括收集、加工、保存科技文献为院各所提供文献信息服务；二是科学数据服务，包括汇集数据资源，规范化加工处理，分类存储，快速共享服务；三是网络服务，包括院所网络管理、运行、维护。此外，农业信息研究所还主办并公开出版13种科技期刊。

四、重点科研方向

农业信息研究所围绕农业科学研究和农业生产的重大目标，不断加强信息科学研究工作，与时俱进，锐意创新，科学研究经历了研究领域从单一到综合，研究手段从传统到信息技术应用的重要转变。

随着农业信息学科建设和发展，目前，农业信息研究所在农业信息分析、农业信息管理和农业信息技术三大领域重点瞄准十大科研方向。

（一）农业信息监测与预警创新研究

围绕农业大数据与农业信息监测预警核心任务，坚持自主创新和集成创新，完善农业大数据与信息监测预警理论与方法，构建农业预警知识库，实现异构农业信息的综合集成，突破农情信息与市场信息采集技术，建立农业生产经营风险分析系统。重点完成智能化信息采集设备研发，包括农情信息采集设备、农产品市场信息采集设备等；通过采集设备的使用示范，实现较大范围的推广应用，提高农业大数据监测分析的准确性和时效性。

（二）食物安全仿真决策创新研究

围绕国家食物安全需要，以模拟仿真理论与方法为基础，辅之于信息技术和管理方法与手段，研建我国食物安全仿真模拟模型、食物安全管理决策支持系统，创新食物安全情景仿真模拟技术，研究粮食安全与农业展望系统，突破食物安全信息公共服务关键技术研究。为国家食物安全发展战略和宏观调控政策的制定提供支撑，重点加强食物安全智能分析与预警关键技术研究、食物安全管理决策支持系统研究、食物安全情景仿真模拟研究。

（三）农业经营风险分析创新研究

围绕农业生产经营过程中的各种风险评估和分散方法与技术，研究探讨农业风险形成机理模拟技术，创新农业风险识别与诊断、农业风险评估与区划关键技术，研建农业风险管理与信息系统。重点开展农业生产风险识别与灾损评估技术研究、农业生产风险时空评估方法及分散技术研究、畜产品市场价格风险分析和评估技术研究、农业生产风险管理工具及效果评价技术研究和农业生产经营风险综合分析与管理系统及平台研究。

（四）农业科技竞争情报创新研究

跟踪国际、国内科技竞争情报发展趋势和方向，研究构建农业科技竞争情报的理论分析框架；探索前瞻性研究的理论与方法，跟踪监测2015年国际农业发展形势，评估最新政策、重大事件和热点问题及其对国内农业产业的影响；研究"一带一路"农业科技、经贸和投资合作战略。重点开展农业科技竞争情报理论与技术研究、国际农业发展前沿追踪和监测评估研究和农业全球化重大问题竞争决策和战略研究。

（五）农业生产管理数字化技术创新研究

围绕农业生产经营过程中的数字化技术关键问题，在农业生产经营和农业信息技术的交叉领域开展理论方法探索、研究从宏观到微观尺度的农业生产经营数字化管理技术；研究大数据环境下物联网技术在农业生产管理中的创新，构建一批应用于农业生产管理过程的物联网设备、生产控制装置、软件系统平台及智能决策系统等。重点开展基于物联网的农业生产管理物联网技术与产品研究、基于物联网的农业产业链监测与调控技术研究。

（六）农业系统智能控制与虚拟技术创新研究

围绕农业生产经营过程中的智能化控制技术、虚拟技术以及农业数据用户相关性判断标准等选题，重点研究数字化果园温、光、水、气等生态因子与植物生长状态的传感获取技术与装备，构建信息采集、传输与决策使用的一体化技术与系统，如，果园信息采集与传输关键技术研究、果园信息传感获取设备研究、果园数字信息推送研究等；以及基于眼动实验的农业数据用户相关性判断行为研究、基于认知的农业数据用户相关性判断标准研究等，形成农业数据用户相关性判断行为的认知解释，构建相关性标准集合。

（七）农业信息服务技术创新研究

在全国基层农技推广信息化平台基础上，进一步完善两个平台的功能，增加整合资源数量和质量，大幅度提高网络承载能力，选取相关科研与生产推广单位为示范试点，研究科研与推广的信息对接关键技术与信息共享模式，实现信息与交流的网络互联互动，促进农业科技成果在基层的迅速传播与推广应用。重点开展农业科研推广信息化关键技术研究和基于移动互联的农技推广信息化服务平台研建。

（八）农业知识组织与知识挖掘创新研究

研究面向农业网络信息、科技文献和科学数据的农业知识发现、抽取和海量信息资源内容管理方法与技术，为提高农业领域知识分析的准确性和有效性奠定基础；研究海量数据的深度语义挖掘与知识关联、知识可视化等技术，为深度农业知识服务提供共性技术支撑；研究农业领域知识结构演化、发展态势分析、领域热点监测分析方法与技术，揭示学科领域知识结构、发展态势及关键科研动态，为农业科学研究和管理决策提供支持。

（九）农业文献数字化与关联发现技术创新研究

围绕农业综合科技数字知识仓库与专业知识服务平台构建，重点开展大规模文献数字化与农业综合科技数字知识仓库构建技术研究（面向农业科技创新与管理决策的农业综合数字知识资源框架与构建技术研究，互联网开放资源发现、获取与组织技术研究，多源、异构、各类农业科技资源数字化整合技术研究等）、农业信息组织与知识关联技术研究（大数据环境下海量农业综合科技资源知识化组织技术、方法研究，基于农业综合数字知识仓库的知识挖掘、关联分析和个性化高效摄取技术研究等）和农业智能搜索与知识发现技术研究（基于语义的大规模农业知识智能搜索技术研究，基于信息动态监测与数据挖掘的情报分析技术研究，嵌入创新与决策过程的多层次知识服务体系与支撑技术平台构建等）。

（十）农业网络技术创新研究

围绕基于信息融合的网络服务平台和移动互联网络协同服务技术等选题，重点开展信息获取、自动分类、知识发现、智能推送等关键技术研究，创新基于信息融合的网络管理、信息发布和应用服务3个平台；开展大数据环境下的智能处理和高性能计算技术研究，创新移动互联、网络协同服务技术，推进中国农业科学院科研协同一体化。

五、科研进展与成果

（一）科研进展

进入21世纪以来，农业信息研究所紧紧抓住国家发展现代农业、实施科技兴农战略的有利时机，组织全所科研人员积极争取申报各类科技计划，经过几年的努力，在科研项目的立项上取得重大突破。2002—2015年上半年，比"十五"期间12 944.64万元的项目经费，在总量上增加了415.2%；2011—2015年上半年，信息所共获得科研经费30 699.82万元，为研究所"十二五"科研事业的发展创造了良好的局面。其中，国家科技计划重大项目的申请立项已成为信息所科研项目的主体，2006年以来，来自于国家"863"计划、科技支撑计划、国家自然基金项目、部委专项等项目的经费占全所科研项目经费的90%以上。科研投入的增加，促进了信息所科技创新能力显著增强。

"十二五"以来，农业信息所承担的重要课题有：①科技支撑计划项目：农产品数量安全智能分析与预警的关键技术及平台研究、农业资源利用与管理信息化技术研究与应用、基于TD-SCDMA的农村信息化应用方案开发及示范验证、面向外文科技文献信息的知识组织体系建设与应用研究示范等；②国家"863"计划项目：主要粮油产品质量安全全程跟踪与溯源技术研究、农业科技信息移动智能服务技术研究、小麦玉米协同模型研究、网络化实时农业未能远程诊断模型与交互式关键平台技术研究等；③国家自然基金项目：农业本体构建、基于基因型和土壤水分含量的水稻节间和叶片功能结构模型研究、基于Agent的农产品质量安全管理研究、农村贫困人口粮食安全研究、区域大气所溶胶辐射强迫敏感因子时空模式及农作物响应机制研究等。

（二）科研成果

农业信息研究所成立50多年来，在农业信息分析、农业信息管理、农业信息技术三大领域取得了一大批高水平的研究成果。

20世纪有代表性的科研成果主要有《中国中长期食物发展战略研究》（国家科技进步二等奖），"编制《农业科学叙词表》与建立叙词库系统研究"（国家科学技术进步三等奖），"ZN电脑汉字26键拆根编码方案"（农牧渔业部科学技术进步一等奖），"农业综合生产能力研究"（农业部科学技术进步一等奖），"中国农业持续发展和综合生产力研究"（农业部科技进步一等奖），《当代世界农业》（农业部科技进步二等奖），"当代世界农业科技发展动态与趋向"（农业部科技进步二等奖），"农业企业生产经营管理信息化技术应用网络平台"、"基于智能技术的农业经济信息分析与辅助决策系统"（均获北京市科学技术三等奖）等。

进入21世纪以来，在原有科学研究的基础上，农业信息研究所在三大研究领域又取得了一批重要成果，全所形成获奖成果30项，获得专利38项，取得软件著作权428项，发表学术论文1 500余篇，其中，发表SCI/EI论文100余篇，出版学术著作140余部。

主要获奖成果有:"农业经济电子地图研究与应用"(2012,中国农业科学院科学技术一等奖)、"农业信息智能服务关键技术创新与应用"(2011,北京市科学技术三等奖)、"数字化玉米种植管理系统"(2009,神农中华农业科技三等奖)、"食物安全信息共享与公共管理体系研究"(2008,中国农业科学院科学技术二等奖)、"商品鸡数字养殖技术平台"(2007,中国农业科学院科学技术二等奖)、"粮食与食物安全早期预警系统研究"(2006,中国农业科学院科学技术一等奖)、"科研机构知识管理及其系统研究"(2005,中国农业科学院科学技术二等奖)、"农业本体论的研究及其在农业知识组织中的应用"(2005,中国农业科学院科学技术二等奖)、"基于智能技术的农业经济信息分析与辅助决策系统"(2005,北京市科学技术三等奖)、"农业企业生产经营管理信息化技术应用网络平台"(2005,北京市科学技术三等奖)、"农业生物技术研究及其产业化发展分析"(2004,中国农业科学院科学技术二等奖)、"农业科技基础数据信息系统建设与共享"(2004,中国农业科学院科学技术二等奖)、"农产品市场信息分析预测网络化平台"(2004,北京市科学技术三等奖)、"新时期中国食物安全发展战略研究"(2004,北京市科学技术二等奖)、"多模式农业实用技术信息服务系统研究"(2003,中国农业科学院科学技术二等奖)、"国内外农业科技发展动态跟踪比较研究"(2002,中国农业科学院科学技术二等奖)、"小麦、玉米连作智能决策系统研究"(2002,北京市科学技术三等奖)、"农业信息自动翻译系统"(2001,中国农业科学院科学技术一等奖)。

有代表性的科研成果有：农业信息智能服务关键技术创新与应用、便携式农产品市场信息采集器(农信采)研制、中国农产品市场监测预警模型(CAMES)研究、农业监测预警研究空间创建、中国农产品市场监测预警系统构建、基于智能技术的农业经济信息分析与辅助决策、农业远程诊断系统、农业生产经营管理信息化技术应用网络平台、中国农业经济电子地图、多媒体小麦管理系统、数字化玉米种植管理系统、小麦—玉米连作智能决策系统、蜂产品质量安全追溯系统、数字果园、"农搜"工具、基层农技推广云平台、农业生产风险识别与模拟技术、农业生产风险评估与保险定价技术、基于无人机的农业生产监测、基于3S+3G的农业灾害损失勘查采集设备——农损采和农业物联网技术研究等。

与此同时,信息所还强化了与国际、国内相关机构的合作交流。近年来,信息所与FAO、OECD、USDA、IFPRI等机构在农产品市场监测预警、食物安全等领域建立了长期合作机制,通过互派学者、共同开展学术研究、共同举办20多次国际学术交流会。2013年6月农业信息研究所成功举办了"2013世界农业展望大会"、2014年4月、2015年4月信息所连续两年成功举办"2014中国农业展望大会"、"2015中国农业展望大会",极大提高了信息所在相关领域的国际影响力。

六、农业信息资源和网络公益服务

农业信息研究所作为全国农业科技信息中心,担负着为全国农业科研院所和大专院校、涉农企业、农业推广部门、农业管理部门以及广大基层农业工作者提供各类农业信息服务的重任。目前，农业信息研究所的公益服务主要包括农业信息资源服务和网络信息服务。

（一）农业信息资源服务

为不断提高农业信息研究所农业文献信息资源服务质量，一方面在农业文献信息资源建设上与时俱进，适时调整文献信息资源的采选思路，在对中国农业科学院各研究所和重要研究领域进行充分调研的基础上，采取有效措施，保证购置图书文献资源的高质量。近年来，农业信息研究所通过资源共建共享和有效推介加大对农业科研、教学和开发人员的资源服务和保障力度，采取了一系列方便用户，完善服务的措施。同时，加强内部管理，完善服务制度和规范，力争做到文明服务、规范服务、热情服务、主动服务。在数字化、网络化已经成为当代信息服务主流模式形势下，面对科研需求、信息环境的变化，农业信息研究所文献信息服务除了要做好传统图书馆服务外，还要积极推进数字化图书馆建设，努力提高核心竞争力。通过NSTL外文馆藏文摘数据库和外文引文文献数据库等项目建设，开展图书文献资源的扫描、识别、校正、压缩、转化、存贮、传递等数字化过程实践，加快了农业信息所数字图书馆建设进程。近年来，农业信息研究所始终把提高信息综合服务能力，加大数字化、网络化信息传播能力作为数字图书馆工作的主要内容之一，增加了馆藏电子资源和中文文献品种，充分利用丰富的馆藏资源、人才和先进设备优势，重点加强和改进网上原文传递、网上咨询和深层次定题服务等网络化服务，让丰富的文献信息资源发挥更大作用。

（二）网络信息服务

承担着中国农业科技信息网、中国农业科学院网、中国农产品供求信息网等国家级网站的维护和资源建设。其中，中国农业科学院网已成为农业科研国家队主要的网上对外窗口和网上办公平台，不仅为广大科研人员提供了快捷方便的办公自动化平台，而且促进了农业科研信息在全国范围的广泛的信息传递与交流。

七、农业科技期刊编辑与出版

农业信息研究所作为全国农业信息分析与传播机构，主办并公开出版了13种学术、技术、科普和文摘类期刊，包括《中国农业科学》（中英文版）、《中国乳业》、《农业科技通讯》、《生物技术通报》、《中国食物与营养》、《农业图书情报学刊》、《农业展望》、《农业网络信息》、《中国农业综合开发》、《中国猪业》、《中国畜禽种业》、《中国园艺文摘》和《中国畜牧兽医文摘》，涵盖农业科研、生产、经济、技术、管理等领域，形成覆盖面比较广、类型比较齐全、影响比较深远的农业科技期刊集群。

近年来，农业信息研究所主办的上述期刊在办刊质量及刊物影响力方面取得了长足进步。《中国农业科学》创刊于1960年，系综合性农牧业科学学术博物，是国内外重要数据库和文献刊物收录的重点核心期刊，2002年创办英文版，多次获得"百种中国杰出学术期刊"称号，同时也获得"新中国60年有影响力的期刊"称号；《中国乳业》创刊于2002年，是全国首家为乳业产业提供全方位信息服务的专业性期刊，多次荣获全国畜牧兽医优秀期刊；《中国食物与营养》、《生物技术通报》、《农业展望》等刊物均入选中国农业核心期刊。

八、发展设想

总结过去，展望未来，"十三五"期间，农业信息研究所按照党中央的精神、按照部院总体部署和工作要求，遵循"统筹设计、超前谋划、把握重点、有序推进"的原则，结合信息所的实际，狠抓重点、难点、热点问题，积极投入于科技创新工程工作之中，做好科技创新、公益服务工作，力争在科技创新、公益服务、体制机制创新、研究所作风建设等方面有新的突破，把信息所工作推向最好的历史时期。

（一）以农业信息学科发展为目标，谋划"十三五"科研工作计划

农业信息研究将根据研究所使命和特点，瞄准国际农业信息学科发展前沿，坚持"以信息化支撑农业现代化发展的需求"为导向，围绕"顶天立地"的学科发展原则，统筹谋划"十三五"科研计划，促进信息所科研创新能力上新台阶。重点开展以下工作：一是突出优势特色学科，加强农业信息学科理论体系创新；二是把握信息技术发展前沿，结合农业领域需求开展重大技术攻关；三是围绕科技信息支撑工作，加强图书馆和网络服务能力建设；四是面对国家科技计划变动新形势，积极主动争取国家大项目；五是加强科技创新工作绩效考核，全力做好科技创新工程试点工作。

（二）以激发创新活力为目标，狠抓体制机制创新

以启动全员竞聘上岗工作、第二批"杰出青年"评选工作为抓手，调动青年科技工作积极，激发农业信息科技创新活力，推进信息研究所体制机制创新进程；启动实施全员培训计划，促进广大科技人员、管理人员不断更新观念、不断更新知识、不断文明行为；实施品牌化服务工程，把国家农业图书馆打造成中国农业科学院一张靓丽的名片，全力做好图书馆设施维护、制度建设、宣传推广等工作，高质量保障纸本文献到馆服务、电子资源远程访问，加快整理古籍资源，充分揭示古农书文献内容，规范图书馆资源采集、数字化加工、到馆和远程服务等工作，使得图书馆工作得到更多读者、访问者以及广大科技人员的肯定和支持。

（三）强化研究所作风建设，为研究所发展保驾护航

深入贯彻学习党的十八届三中、四中全会精神以及中纪委五次全会精神，按照中央、部院党组的要求，继续巩固和扩大党的群众路线教育实践活动成果，落实党风廉政建设"两个责任"，深化"四风"问题的整治工作，完善"三重一大"事项决策监督制度，全面实施科研经费信息公开制度，确保科研经费管理不出系统性风险，减少违规违纪事件的发生。进一步强化基层党组织建设，开展支部改选，充分发挥基层党组织的堡垒作用，为研究所的和谐发展提供坚强的组织保障。

中国水产科学研究院渔业信息学科情况简介

(中国水产科学研究院信息与经济研究中心)

一、学科发展现状

(一)学科内涵

渔业信息学科是水产科学、信息科学、管理科学和经济学等多种学科交叉融合形成的一门新兴学科。学科的内涵是以渔业科学为基础,以信息技术为手段,以管理学和经济学为理论依据,以渔业产业需求为导向,研究渔业信息技术应用、渔业信息资源开发以及渔业发展战略研究,为行业的发展提供相应的信息支撑与决策支撑。

(二)发展现状

本学科包括3个研究方向:渔业信息技术应用、渔业信息资源开发利用和渔业发展战略研究。

1. 渔业信息技术应用研究方向

(1) 卫星遥感技术应用于渔情渔场预报及渔业生态环境监测:卫星遥感反演的海表温度(SST)、海水叶绿素-α浓度、海洋动力环境(如海面高度)等信息,目前已成功应用到渔业生态环境监测和渔情渔场预报领域。其应用重点也逐步从早期的渔场分析预报转向渔业栖息地环境变化、渔业生态系统综合管理和渔业生物功能区划等领域,更加注重对渔业生态系统整体的保护与管理。随着我国自主的高分辨率光学遥感、雷达遥感的发展和深入应用及各类小卫星星座计划的建成,将在信息获取的精准性上大大提升,使渔业资源及生态环境监测的发展,从试验应用走向业务化运行,从定性理解走向定量研究,从静态的单尺度研究走向动态的点—区域—全球尺度的整合研究,从单一学科的局部性探索走向跨学科领域的交叉研究。随着我国自主海洋卫星的发展与业务化应用,今后我国也将重点发展自主海洋卫星的渔场监测与应用技术。

(2) 声呐技术应用于渔业资源跟踪与鱼群探测:采用声呐探测术,对海洋和内陆流域及湖泊的鱼群进行定位、成像和跟踪。从早期的单波束垂直探测,到双频垂直和水平探测以及多波束立体观测和成像,到目前的海洋声学波导遥感技术,声呐在渔业中应用已有了长足的发展。另外,还可借助声呐技术开展水下地形与底质测量,以支持鱼类关键生境识别及生物—生境的关系研究。随着我国海洋渔业声学的不断发展和成熟,目前正在向近海和内陆流域拓展。

(3) 卫星导航为核心的海洋渔船监测与动态监控技术:世界上远洋渔业发达国家,如美国、日本、法国等均构建了海洋渔船监测系统(VMS)用于打击渔船非法捕捞和渔业管理。主要的技术手段是以 GPS 定位技术为主,同时结合高分辨率遥感光学影像监测、雷达卫星监测信息综合提高渔船监测能力。我国北斗导航卫星也已经在海洋渔船监测和生产安全中得到初步应用。

(4) 地理信息系统(GIS)为核心的渔业综合管理决策支持技术:GIS 的海洋渔业应用主要是开发渔业综合管理的 GIS 决策支持系统,进行捕捞渔获数据制图、渔业栖息地模型构建与评估、水产养殖规划选址等。

近几年,在"十二五"国家科技支撑计划、高科技 863 计划、科技基础条件平台、国际合作等相关研究项目的支持下,我国有关单位开展了渔业信息技术的专题研究或构建了一批信息服务平台,解决了水产信息应用中的一些关键技术,推出了一批技术成果。在渔业空间信息技术应用方面,主要有:"北太平洋鱿鱼资源开发利用及其渔情信息应用服务系统"、"大洋金枪鱼渔场渔情速预报技术"、"利用 GIS 技术进行水产养殖规划"、"水产养殖遥感监测"、"利用 MODIS 卫星遥感对浒苔灾害的有效预警和监测"、"利用信息技术对中国黄河流域湿地水生生物资源价值评估"、"我国专属经济区和大陆架生物资源地理信息系统"、"海洋生物资源地理信息系统的研究"等,形成了渔业空间信息技术的研究特色,初步具备了开展科研大协作和技术攻关研究的人才队伍。在渔业生产及管理决策信息服务方面,主要开发构建了"对虾养殖管理信息系统"、"中国渔政管理信息系统"、"罗非鱼产业预警体系构建"、"水产病害测报系统"、"基于物联网的水产养殖水质实时监测系统"、"水产品质量安全可追溯信息平台开发"等课题研究,即满足了生产及管理的需求,也为其他学科发展提供了技术支撑。这些成果已经在水产的科研、生产和管理上发挥出不同程度的作用,为水产科技和产业发展提供了强大的技术支撑。

2. 渔业信息资源开发利用研究方向主要如下

(1) 以数据信息资源收集为基础的渔业专题数据库建设与共享:主要指渔业相关的各专题数据库建设、元数据库共享及数字图书馆建设等;如渔业环境数据库、渔业资源数据库、鱼病数据库等,通过此类数据库建设及共建共享,有助于打破学科间壁垒,实现数据共享、学科融合与创新发展。

(2) 专题信息服务系统的开发,主要针对所构建的各专题数据库:以信息服务和利用为目标,开发为不同用户提供服务的信息系统或平台,如水产养殖管理决策系统、鱼病诊断专家系统等信息服务平台。

(3) 为渔业科研选题和制定国家渔业发展战略服务的机构知识库:建设、战略情报分析、文献计量分析等专题研究,主要是利用数据挖掘、文献计量等方法开展深度分析研究。

由中国水产科学研究院院牵头先后开展了"水产种质资源共享平台建设"、"水产科学数据共享平台建设"等信息平台建设，为全社会提供了信息服务和信息共享。此外，农业部渔业局也构建了我国水产养殖渔情信息网络和海洋捕捞渔情信息网络，采集了多种渔业数据，为渔业管理提供了数据支撑。与此同时，中国水产科学研究院从2007年开始着手进行全院文献信息数据库共建共享工作，利用现代信息技术手段，把全院各所的信息资源统一进行整理、加工和数字化，并建立了VPN网络，实现了全部信息资源上网，形成了基础文献数据库服务体系，向全院提供信息服务。

3. 渔业发展战略研究方向主要包括

渔业发展战略研究是以信息分析学、经济学和管理学等为基础，以产业需求为导向，应用软科学研究手段，为行业的发展提供政策分析和决策依据。近年来，我国渔业发展战略研究主要包括：走中国特色渔业现代化道路的探讨、海洋生物资源开发和利用战略研究、"蓝色农业"与海洋渔业发展战略、水产养殖业发展战略、"海上粮仓"发展战略、休闲渔业发展战略、低碳经济与渔业碳汇、渔业多功能性与渔业新兴产业、全球金融危机及其对渔业发展的影响等。这些研究课题为行业管理和发展提供了有益的决策咨询和智力支撑。

二、国内外发展比较

信息技术的发展日新月异，物联网、云计算、大数据、智慧地球等新概念新思路不断涌现。当前，信息技术发展趋势呈现如下特点：

1. 信息技术加快融合，集成综合应用趋势明显

物联网、云计算、大数据、智慧地球等新概念虽然各自内涵有所不同，技术侧重点也不同，但随着信息技术的发展加快，也在加速相互融合与渗透。尤其在应用领域，通常需要多种技术作为支撑。国外渔业信息技术发展在现有渔业空间信息技术应用的基础上，加强了与云计算、物联网和大数据等方法的融合，促进渔业空间信息技术应用理论与技术体系的构建和完善。

2. 渔业空间信息技术应用不断深化

与农业信息技术一样，空间信息技术已成为渔业领域应用最广泛、最成熟的信息技术。无论是海洋渔业，还是水产养殖应用，空间观测信息技术在渔船监测、渔业生态环境要素监测、水环境监测、渔业专题制图等诸多方面均有成功应用。随着空间信息技术的自身发展和与其他前沿信息技术的融合，渔业空间信息技术仍将进一步得到深化和完善，形成独特的应用理论体系。

3. 渔业信息资源由单机系统转变为以互联网为主的综合应用

随着互联网的普及和云计算与大数据等技术的发展，渔业信息资源的共建共享与决策信息服务等从单机系统转变为以互联网应用与信息服务为主的综合应用，朝专业化、多媒体化、实用化的方向发展，更加重视信息资源的服务能力。国外当前的发展方向为：一是加强了各类渔业专题数据库建设及共享，适应网络化发展需求，

二是构建了基于互联网的渔业生产及管理决策信息服务系统，满足各类专题信息平台应用的业务化与即时性需求，三是加强了渔业文献数据库共享，为其他渔业学科发展提供科技支撑。

4. 移动通信发展快，渔业信息服务朝大众化、个性化方向发展

以手机定位、导航定位等为基础的移动通信技术已经在其他行业得到成功应用。渔业移动通信技术的发展趋势是，重点开展基于位置的渔业信息服务与应用，如基于位置的海洋渔船渔情信息服务、水产养殖点的信息服务、水产品追溯的食品安全信息服务等，实现渔业信息服务的精准化与个性化。

对比国外应用研究现状，在渔业信息技术领域，我国差距明显，原创性集成创新能力落后。在空间信息技术的渔业应用领域，我国总体上虽然在遥感渔场监测、GIS 的渔业栖息地评价、水产养殖遥感监测、渔船监测与渔政管理指挥系统等研究方向上取得了很大成绩，但与国际先进水平还有相当距离。在自动化控制、数字通信以及物联网技术应用方面，成熟的专题示范性或业务化应用系统不多，推广应用少，对产业的支撑力度不足；人才队伍规模较小，研究团队综合实力弱；大型的专业数据库建设不足，种类少，覆盖面小，数据量不多，渔业信息标准化研究严重滞后。

在渔业信息化与信息资源的开发利用方面，我国与发达国家相比差距更为明显，主要体现在信息基础设施落后，信息化制度不完善，渔业信息化建设应用开发分散，总体建设缺乏顶层设计，信息共享、业务协同和服务应用程度需进一步提高。渔业信息资源建设是一项长期的基础性工作，它是渔业科学研究的基础，同时也是渔业信息化的重要内容。物联网、大数据（数据挖掘）、云计算等现代信息技术都依赖于海量的、规模化、可利用的数据资源开发。我国虽然在这方面做了一些工作，但所建的数据库或信息平台基本上还都是一个个信息孤岛，未能从整体上形成完整的可相互关联的信息网，缺乏信息资源建设的整体规划和完善实施的管理方案。另外，各单位在对此重视程度也不够，无论在立项、经费、人员等各方面都不能得到充分的保障。

在渔业发展战略研究方面，发达国家渔业统计数据较齐全、时间连续性也较好，产业发展政策与管理研究常常有相应数据库支持。政府或研究机构建立了相应的渔业经济分析预测平台。我国渔业统计数据的实用性、系统性、延续性亟待提高，服务于产业经济与战略研究的数据库和渔业经济分析预测平台亟须进一步完善。另外，发达国家的渔业战略研究是行业内外专家、多学科共同参与的研究，在实证研究和规范研究相结合的基础上，更注重数据支持、统计分析和案例调查等实证研究。我国渔业政策与管理研究也开始注重数据分析和案例调查，但深度和广度不够。

三、学科发展方向及重点任务

(一) 发展定位

以"新四化"建设为指导方针，重点围绕渔业生产及管理需求，以转变渔业生

产方式、推进渔业现代化和生态文明建设为核心，构建需求驱动的学科研究和发展机制。通过技术示范和产业化应用，确立信息技术在产业发展、渔业科技进步和部分学科发展中的重要支撑作用与引领地位，构建"需求驱动、集成创新、产业应用、信息服务"的学科研究与发展新格局，加快提高我国渔业信息化和渔业现代化发展水平。

(二) 发展路线图

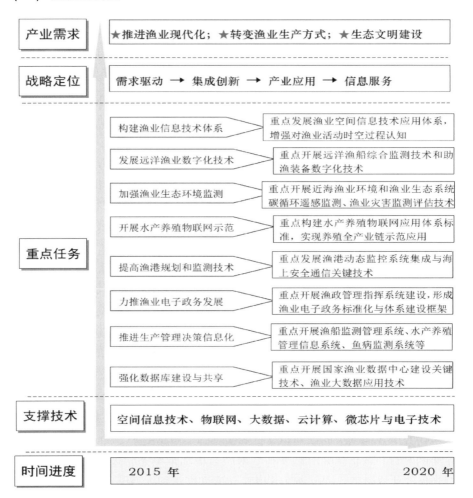

(三) 重点任务

围绕我国近海渔业资源与生态环境保护、海洋渔船监测管理与渔港规划建设、远洋渔业资源开发、水产养殖全产业链信息采集与决策管理、渔业数据共享与开发利用等重点需求，重点深化空间信息技术的渔业专题应用研发和推广示范，拓展物联网技术的渔业应用与集成创新，加强渔业数据信息共享平台建设等，加速助推渔业现代化建设与渔业信息化发展。

1. 深化渔业资源与生态环境遥感监测应用，为生态文明建设提供支撑

围绕我国远洋渔业生产及渔业资源评估与开发利用的需求，构建渔场渔情预报模型，开发可业务化应用的全球主要远洋渔业捕捞海域的渔情信息服务系统；围绕渔业生态恢复和生态文明建设，通过构建近海及内陆渔业生态环境空间观测数据中心，分析如何增强抵御台风、洪水和其他自然和人为威胁的能力。

主要的关键技术包括：渔场环境的遥感监测与信息提取技术、渔场环境与渔获数据的可视化分析技术、渔业生态环境区划与建模技术、渔业生态系统天地一体化监测技术、渔业水体污染遥感监测及生态效应分析系统构建技术等。

2. 发展水产养殖信息智能采集技术，推动水产养殖现代化

针对我国水产养殖区域面积广、养殖种类与类型多样、产业规模大的特点，利用遥感技术监测获取养殖面积等信息，掌握水产养殖的区域分布特点，提高水产养殖统计信息的准确性和养殖规划的针对性；以物联网技术为信息获取基础，开展水产养殖感知技术、组网技术、智能控制技术、预警预报技术等研究，收集汇总水产养殖关键环节数据，建设水产养殖专题数据库，开展水产养殖大数据应用；以水产养殖生态环境研究为理论基础，构建水产养殖生态环境模型及生长模型等，建立完整的智能化水产养殖技术体系，开发不同养殖种类或不同养殖区域的水产养殖信息管理系统或决策支持系统。

主要的关键技术包括：水产养殖遥感监测与信息提取技术；水产养殖的适宜性评价技术；水产养殖信息的数据库构建技术；水产养殖水质智能感知监测与预警技术；水产养殖水质生态模型、生长模型构建技术；水产养殖过程的信息标准化与控制技术；水产养殖信息的知识发现与分析模型技术。

3. 加强渔船监测管理及渔港规划建设，助推海洋渔业现代化

围绕我国渔船渔港监督管理中存在的突出问题，以渔船渔港数字化体系建设为目标，以信号与信息处理技术、射频识别技术（RFID）、互联网及通信等技术为基础，开展数字化集成应用研究。重点研究内容包括基于多技术融合的渔港动态管理关键技术研究；海洋渔船自组织通信网络关键技术研究；船港一体化动态监视监测关键技术研究等。

主要的关键技术包括开展基于多技术融合的渔港动态管理关键技术研究、海洋渔船通信网络中继放大和多点接入技术以及海洋渔船通信网络路由选择算法及组网技术研究工作。同时，开展船港一体化动态监视监测关键技术研究和全国渔船、渔港数据中心建设研究工作。

4. 拓展前沿信息技术渔业应用，促进生产及管理决策信息化

围绕我国渔业发展存在的生产与管理效率低、信息化水平落后、决策不科学等突出问题，以提高渔业生产及管理决策的信息化、科学化为目标，重点利用互联网、移动通信、数字通信、多媒体、数据库等信息技术，开展水产养殖管理信息系统、海洋渔业生产信息系统、渔政管理信息系统、渔业科研管理信息系统、渔业灾害风

险评估信息系统、水产品价格信息系统等通用的渔业信息服务平台或市场导向类的渔业专题信息服务系统等。

主要的关键技术包括：渔业数据库构建技术、渔业信息标准化、渔业移动信息服务技术、渔业数字信息技术、渔业多媒体信息采集与发布技术、渔业信息虚拟技术、渔业图像智能识别技术等。

5. 加强渔业数据库建设与共享，为渔业科研及管理提供保障

开展数据挖掘与智能信息处理、海量数据存储、个性化推荐等技术在渔业科学数据资源建设与社会化服务中的应用研究；通过机构知识库建设，利用数据挖掘、文献计量分析、竞争情报分析、决策支持、大数据等理论与方法，研究专题报告自动化生成技术等，为相关学科发展和重大技术攻关提供依据。

中国热带农业科学院科技信息所发展历程及发展设想

(中国热带农业科学院科技信息研究所)

中国热带农业科学院科技信息研究所（以下简称"信息所"）位于我国唯一的热带省份、最大的经济特区国际旅游岛海南岛上。自1978年建所以来，在农业部和院的正确领导下，信息所紧紧围绕满足国家、市场及群众需求的重点工作目标，致力"热带农业科技创新能力提升行动"，深入贯彻落实中央各项方针政策，推动了信息所在科技创新、公益性服务、人才培养等各项工作的全面发展，在服务热区经济发展决策、促进热区经济结构调整、热区农民增收、热带农业提质增效等方面发挥了积极作用。

随着农业信息技术应用研究的迅速发展，中国热带农业信息科技创新与服务体系建设近几年取得了长足的发展，但与美国、日本、印度等国家相比，仍有一定的差距。介绍中国热带农业科学院科技信息研究所的发展历程、发展特点、经验及发展设想，以达到提供重要借鉴和启示作用，以期缩小与国外的差距，推进我国热带农业、农村经济研究及热带农业信息化进程，加快我国热带农业现代化建设。

一、发展历程

中国热带农业科学院科技信息研究所，隶属农业部，是我国从事热带农业经济研究、热带农业信息公益性服务、信息研究与创新的国家级公益性科研机构。前身为1954年在广州组建的以天然橡胶为主要研究对象的"华南热带林业科学研究所"图书室和编译室；1958年，研究所迁到海南儋州，成立了图书馆和科学情报组；1959年，科学情报组并入图书馆称为科学情报室；1978年成立科技情报研究所，1993年按照国家科技体制改革的要求和热带农业发展的需要更名为科技信息研究所；2004年中，根据科技体制改革的要求，科技信息研究所从原图书与科技信息中心分离出来独立运作，迅速发展为热带农业科技创新和科技服务不可缺少的一支重要力量。

二、基本情况

经过几十年的发展，目前信息所拥有系统的研究体系与公益服务队伍。信息所下设17个部门，其中，5个管理部门（综合办公室、科研办公室、开发办公室、财务办公室和基地与条件建设管理办公室），11个业务部门即：5个创新研究室（热带农业经济与发展战略研究室、热带农业信息分析研究室、热带农产品质量安全评估研究室、热带农业信息资源建设研究室、数字图书与档案建设研究室），4个公益服务部门（院图书馆、院档案馆、期刊社、文献信息咨询中心，1个重点实验室（海南省热带作物信息技术应用研究重点实验室）、1个服务开发中心（信息服务开发中心）和1个院级科研平台（热带农业经济研究所），同时构建了完备的网络环境和共享平台。

信息所共有编制人数255人，其中，创新编制人数95人（所本级），其中，高级职称人员30人，中级职称人员39人；博士6人，硕士50人。全所在岗职工107人，其中，专业技术人员90人，党政管理人员15人（其中双肩挑人员5人），专业技术和党政管理人员占在岗职工人数的98.1%；工勤技能人员2人，占在岗职工人数的1.9%。

信息所主要有热带农业信息和产业经济两大优势学科，拥有海南省热带作物信息技术应用研究重点实验室、热带农业经济研究所、国家农业科学数据共享中心热带作物科学数据分中心等科技平台。主要研究领域有热带农业发展战略研究、信息资源开发及利用、热带农业信息技术、热带农业信息标准化、国内外热带农业产业监测预警及比较分析、热带农产品质量安全信息评估与预警预测、优势农产品区域布局和规划、热带农产品国际竞争力、热带农业可持续发展、热带农业数字图书馆和档案馆建设等。

三、发展成就

2004年以研究所模式运作以来，加大创新力度，增强自主创新能力与服务水平，逐步形成热带农业经济学与信息学两大院级重点学科以及学科布局合理、特色鲜明的所级学科。人才队伍结构不断优化，高学历人才比重不断增大；省重点实验室、农业经济研究所等重要科技创新平台支撑能力显著提升，科技创新能力显著提升。同时在科技期刊编辑出版，图书、档案、文献信息咨询等公益性服务方面开展了卓有成效的探索，精品科技期刊工程成效显著，高端信息服务能力明显增强。在服务热区经济发展决策、促进热区经济结构调整、热区农民增收、热带农业提质增效等方面发挥了积极作用。

（一）科研创新能力稳步提升，科研产出硕果累累

1. 承担并储备了各类重大科技项目，科研创新后劲增强

"十二五"期间，信息所围绕热带农业发展战略及农业信息开展研究工作，着力提升在热带农业资源数据库的建设、热带作物产业发展规划、热带作物实用技术的集成研究、热带农产品质量安全与数量安全、热带地区农村发展水平、热带农业产业经济等方面的科技创新能力，在争取科研项目上成效显著，先后承担科技部科技支撑计划项目、国家软科学基金、星火计划项目、农业科技成果转化资金项目，农业部公益性行业专项，海南省重点科技计划项目等国家、省、部级各类项目50余项，较"十一

五"期间大幅增加，同时推荐储备了 10 多项重大科技项目。系列重大项目的策划、承担和执行，培养了人才、拓展了领域、推动平台发展，增强了全所科研创新后劲。

2. 学科建设成效显著，科研领域不断拓展

信息所学科体系建设与国家农业产业技术体系建设有机融合，重点建设热带农业经济与信息学科两大学科，着重开展热带农业产业经济与政策研究、区域发展战略与规划研究，热带农业信息化关键技术研究与集成应用、热带农产品质量安全评估，热带农业信息监测、信息分析与产业安全预警、预测等领域研究。所级学科围绕热带农业产业发展需求，统筹规划，形成热带农业信息技术、农产品安全平等特色鲜明的学科，在热区影响力不断提升。

3. 注重科研绩效，科技产出硕果累累

近几年，信息所承担 10 多个国家科技支撑计划课题、国家星火计划课题、农业成果转化资金项目、海南省重点项目等通过部省级验收或鉴定，海南省热带作物信息技术应用重点实验室顺利通过验收，获得中华农业科技奖二等奖 2 项、海南省科技进步二等奖 1 项、海南省科技进步三等奖 2 项，软件著作权 20 多项，出版专著 10 多部，年均发表核心期刊论文 60 余篇（年均 SCI 或 EI 收录论文 5 篇）。

4. 引进与自建并举，科研条件保障能力显著增强

在引进国内外热带农业方面数据库及大型科技文献数据库系统的同时，加强国内外热带农业科技信息资源的收集、整理和加工，逐步建成热带特色农业信息资源体系。承建了"国家热带作物科学数据分中心"，打造了"中国—东盟热带农业信息平台"、"世界热带农业信息平台"、"热带农产品质量安全信息平台"等综合性信息服务平台；自建立包含 30 多个热带农业特色专题数据库，一定程度解决了热带农业信息资源分散、不畅等问题。

"十二五"期间，承担了农业部修缮购置项目近千万元，完成"热带农业科技信息化服务网络平台后续建设—功能完善与拓展设备购置"、院网络平台运行费项目及所"热带作物信息技术应用研究实验室仪器设备购置"等条件建设项目，支撑院所科研创新提升。同时，编报了院网络平台运行、网络平台信息安全设备购置、所重点实验室地面遥感设备购置等条件建设项目，预算 800 多万元，进一步改善院所科技创新条件。

（二）创新服务方式，服务水平与服务范围得到进一步提升与扩大

1. 协同创新，协作推广，服务热区"三农"

与云南、广西、福建等热区 6 省（区）农科院科研所签订了国家农业数据中心热作数据共建共享协议，进一步推进热带农业科学数据资源共建共享。信息化服务手段广泛应用服务"三农"中，通过热带作物 wap 网络平台、12316 短信服务平台和"热带农业科技服务"微信服务平台等信息平台，累计向海南省农业种植大户、合作社、涉农企业等推送各类涉农信息 10 万余条。院新型职业农民培育中心在海南省儋州、屯昌、东方等县（市）举办"新型职业农民培训班"5 期，培训农民 2 500

人次，打出了品牌，产生较好的社会影响力。

2. 强化成果应用与推广，提升热带生产管理信息化水平

开展热带农业信息服务链关键技术研发、集成与示范，通过热带农业智能管理系统、农资供销存系统、热带农产品精准生产管理系统、热带农产品质量追溯等系统的集成与应用，解决了农业生产智能决策、资流通与田间使用监管难题，实现了硬件设备与系统平台数据的有效对接，提高作物产量10%~20%，减少了产品运输中的损失，提高了热带农产品生产、物流和监管效率。并在昌江县海尾镇、东方市板桥镇、陵水县英州镇、海口市美兰区建立4个核心基地，示范面积2 100亩，辐射乡镇31个，培训农技人员和农户1 000余人次，取得良好社会效益。此外，在海南万宁开展了槟榔二维码溯源技术示范推广应用，在海南东方开展了热带农产品质量安全追溯系统的应用与示范。

3. 加强公益服务，支撑科技创新研究发展需求

"十二五"期间，年均承接并完成科技查新200多份、专题检索服务近300项。编辑出版《热带作物学报》、《热带农业科学》、《热带农业工程》、《世界热带农业信息》四种科技期刊，年发行量达2万余册。《热带作物学报》、《热带农业科学》、《热带农业工程》入选国家新闻出版广电总局第一批认定的科技类学术期刊名单，《热带作物学报》成功入选"北大中文核心期刊"，《热带农业科学》成功入选"中国农业科技核心期刊"。图书馆拥有馆藏各类纸质图书30余万册、电子图书30余万种、各类期刊4 400种、各类报纸200多种、中外文数据库30余种、自建具有热带农业特色的数据库25个、文献选题制卡11万册（覆盖540种作物），年均新增图书期刊购置8 657本（份）。档案馆馆藏了全院50多年历史、共计18万卷档案。热带作物科学数据分中心建立了5个主体数据库和27个子数据库，收录了2.6万条数据信息，12 100张图片，数据容量达12.5GB。保障了全院科技文献资源需求。

4. 人才队伍建设稳步推进，团队结构更加优化

"十二五"期间，推荐院百人计划候选人1名，千人计划候选人4名，1名科研人员入选省"515人才工程"，2名科研人员入选热科院第一批热带农业"十百千人才工程"千人人选。建立了热带农业产业经济、热带农业信息化工程两个创新团队。同时，引进博士4人，硕士20人，本科3人。在站博士后1名，攻读博士研究生1人；有2人晋升为研究员，3人晋升为副研究员。选派5名科技人员到基层挂职、院机关、科技厅、农业厅挂职。

5. 学术交流与合作常态化，学术氛围愈加活跃

实施《科技信息研究所学术交流常态化方案》，所内学术活动常态化开展，累计组织50余次研究室间学术研讨，先后10多次邀请国内外知名专家到信息所开展学术交流；对外合作交流进一步拓展，与美国夏威夷大学、莱特州立大学、国际食物政策研究所、日本岛根大学、中国农业科学院等国内外科研机构在农业经济、农业信息等研究领域开展广泛的交流，为争取国际合作项目奠定了基础。派30多人次参

加国际会议，20多人次向有关国际研讨会提交了会议论文。

这些研究工作及取得的成绩，为热带农产品的区域规划与布局提供了很好的指导意义，为热带农产品的安全提供了保障，对热带农业产业发展产生了重大支撑作用。

四、发展定位及未来设想

（一）发展定位与总体思路

发展定位：信息所是我国从事热带农业经济与信息创新研究及公益性信息服务的国家级科研机构。坚持"立足海南，面向热区，走向世界"的发展思路，以"政策研究、战略管理、经济研究、助推三农"为发展内涵，围绕国家热带农业经济与热带农业信息科技发展战略需求，瞄准国际科学技术前沿，以软科学研究、应用研究和开发研究为主，以基础研究为辅，同时兼顾公益性信息服务。逐步建设成为引领热带农业经济与信息学科发展，为热带地区社会经济跨越式发展提供技术支撑、科学决策依据、信息资源保障与科技服务体系的国家级科研机构。

总体思路："十三五"期间继续坚持"开放办所"理念，以策划实施重大科研项目为突破口，拓展研究领域、提升研究深度，扩大影响，培养一批优秀科研人才，产出一系列的重大科技创新成果；以建设高效的科研创新平台为支撑，争取高层次创新平台立项建设，提升承担重大科研课题支撑能力，推动相关学科和学科群建设；以组建科学的创新团队为核心，建立定位明确、层次清晰、衔接紧密、优秀人才可持续发展的培养和支持体系，营造培养和凝聚高层次优秀人才的制度环境和政策环境。

（二）发展设想

1. 加快提高科技创新能力

围绕热带农业信息学和热带农业产业经济学两大核心学科体系，重点建设热带农业信息技术、热带农业经济与发展战略研究、热带农业信息管理及分析、热带农产品安全信息评估与预警、预测，热带农业产业基础与组织等优势学科方向，优先发展热带农业信息与数字农业、热带农业经济与产业政策等研究领域，着重策划实施重大科技协作项目、区域农业科技能力提升项目。进一步拓展研究方向、深化研究内容，突破原有学科界限，培养新的学科增长点，体现创新性。每年争取1~2项国家级科技项目，4~6项省部级科研项目，积极开展横向课题研究，力争获得重大突破，科研经费每年有较大幅度的递增；"十三五"期间，争取通过成果鉴定10~20项目，获得省部级以上奖励2~3项；获得专利3~5项，软件著作权3~5项；发表论文200篇以上，其中核心期刊发表论文100篇以上，出版专著5~8部。

2. 强化人才强所发展战略

重点打造热带农业产业经济、热带农业信息化两个创新团队，优化人才队伍结构、引进和培育高层次创新人才、创新团队建设，加强管理人才队伍建设、加强科研辅助实用人才队伍建设。以院建设"热带农业十百千人才工程"为契机，加强科研、管理和科辅三支队伍建设，提升科技核心骨干人才的竞争力，培养、引进院

"百人计划"1人、"千人计划"4~5人,"十三五"期间力争在农业经济、农业信息领域引进高层次人才2人。力争在"十三五"期末,全所专业技术人员占全所职工的70%左右。学历结构基本形成以高学历人才为主,硕士学历人才比例达70%;年龄结构上以年轻科技人员为主,40岁以下青年科研人员占80%;职称结构上高、中、初级技术人员比例协调发展,高级职称比例达40%。

3. 深化国际合作与交流

积极开展与东盟国家、欧美等国家的合作交流,重点在天然橡胶、热带水果、热带农业经济研究等领域的开展合作研究,重点开展与美国国际食物政策研究所、英国格林威治大学资源研究所等国外科研机构在木薯、热带农业"走出去"对策和热带农业在消除饥饿和营养不良等合作与交流;围绕"海上丝绸之路",开展东盟国家贸易、物流、加工等政策研究。获国际合作项目1~3项。

4. 增强服务"三农"与成果转化能力

组建成果转化团队,采取专人负责制,实行量化考核、绩效管理。立足传统的信息咨询服务,提升科技查新检索服务能力,拓展区域农业发展规划、现代农业园区规划、休闲观光农业规划、新农村建设规划、农业项目策划咨询等相关信息服务业务;实施精品期刊工程,推进《热带农业科学》入编"中文核心期刊"工作,力争各刊物影响因子显著提升,组织出版《热带作物学报》英文版,发行范围辐射全国热区乃至全国各科研院所及农林系统的行政单位。加强图书资源建设与服务、推进数字化档案平台建设。立足海南,辐射全国热区,转化、推广2~3项热带农业实用信息技术,举办10~20信息实用技术培训。开展新型职业农民培育,树立海南省新型职业农民培育品牌,深化"百名党员专家联百村"活动,提高"热作12316"、微信公众服务平台服务能力,拓展信息服务范围、促进信息技术推广与转化。

5. 推进条件建设

重点建设热带农业科技中心—科技信息研究所、热带作物信息技术应用研究重点实验室、热带农业技术远程教育培训中心、热带数字农业试验示范基地、热带农业科技信息化服务网络平台、世界热带农业信息资源及服务共享平台,保质保量完成中国热带农业科学院网络平台信息安全设备购置、重点实验室仪器设备购置等,申报并承担"十三五"期间修缮购置项目及运行费项目。积极参与海南儋州国家科技创新与集成示范基地建设,组织申报省、部重点实验室或野外观测台(站)等。

6. 加强综合管理,提高管理执行效率

加强制度建设,规范管理运行体系,建立职责明确、科学评价的分类绩效考核方法,促进所又好又快发展。加强财经管理,实行精细化预算,科研经费依法高效,厉行节约,降低成本。收入分配规范有序,日常公用经费严格控制,加强资产管理,资产及政府采购严格依法依规管理,认真履行报批程序。加强综合管理,提高管理执行效率,大力推行阳光政务。深入开展所文化建设,切实加强安全生产工作,凝聚人心,进一步促进所的和谐发展。

北京现代农业科技信息服务体系建设的探索与实践

(北京市农林科学院农业科技信息研究所)

北京市农林科学院农业科技信息研究所(以下简称"信息所")始建于1958年,隶属北京市农林科学院,是集信息技术研发、信息资源建设、信息管理研究、信息推广服务为一体的综合型农业信息科研机构。多年来,信息所以"科技信息服务'三农'"为宗旨,以信息资源建设为基础,以信息技术研发为手段,依托远程培训平台和远程信息咨询服务平台,建设了现代农业科技信息服务体系,围绕农业科技创新、农村管理决策和农民素质提升等三大需求,实现为发展现代农业和建设新农村提供信息技术和信息资源、为培养新型农民提供教育平台和科普产品、为农业科研提供科技文献信息资源、为政府"三农"管理决策提供信息情报等四大功能,为以信息化助推农业现代化和城乡一体化发展发挥出信息资源保障作用和信息服务支撑作用。

一、基础条件建设

作为北京市工程技术研究中心,信息所在人才队伍、科研设施、信息资源等方面不断加强基础条件建设,满足了立足首都、面向全国开展农业农村信息化建设的需要。信息所现有专业技术人员52人,其中,高级职称人员17人、博士7人、硕士28人,专业背景涉及农学、计算机应用、信息管理、媒体传播等多个领域。信息所建有独立的办公楼,建筑面积达到4 700平方米。在网络平台建设方面,信息所机房240平方米,现有网络带宽600M,其中包括:政务网带宽300M、科教网100M和联通200M,具备较完善的宽带网络设施条件;在计算机硬件方面,信息所拥有服务器190台,网络设备30台(包括交换机、链路F5等设备),安全设备11台(包括漏扫、流控、防火墙、IPS等),信息资源存储设备容量达300T,为相关信息化工作的开展提供了设备保障。同时,作为全国农业科教影视的重要制作单位,信息所拥有数字3D农业科普制作平台、高清多媒体资源制作设备、非线性编辑系统、媒体资源管理系统、播出监控系统、有线电视直播系统、流媒体实时在线采集广播系统等多媒体制作设备20余套,建设了多功能实景演播厅和虚拟演播厅近300平方米,具有较强的多媒体资源编辑、制作能力，能够通过互联网、卫星网等多种渠道开展远程培训和直播活动，现已成为中央电视台和中国教育电视台等媒体的节目制作基地及科技部、农业部、北京市市委市政府等政府机构和社会团体面向"三农"开展宣传和培训的重要多媒体资源建设单位。

二、信息技术创新

为充分发挥信息技术对都市型现代农业发展、城乡一体化建设、农民科学素质提升的助推作用，信息所重点开展了农业数字信息资源中心建设、农业信息技术产品开发、远程教育平台建设、远程咨询诊断平台建设等工作，并以此为基础，形成了立足一个中心（北京农业数字信息资源中心）、依托两个平台（远程教育平台和远程咨询诊断平台）、推进三方面应用（应用于现代农业生产、应用于农民科学素质提升、应用于农业农村管理决策）的农业农村信息化建设体系。

（一）以融合共享为目标，建设多媒体农业数字信息资源中心，为农业技术创新与成果推广应用提供信息源泉

信息资源建设是信息所事业发展的基础和优势所在。信息所针对网络时代海量的信息泛载与"三农"的多元化需求，以自主研发和集成创新为主要手段，于2003年启动了"北京农业数字信息资源中心"建设项目，并实施了信息资源区县共享工程，为北京乃至我国北方地区的农业信息化提供了内容丰富，兼具系统性、权威性、关联性、拓展性的信息源头，为实现科技信息资源规模化进村入户进行了有益的探索。信息所的农业科技信息资源体系包括自建数据库、多媒体科教影视资源、农业科技门户网站、系列农业数字科普产品等5个类别。

在数据库建设方面，信息所提出将信息服务转变为知识服务，开展了从信息服务到知识服务的提升研究，并以构建农业知识网格为基础，建设了北京农业数字信息资源中心（www.agridata.gov.cn），通过对底层信息资源的统一分类、编目及索引，实现了对异源异构信息资源（包括科学数据、文献数据、多媒体资源、网络资源和专家资源等）的融合统一，为各类农业农村信息化重大项目提供了重要的信息资源支撑。中心利用信息所自主开发的数据仓库建库系统、农业信息资源整合与服务系统，依据"农业信息资源数据集核心元数据"标准，建成了集目录型、文献型、数值型、事实型、多媒体型等多种资源载体类型的数据库。目前，中心已自主开发创建数据库信息资源12大类，200个子库，数据量达300多万条，总量达200T，内容包含农业基础资源信息、农业科学数据信息、农业实用技术信息、农业政策法规信息、农产品市场信息、农村社会经济统计信息、农村社会生活信息等多个方面。

在多媒体科教影视资源开发方面，信息所面向农业科技成果转化推广和农民科技培训等需求，应用现代多媒体技术，建设了农业科教影视素材库，通过与中央电视台、科技部星火频道、中国教育电视台、北京电视台等国内重要媒体的密切合作，已成为国内农业科教片创作的主要力量，每年摄制完成400部多类型农业科教节目，

截至 2014 年底共制作影视科教片 7 000 多部，累计时间长为 3 410 多小时，这些节目分别在中央电视台 1 套、2 套、7 套节目和中国教育电视台等媒体上播出，为相关单位、媒体开展农业科普和农民培训提供了大量的影视素材，受到农业科技人员、涉农企业和农民的热烈欢迎，先后获得农业部中华农业科技奖、国家广电总局中国科教影视"科蕾奖"等奖项 10 余次。

在农业科技网站建设方面，重点建设北京农业科教门户网站"北京农业信息网"。网站以科技推广、资源展示、政策解读、产品宣传、市场分析、在线咨询、农民培训、数据统计发布等为主要功能，以农民、农业科技人员、涉农企业、农民经济合作组织等为主要服务对象，形成了"农业科技网络信息服务平台"。目前网站信息总量已达到 320 多万条，点击数量已达 3 000 多万人次，平均日访问量达 5 000 人次以上，在北京乃至全国都具有较高的知名度，于 2001 年获得了农业部颁发的"优秀农业教育网站奖"，在 2005 年中国互联网协会网络科普联盟组织的第一届全国优秀科普网站及栏目评选活动中荣获"优秀内容奖"，并以其强大的综合实力及服务创新能力在全国 6 600 多家农业类网站中脱颖而出，2005 年以来累计 7 次获得农业网站百强称号。

在系列农业数字科普产品开发方面，信息所以"弘扬传统农耕文化，普及现代农业知识，营造绿色和谐社会"为目标，依托科研院所的科技成果和专家优势，立足于现代农业发展和农民科学素质提升，应用互联网、数字出版、手机出版等新型媒体传播渠道，开发了动漫、游戏等形式的系列数字科普产品，形成了独具特色的农业科普品牌。于 2007 年建立了国内首座虚拟农业数字博物馆——"北京农业数字博物馆"，立足公众关注热点，制作了"转基因"、"食品安全"、"低碳生活"、"应急避险"等专题科普动漫 155 部，形成了集知识普及、技术推广、产业宣传、素质提升等功能于一体的农业数字科普资源库，领跑全国现代农业创意型科普产品开发。2010 年被北京市科委命名为科普研发基地，2012 年入选全国科普创作与产品研发示范团队。

（二）从实际需求出发，研究开发了系列农业农村信息化技术产品，服务于农业生产全过程

信息所围绕农业生产和农业科技服务的需求，不断增强信息技术研发力量，积极开展云存储、云服务、移动互联网、物联网等新兴信息技术在农业农村信息化领域的应用，在远程信息服务、远程教育、农业生产管理决策、农业信息管理等方面取得了多项技术成果，并开发了系列信息服务终端产品，在面向示范基地的推广应用过程中取得了良好社会经济效益。

在远程信息服务方面，综合应用知识地图云搜索技术、多终端自适应技术、农业信息个性需求分析及智能问答技术、基于模糊神经网络的农业病虫害诊断技术、基于 JSON 的轻量级数据交换技术等技术，建设了北京农业科技信息咨询服务中心，开通了 12396 北京新农村科技服务热线，成为北京农业科技信息服务的重要窗口，

实现了多通道咨询、双向实时视频诊断、精准化信息推送、智能化信息检索等功能。

在远程教育领域，信息所自1999年起长期致力于现代远程教育技术研究和平台建设，于2001年启动了北京市农村远程教育及信息服务工程，建立了以卫星宽带网为主要传播途径的远教平台，覆盖京郊各区县和20多个京外省市地区，开创了"一人授课，万人受益"的远程教育新模式，获得北京市科学技术二等奖和北京市农业技术推广一等奖。随着农村信息基础设施建设的快速推进，地面宽带逐步成为农村信息传播的主要途径，信息所适应新形势、满足新要求，于2008年在北京市委部署下，建立了基于地面宽带网的北京党员干部现代远程教育平台，平台以计算机网络和多媒体技术为依托，实现了远程教育在传播途径、展示形式、服务功能等方面的整体提升，获得北京市科学技术三等奖。2012年，随着北京市党员干部远程教育平台二期建设项目的启动，信息所探索将移动互联网引入远程教育，开发了基于移动终端的远程教育系统，实现了农民教育的入户随人，使农村远教迈进了移动时代，并通过开发个性化学习系统、决策支持系统和远教地图系统，增强了用户体验，实现了平台从单纯培训向综合深度服务的转变。

在面向农业生产和农村管理的系列信息技术应用软件开发方面，应用物联网技术开发了服务于设施农业生产管理的农情监测诊断综合平台。平台主要包括环境因子监测子平台、智能决策子平台和专家远程科技咨询服务子平台，其中，环境因子监测子平台主要对农业生产中的温度、湿度、光照、二氧化碳等环境因子进行监测，并对生产现场视频监控；智能决策子平台对监控的相关数据进行数据分析，并根据情况进行报警和自动调控，从而提醒生产者准确把握灌溉、施肥、病虫害防治，帮助实现农业生产精细化；专家远程科技咨询服务子平台，实现生产者与专家远程面对面地咨询和交流，进行实时的病虫害诊断，实时解决农业生产问题。该成果获得了2012年北京市科协"金桥工程"项目奖。同时，围绕无公害农产品生产管理需求，信息所承担了科技部星火项目"北京市农产品质量安全追溯网络系统研发及应用示范"和科技部科技支撑课题"区域特色农产品质量安全全程追溯系统的研究与应用"，开发了北京农业企业生产管理系统、北京市无公害农产品质量安全回溯查询系统和区域特色农产品质量安全全程追溯系统，实现了对农业生产的产前生产物资选购、产中施肥、除草和防治病虫害等技术支持及产后农产品市场行情预测、产品初加工流程管理、市场销售管理和企业内部物流管理的一条龙全程监控管理服务，为农业合作组织和龙头企业提供了实时的决策数据和一整套科学的管理平台。

在便携式信息资源利用终端产品研发方面，信息所依托科技部农业科技成果转化项目，研发了国内首个大容量低成本便携式农业信息服务终端——"U农"系列产品。该系列产品以U盘为介质，集品种、栽培技术、病虫害防治技术信息于一体，融物种分类导航、自然语言检索、在线远程更新、咨询服务功能于一身，具有"一插即用、一看就懂、一学就会、一键更新"的乡土特点，可使农业生产者和基层农技服务人员轻松掌握生产知识，让"农业专家"常伴身边。该系列产品包括"U农蔬菜通"、"U农果树通"、"U农花卉通"、"U农家禽通"、"U农家畜通"、"U农旅游通"等，覆盖了种植业、养殖业、休闲农业等产业，现已在北京郊区县重点生产基地和京外多个省市推广，受到基层农技人员和农业生产者的广泛好评，于2012年度获得北京市农委新农村建设创新奖，2014年获得北京市农业技术推广二等奖。

三、信息服务平台建设和技术产品推广

在推进信息技术成果转化应用的同时，信息所发挥现代信息网络平台广泛覆盖、实时交互和及时更新的优势，针对农村信息服务的多样化需求，创建了由信息资源系统、信息传播系统、信息接收反馈应用系统等构成的全方位、多层次、立体交互的农村信息服务体系，同时通过有效结合"传统与现代"、"因特网与电信网"、"宽带网与窄带网"、"天网与地网"等信息技术手段，对这3个系统进行了无缝对接，实现了农业信息服务的技术创新、机制创新、方式创新、内容创新，为农民跨越"数字鸿沟"，连接信息传递"最后一公里"搭起了完整的桥梁，探索出在农村地区开展信息服务和技术推广的新模式。信息所构建的农业科技信息综合服务体系由现代远程教育平台和远程信息服务与咨询诊断平台两大部分组成，现已立足北京、服务全国建立了广泛的信息服务网络，并在此基础上在京郊建立了农村信息化综合示范展示基地。

（一）农民现代远程教育

为使现代信息技术在农民教育领域发挥出积极作用，信息所于2001年建成了"北京农村远程信息服务工程中心"。中心集成应用卫星网、互联网、通讯网、有线电视网等信息传播渠道，构建了"天网、地网、人网"三网合一的新型农民远程培训体系，为实现北京乃至全国农民的终身教育发挥积极作用。2008年信息所承担了北京市党员干部现代远程教育平台建设工作。平台于2009年12月23日正式上线运行，开通了网上学习窗口"北京长城网"（www.bjcc.gov.cn），并在京郊建设了6 911个终端站点，覆盖全部行政村和城区街道社区，实现了远程教育培训在市—区县—乡镇/街道—行政村/社区的"四级直通"，成为目前北京市覆盖最广、规模最大的农村教育培训平台。截至2014年底，平台实名注册用户数4.27万，网站累计访问量6 022.64万次，视频课程累计培训学习时长101.29万小时，年均培训基层党员群众300余万人次。在开展日常培训工作的同时，信息所还利用平台优势，围绕中心、服务大局，面向郊区县开展了"历年中央一号文件宣讲"、"抗击北京'7.21'特大自然灾害"、"聚焦禽流感"等大型专题网上互动活动，受到各级领导和基层农村干部群众的好评，成为面向农村宣传方针政策、传播先进科学文化知识、开展应急帮扶的重要窗口。

（二）农业远程信息服务与咨询诊断

信息所以"12396北京新农村科技服务热线"为平台，通过手机APP、网络在线答疑系统、双向视频系统、微信、微博、QQ群、信息服务终端、网络电话、自动

语音系统等9大通道为全国农业生产者和基层农业推广人员提供科技信息服务。为发挥热线对北京市基层农业科技服务体系建设的支撑作用，信息所为全市各区县的全科农技员分配了热线服务账号，使热线成为全科农技员有力的信息帮手；同时，为保证热线顺利运行，热线整合了北京农科院专家资源，成立了专家团，目前，12396专家团队已经达到88人，涉及蔬菜、畜牧、植保、土肥、食用菌、果树等多个领域。热线自2009年开通以来，服务覆盖北京各区县和京外29个省市自治区，累计开展技术咨询服务750万人次，直接解决农业生产问题5 500个，受到了《农民日报》、《科技日报》、《北京日报》、《京郊日报》等国家和北京市主流媒体的关注，于2010年3月入选"2009年信息北京十大应用成果"，于2013年获得国内知名第三方民意调查机构——零点研究咨询集团评选的"民意畅达金铃奖"。

（三）农业信息技术成果推广与综合展示示范基地建设

信息所面向"三农"信息需求开发了移动终端系列、生产信息管理系列和物联网生产监测系列等信息技术产品，目前已在北京郊区县和多个京外省市实现了推广应用。其中"U农"系列信息资源利用终端产品累计推广8 000多个，"农科通"信息服务一体机在京郊建立转化应用示范基地10个，农业生产管理信息系统先后在北京华都峪口禽业公司、北京市农业局小汤山特菜基地、北京凯达恒业农业技术开发有限公司和江西靖安白茶生产基地等9个农业龙头企业和生产基地进行了对接应用，基于物联网的农情监测系统已推广到北京50%的远郊区县，实现了企业和基地生产管理信息化水平的显著提升。在开展广泛的远程信息服务的同时，为提高工作的显示度，树立农业农村信息化应用典型，在北京大兴区和通州区建立了农村信息化综合示范基地。针对当地产业发展科技需求，从软硬件配备、日常科技信息服务、基地服务队伍培养、宣传推广等多方面入手，显著提高了示范基地农业科技服务、农民素质教育、农村就业保障服务、农业市场信息服务、乡村旅游服务的信息化水平和服务能力，突破了以往信息技术单纯应用于农业生产领域的局限性，形成了综合、系统的农村信息化解决方案，使现代信息技术在基层农村社会经济发展中全面发挥出支撑作用，使基层农村科技服务人员和广大农民群众切实感受到信息技术给生产生活带来的便捷和高效，树立了信息技术支撑农业技术推广服务体系改革与发展的先进典型。

四、"十三五"时期事业发展规划

"十三五"时期，信息所将贯彻首都"调结构、转方式、发展高效节水农业"的总体要求，以农业科技信息服务为主线，以政府农业管理部门、农业生产经营主体和农业科研人员的信息需求为导向，按照"以资源建设夯实信息服务基础，以技术研发提升信息服务水平，以团队建设增强信息服务能力，以开放合作扩大信息服务影响力"的基本思路，加强学科建设，优化资源配置，推进成果转化，完善管理制度，为以信息化助推首都农业现代化和城乡一体化发展发挥信息资源保障作用和信息服务支撑作用。

到 2020 年，建成"政产学研用"全链条的农业科技信息服务体系，打造城乡远教中心、农业知识云中心、农业综合咨询服务中心、农业科教多媒体制作中心、农科情报中心，树立"立足首都、面向京津冀三地、辐射全国"的"农科智库"情报服务品牌和"京科惠农"农业咨询服务品牌，建立"首都远教合作圈"和"全国农业科教影视联盟"，将信息所建设成为体现首都特色、发挥辐射作用、代表领域科技前沿、服务区域社会经济发展的现代农业科技信息情报研究机构。

上海市农业科学院
农业科技信息研究所

(上海市农业科学院农业科技信息研究所)

上海市农业科学院农业科技信息研究所前身为科技情报研究所，于1985年在院科技情报研究室基础上建立，同年，经市科委、市农委批准，肩负起上海农业发展咨询研究中心的职责。1994年科技情报研究所改名为农业科技信息研究所。2011年3月，农业科技信息研究所与数字农业工程技术研究中心合署办公。现有职工56人，其中高级专业技术人员18人（正研究员7人、副研究员11人）、硕博士33人、中级专业技术人员15人。研究所设有综合办公室、数字农业工程技术研究中心（暨上海数字农业工程与技术研究中心）、都市农业研究中心（暨农业经济研究室）、《上海农业学报》、《食用菌》、《上海农业科技》、《上海蔬菜》编辑室、图书馆、网络信息中心等部门。

上海市农业科学院数字农业学科围绕上海市都市现代农业的建设目标，汇聚上海市农业科学院的学科优势，对"三农"信息化、自动化、智能化发展中的关键性、基础性和共性技术问题进行系统化研究开发，不断推出符合产业发展、具有市场前景的农业信息技术成果并推广应用，提升传统农业生产和管理水平。上海市农业科学院力争成为区域农业信息技术和产品创新以及农业信息服务的重要力量，国际国内先进技术和成果展示和转化的重要基地。上海市农业科学院拥有多个科研平台，包括国家农业信息化工程技术研究中心上海工作站、国家农业科学数据共享中心上海分中心、以及上海数字农业工程技术研究中心和上海市农业技术信息专业技术服务平台两个市级平台。

从20世纪80年代第一代农业专家系统的研究和计算机配方施肥，到90年代的精准农业技术的研究与应用、信息网络平台的开发和现代大型温室数字化技术的开发，再到21世纪的数字农业技术的研发，上海市农业科学院一直在学科的前沿，不断地在农业信息技术探索创新。目前，上海农科院已建立一个高学历、复合型知识结构、具有钻研和合作精神的科研团队；承担了国家"八五"、"九五"和"十五"的科技攻关项目、"十一五"的科技支撑计划、863数字农业专项、上海市科委、农委和信息委的数字农业方面和信息化专项的课题。目前，在农业专家系统、设施数字技术、作物模型模拟技术、农业遥感技术、数据处理和挖掘技术和物联网技术等开展深入的研究并有较好的研究基础。

"十五"到目前，先后承担了科技部"十一五"科技支撑重点课题"农村现代化信息技术研究与开发"、科技部"863"项目"设施农业数字化技术应用研究与开发"、科技部"十五"科技攻关重点项目"现代大型温室标准化栽培技术体系研究与产业化示范"（其中，包含温室环境信息采集和智能化控制技术）；上海市科委科技创新行动计划重点课题"杏鲍菇全程数字化生产技术体系的构建与开发"、上海市科委重大项目"蔬菜病虫害远程诊断网络化平台开发"、国家科技成果转化项目"蔬菜病虫害诊断专家系统推广应用"、上海市科技兴农重点攻关项目"上海绿叶蔬菜价格预警模型及辅助决策系统开发"、"农业物联网相关专家系统研发"、"上海农业技术综合知识库建设"、"设施栽培优质蔬菜主要病虫害预报和绿色防治技术研究"等一批课题。3个项目先后获得上海市科技进步一等奖和二等奖；发表数字农业相关论文30余篇；依托课题开发多个农业应用系统，申请软件著作权35件。

都市农业研究中心（农业经济学科）主要从事都市现代农业理论体系研究、新农村与现代农业发展规划研究、农业市场与农产品物流体制研究、农业技术经济研究、农地利用与资源管理研究、农业产业化与组织化研究、宏观与微观区域农业研究、科技兴农发展战略研究、农业发展政策研究等。重点为农村社会经济、各层面领导、各级政府及"三农"问题提供研究，承担各类研究课题250余项，编制现代农业发展规划150余项，获国家级科技进步奖、部省（市）科技进步奖、上海市哲学社会科学优秀成果奖、上海市人民政府决策咨询优秀成果等的成果奖30余项。出版研究专编著20余部，公开发表各类论文500余篇，提交政府、企业决策咨询报告300多部（篇）。先后与日本、韩国、荷兰、美国、西班牙、爱尔兰等国和中国台湾地区建立有广泛的学术交流和国际合作研究。

到2020年农业经济学科发展目标是：进一步缩小与国内先进农业经济研究学科的差距，学科的竞争能力得到显著提升，学科建设迈上新台阶。农业经济研究的基础领域与新兴交叉领域建设取得新成效，农经学科的人才培养质量得到显著增强，学科实力得到显著提高，学科服务社会的能力得到不断提升。未来几年，是农经学科承前启后、继往开来的重要时期，将本着强化特色，增强能力，优化结构，突出重点，整合资源，创新机制的思路开展工作。

研究所承办的《上海农业学报》为中国科技核心期刊，《食用菌》为中文核心期刊。《上海农业学报》《食用菌》曾进入中国农业核心期刊，双双获得全国优秀期刊奖，双双获得全国农业期刊"金犁奖"（综合类一等奖和技术类一等奖），并获得上海市优秀期刊一等奖等荣誉。

发展中的天津市农业科学院信息研究所

(天津市农业科学院信息研究所)

一、信息所基本情况

天津市农业科学院信息研究所（以下简称信息所）为公益一类事业单位，隶属天津市农业科学院，其职能就是面向"三农"提供适用的信息服务，开展农业信息技术应用研究及产品研发。

信息所的前身是天津市农科所图书资料室，始建于1970年。1979年5月19日，根据天津市革命委员会津革发［1979］45号文件，图书资料室升级为县处级独立科研机构，名为天津市农业科学院情报资料室，直接归农科院领导；1988年4月12日，更名为天津市农业科学院情报研究所，从此增加了农业情报研究的职能；1991年3月，天津市科委下文成立天津市农业科技情报中心；1992年更名为天津市农业科学院信息研究所、天津市农业科技信息中心；1995年11月经天津市经委批准，隶属信息所的图书馆于1995年11月升格为天津市农业科技图书馆，至此，信息所成为一套人马三块牌子的农业科技信息机构。信息所也逐步拓展了服务领域，从服务农业科研发展到服务"三农"。1999年依托天津市信息化工程项目建设，信息所建立了网络中心，开启了信息技术的研究。

在天津市科委、市农委、市财政以及农科院的大力支持下，经过36年的发展，信息所科技创新能力大大提升，已逐步形成农业信息技术研究和农业情报研究两个重点学科方向，并建立起面向"三农"的现代农业信息服务平台。

目前，信息所下设农业信息技术研究室、农业信息分析研究室、文献网络部和编辑部四个业务部门，主要开展农业信息技术及产品研发、农业信息分析研究、农业科技发展战略研究、网络开发与维护、期刊编辑、科技项目查新、信息资源建设与服务等业务。拥有在编职工30人，初步搭建起专业配置合理、学历较高的年轻化学科团队，专业技术人员中硕士及以上学历占50%，高级职称占42%，40岁以下人员占79%，一人进入天津市131人才第一层次梯队，为信息学科的厚积薄发积蓄了能量。

二、科研实力日益增强

信息所最早的研究始于软课题和调研项目,进入21世纪后,随着天津市对农业信息化建设投入力度加大,农业信息技术研究从无到有,实力由弱到强,从"十五"开始,信息所的学科重点确立为农业信息技术研究和农业情报研究,研究项目也是与日俱增。十几年来,共承担各类科研项目60多项,合同经费近2 000万元。同时取得了可喜的成果,获得天津市科技进步一等奖一次,二等奖四次;获得计算机软件著作权登记23项,实用新型专利4项。

(一) 农业信息技术研究

"十五"期间,信息技术研究重点在网站开发、数据库建设、农业专家决策系统研发等方面,曾承担国家863"智能化农业信息处理系统-天津示范区"项目、天津市农业信息化工程项目等,组织开发推广了10多个农业专家系统和20多个专家决策咨询系统。进入"十二五",研究重点转向农业信息服务系统与平台建设、GIS农业应用等,其中大项目有科技部星火项目"天津市星火110科技信息共享与服务平台"。近五年的研究方向则是农业物联网技术,重点在设施栽培环境信息采集设备及应用系统的研发,到目前已承担了7项农业物联网技术研发与建设项目,重大项目如农业部农业物联网区域试验工程项目。此外,今年新立两个市级重点项目,将在"十三五"期间实施完成,具体项目情况见表1。

表1 农业物联网项目

序号	项目类别	项目名称	经费(万元)
1	农业部农业物联网区域试验工程项目	天津市现代农业科技创新基地物联网建设	200
2	科技部星火项目	短信息服务和温湿度监控器在设施农业中的示范应用	50
3	天津市科委科技支撑项目	基于物联网的设施蔬菜栽培管理智能化平台研制	50
4	天津市农委推广转化项目	面向设施农业专业合作社信息管理系统的开发示范应用	30
5	天津市农委	天津市农科院农业物联网实验室(设施蔬菜)建设	100
6	院长基金项目	基于全生育期的精量智能灌溉控制器研发	4
7	院长基金项目	基于智能手机的黄瓜田间数据采集分析系统	4
8	天津市科委科技支撑项目	基于物联网技术的设施蔬菜病害预警与诊断研究	30

续表

序号	项目类别	项目名称	经费（万元）
9	天津市农委推广转化项目	越冬茬设施蔬菜环境与综合调控管理系统的开发与示范应用	30

通过项目的实施已开发出低成本、低功耗、高性能的基于 GSM 的便携式环境报警器和智能环境数据采集终端（可采集空气温湿度、光照、土壤温湿度），以及智能控制设备，较为实用的设施蔬菜物联网监控管理平台，基于 Android、二维码身份识别技术和环境传感器技术的黄瓜辅助育种系统，编制天津市地方标准——《日光温室黄瓜智能灌溉技术规程》（DB12/T 554—2015），用于田间信息采集的植物叶面测量手机 APP 等。

在取得成果的同时本所的条件建设也得到进一步加强。2014 年争取到 150 万元建设经费，现正在建设我市第一个农业物联网实验室——市农科院农业物联网实验室（设施蔬菜）。围绕农业物联网相关设备的研发与应用研究，将重点购置数据分析软件、国内外先进的信息采集仪器设备、设备开发用仪器等。实验室建成后将集聚优势资源，成为一个技术创新与人才培养的开放平台，助力我市农业现代化建设。目前拥有的硬件条件见表 2。

表 2　主要仪器设备名录

序号	设备名称	数量
1	服务器虚拟化设备（3 台服务器、1 存储、2 光纤交换机、2 接入交换机）	1 套
2	GPS 手持接收机	1 台
3	SWR-3 型土壤水分传感器	1 台
4	RQeasy 硝酸盐反射测试仪	1 台
5	GreenSeeker 手持式光谱仪	1 台
6	SPAD-502 叶绿素仪	1 台
7	TRAC 植物冠层分析仪	1 台
8	DDSJ-308A 型电导率仪	1 台
9	德国产环境信息传感器	12 套
10	植物生理生态信息监测系统	3 套
11	高清摄像机	2 台
12	多媒体工作站	1 台

（二）农业情报研究

情报研究是信息所传统的研究领域，研究任务主要来自市科委科技发展战略项目、市社科基金项目、政府的调研项目。"十五"以来，以天津农业科技发展、天津农业核心产业、农产品市场信息为核心内容，已完成软课题研究项目15项左右，政府调研报告8份。提交的研究成果、调研报告被市政府管理部门不同程度采纳，成为领导决策的重要依据。

近十几年主要的研究项目：天津现代农业自主创新体系建设对策研究、天津种业发展战略研究、基于农民专业合作组织的农业科技创新能力建设、推进天津市设施农业发展的对策研究、科技创新促进天津市蔬菜种业升级的对策研究、天津市农产品安全生产问题及技术对策研究、天津市地产蔬菜产销对接路径研究-基于产销的时空特征分析等。

提交的调研报告主要有生物农业发展规划、农业物联网发展规划、设施农业发展对策报告、蔬菜田头市场建设发展规划、蔬菜调控目录建设报告（天津）等。

三、信息服务面向三个层面

信息所是天津市唯一一家市级农业科技信息服务机构，始终面向天津市"三农"工作以及农业农村信息化建设的总体要求，不断探索新的服务模式，将现代信息技术与"三农"发展、新农村建设和科技服务业发展相结合，构建新型农业信息化服务体系，持续为政府管理部门、广大农业生产者和科技人员提供信息服务。

（一）服务政府

结合自身优势，不断提高了为管理部门服务的能力。从2008年起，信息所开始了与天津市农委信息中心、市场信息处的长期合作。

一是承担了《天津郊区经济社会分析报告》的编写任务，以天津涉农区县有关经济数据为基础，围绕天津农业与农村发展的热点、焦点和难点问题，结合领导需求，从多方面入手，对数据进行分析加工，每月编印一期，发送到市农委有关领导、职能处室。此项工作持续了3年，后因数据问题停止。

二是从2011年开始承接农产品市场信息分析工作，核心内容是对农产品市场信息进行监测分析。以旬、月、季、半年、全年为单位，重点监测14种蔬菜、4种畜产品和4种水产品的批发市场价格变化，分析价格波动原因，预测价格近期走势，定期编写《天津市农产品市场动态监测简报》，并印发给市级有关领导和管理部门，同时在天津市农委官方网站"天农网"上对外发布。遇到突发情况，还会有针对性的开展专题分析，提交专题报告。为了提高价格预测预警能力，开展了一系列调研分析，如对春季芹菜大量上市期的成本——收益情况进行跟踪调查、蔬菜产销规律调研等。调研结合多年积累的数据分析研究，增强了信息分析深度。

三是依托天津市经信委和市农委重点项目《天津市农业农村信息化测评指标体系建立与系统开发》，研究建立了天津市农业农村信息化测评指标体系，开发了农业农村信息化测评系统。目前已将信息化测评工作常态化，已连续编写《天津市农业农村信息化发展报告》两期（2010、2012），科学评价农业区县信息化的发展水平。

（二）服务农民

作为天津市科普教育基地，信息所与政府部门紧密结合，无偿为农民提供信息服务，已形成了"书屋培训+报刊+电台+网络"的"三农"信息服务格局，在全市的影响力逐步扩大。

一是农业科技图书馆走出市区，先后与静海、西青、东丽、宝坻等区县图书馆合作建立了农业科技图书馆分馆，并在所有农业区县乡村建立农民科技书屋 26 家，无偿配备科技图书和光盘。同时以分馆和书屋为基地，延伸服务领域，有针对性地组织专家进行实用技术培训和咨询服务。

二是受天津市农委委托，编辑出版内部小报《天津农业科技信息》（半月刊，全年共发放 18 万份）和内部刊物《农民致富信息》（月刊，全年发放 6 万份），无偿发送到乡镇、村、种养植大户、农资站点等。

三是与天津市农委和市电台合作，举办"农业科技成果"广播节目，通过电台传播我市农业新技术、新品种、新产品。

四是通过"天津农业科技信息网"以及"津沽农业通"微信公众平台等新媒体开展服务，使信息传播容量大、快速及时。

（三）服务科研

服务农业科研是信息所最基本的职能之一，主要是文献资源服务与科技查新服务。

一是经过多年的建设与积累，已形成以电子资源为核心，兼顾印刷版文献资源的科学合理的农业科技文献资源保障体系。购置有 Science Direct、Springer、OVID 三大外文数据库系统和 CNKI、维普等中文文献数据的使用权，全院科技人员通过网络即可查询所有资源以及馆藏书目数据库。

二是作为农业部和天津市科委、农委指定的农业科技成果查新资格单位，信息所从 1995 年开始农业科技查新工作，以高质量的服务在社会中拥有非常好的声誉。目前，每年的科技查新数量在 100 多项。

四、期刊出版

（一）主办《天津农业科学》

《天津农业科学》自 1974 年创刊以来，从初始时期全年总页码仅为 163 页的季刊内部资料，逐步发展为年总页码达 1 800 页的国内外公开发行的学术性月刊，栏目也由当初的综述、试验报告、实用技术为主，拓展到现今的植物生理与生物技术、农业经济与信息技术、土壤肥料与节水灌溉、畜牧兽医与水产养殖、作物栽培与设施园艺、"三农"问题研究、科研管理与教学研究、园林绿化等主要栏目，基本涵盖了农业生产与管理的各个学科。同时编校质量与稿件水平逐年提高，2014 年影响因子达 0.992。在国内同行的影响力逐年加大。

（二）承办《华北农学报》

《华北农学报》1986 年创刊，是由北京、天津、河北、山西、内蒙古、河南农业科学院联合主办的综合性学术期刊，该刊先后被遴选为中文核心期刊、中国科技核心期刊、中国学术核心期刊、中国农业核心期刊、中国科学引文数据库核心期刊、中国精品科技期刊、北方优秀期刊。创刊之初为季刊，96 页。2005 年更改为双月刊，110 页。2015 年为双月刊 240 页，影响因子 1.289，基金项目论文比大于 90%。

（三）承办《天津农业科技信息》

《天津农业科技信息》报是由天津市农委科教处主办、信息所具体承办的一份内部报刊。创刊于 1991 年，作为天津市政府农业主管部门对有关农业、农村、农民最新政策信息、各级政府对"三农"工作的安排和部署、农业新技术、新成果及新品种的发布和推广普及的平台，创刊 25 年来，由起步阶段的四开四版半月刊、期发行 500 份发展到了现今的八开八版期发行 5 000 份。目前已经累计出版 569 期，累计发行 270 余万份，发布各类信息 17 000 余条。由于稿件内容既贴近生产实际，且通俗易懂，使农民看得到、看得懂、用得上、有实效，因此受到了广大农民读者和农技人员的热烈欢迎。该报已成为天津市政策信息发布的窗口、农业科普宣传推广的阵地。

（四）承办《农民致富信息》

《农民致富信息》是由天津市农委主办的内部期刊，报道内容主要包括：国家和地方政府对农业、农村、农民的各项方针政策，农产品市场供求信息，农作物、果蔬、花卉种植技术，水产、畜牧方面养殖实用技术，各地致富经验，无公害农产品生产，国外农业发展情况等，全年共发行 3 万份，发行对象涵盖天津市所有乡村及困难村帮扶工作组。该刊资讯丰富，受到了农民朋友的普遍欢迎。

（五）承办《天津农林科技》

《天津农林科技》是一本由天津市农业技术推广站主办的国内外公开发行的综合性技术期刊，双月刊，46 页。2015 年起由信息所具体承办，每期发行 5 000 册。

总之，信息所发挥自身编辑出版优势，是我们的编辑出版业务在原有的学术类期刊、科普类期刊、报纸的基础上，又增加了技术类期刊的出版发行业务，不仅使编辑部征稿范围更加广泛，涵盖了试验报告、综述、实用技术、科普信息，也为信息所增加了新的、可持续的创收渠道。

五、发展设想

今年是"十二五"的最后一年，"十三五"即将到来，未来五年将遵循以下发展思想：以服务社会为己任，坚持科技创新、公益服务齐发展。本着有所为有所不为的原则，做大做强农业信息技术和情报研究两个学科，突出农业物联网和农产品信息分析两个研究方向，形成学科优势；本着发展的理念，统筹资源建设，引入

"三微一端"新媒介,打造现代高效的信息服务平台。

(一)关于农业物联网技术研究

围绕天津农业优势产业和市场需求,以农业物联网技术应用为着力点,加强技术储备和人才储备,力争建成天津市级重点实验室,研发一批实用性强的硬件产品及应用软件。

一是物联网农业应用技术研究。依托市科委、市农委两个即将开展的科研项目,力争取得突破性成果。重点在设施内信息采集设备合理布控、设施环境数据传输方式等方面,摸索科学、合理、低成本的物联网应用模式;研究设施蔬菜物联网生产管理技术,建立越冬茬设施主栽蔬菜品种的环境因子调控规则库,形成蔬菜作物增温补光等设施环境综合调控操作技术规范;研究设施蔬菜病害预防与远程诊断技术,建立设施蔬菜主要病害发生预测模型,用物联网技术有效协助解决病害防控问题;研究设施蔬菜智能灌溉土壤参数,为开发适用性强的智能灌溉系统提供支持。

二是产品研发。从实用性、可维护、可扩展等多方面考虑,要掌握农业物联网产品开发的关键技术。重点开发成本低、稳定性好、实用性强的农业环境信息采集设备;围绕设施蔬菜水肥管理,研发新型土壤水分传感器、智能化节水灌溉系统及控制设备;开发手机app实用软件,诸如蔬菜育种田间信息采集分析系统、设施黄瓜病害预警与诊断系统、设施环境监测系统等。

(二)关于农产品市场信息分析

一是加强主栽蔬菜品种信息跟踪研究,为农产品市场信息预警,为政府部门的宏观调控和领导科学决策提供依据和参考。围绕蔬菜成本收益分析,蔬菜产销时空分布规律,蔬菜价格与气象条件的关系等跟踪研究内容做好设计,并按计划布点实施。

二是注重数据的积累与处理。随着监测数据逐年增多,要善于对数据进行有效处理、分析,从中总结规律,提炼更有价值的信息。

三是稳定信息员队伍,发展骨干信息员。通过培训普遍提高信息员的素质,同时更要注重发展骨干信息员,进一步从农业生产基层挖掘综合素质高的种植能手、养殖大户、合作社经营者,使其成为信息分析强有力的助手。

(三)关于农业信息服务

一是创新农业信息传播模式。随着"互联网+"、"三微一端"等新时代的到来,新媒体逐渐被广泛接纳,在新的传播格局下,我们农业信息服务理念需要转变,要主动介入,学会使用、善于运用新媒体开展服务,注重传统服务媒介与新媒体的结合,积极创新新媒体服务农业的模式,力争在新媒体阵地上有所作为。

二是创新信息采集机制,确保信息质量。重点加强信息员队伍建设,探索适宜的信息员组织、培训、管理机制,获取更多有价值的一手信息,以满足农业生产者有针对性的、个性化的信息需求。

三是加强信息分析研究学科建设。培养一支善于掌控宏观政策、掌握现代信息分析技术方法、拥有实地调研经验的信息分析研究队伍,更好地服务政府。

科研立中心、人才兴中心、服务强中心

（重庆市农业科学院农业科技信息中心）

一、研究所基本情况

重庆市农业科学院农业科技信息中心成立于2006年6月，现有职工18名，其中，正高职称2名，副高职称4名，中级职称及以下12名，硕士10名，在读硕士5名。中心下设综合办公室、网络工程研究室、期刊编辑室、多媒体研究室、信息技术研究室、信息资源室6个科室。

重庆市农业科学院农业科技信息中心主要职责：承担农业信息技术创新研究、农业信息分析与加工、农业项目咨询策划；农业科技影视专题片创制；《南方农业》、《西南农业学报》等农业科技期刊编辑出版发行；计算机网络工程规划与建设，网站平台构建与维护，农业科学数据存贮、共享与数据安全保护；农业图书、科技文献查新、检索、原文传递服务五大职能。

二、发展历程

重庆市农业科学院农业科技信息中心成立于2006年6月，是和重庆市农业科学院同步成立起来的科研内设机构，承担计算机网络规划建设与运行服务、网站建设与维护、农业科学数据存贮、共享与数据安全保护；农业图书、科技文献查新、检索、原文传递等服务；农业科技影视、专题片创制；《南方农业》、《西南农业学报》等科技期刊及农业学术著作、科普读物等的编辑出版与发行；农业信息技术创新研究，以及农业项目咨询服务。经过几年探索，至2010年底，中心内设机构得到进一步明确。

三、业务方向与重点领域

重庆市农业科学院农业科技信息中心研究方向包括：农业信息技术（包括专家系统、电商平台等各种软件）研究、休闲农业研究、物联网及其相关网站平台构建、数字农业研发平台建设、E农业技术研究；农业多媒体创制与播出等传播平台建设、《引领三农》出版等；《南方农业》、《西南农业学报》（重庆编辑室）等科技期刊及农业学术著作、科普读物等的编辑出版与发行；农业图书馆（含数字图书馆）规划与建设工作、期刊文献传递服务；农业规划咨询服务；全院计算机网络规划、建设、院属各类专用网、局域网和互联网接入审批全院工作人员计算机操作系统与应用软件的技术支持。

全院网络中心机房的运行与日常维护管理；服务器、数据存贮系统和网络安全设备的日常维护和管理；全院网络设施、设备、计算机终端设备（台式电脑、笔记本电脑、打印机、复印机等）的调试与维护工作；网站、网站后台系统的日常运行管理与技术支持工作；全院网站域名（英文域名、中文域名、通用网址等）的注册和管理工作，院各类网站的备案工作；各类数据库、信息管理系统研制与软件开发，为使用人员提供技术支持；数字图书馆数据库镜像服务器及其存贮系统的建设和管理维护。

四、科研进展与科研成果

重庆市农业科学院院农业科技信息中心一直从事农业信息技术、E农业技术、农业专家系统开发、农业多媒体研究与创制及农业新型实用技术集成示范与推广。迄今为止，已经承担了农业物联网应用、农业信息技术、农业专家系统、农业科技数据库、农业软件开发、农业实用技术专题片创制等国家及市级科研项目70余项。

已搭建了重庆市农业科学院计算机网络平台，拥有计算机机房180平米，配置有防火墙、交换机近100台（套）、服务器和存贮设备30台（套）；开发了辣椒、油菜、玉米、茶叶等多种作物的专家生产决策系统及重庆市农副产品电子商务系统；拍摄制作了种植、养殖、农业工程、储藏加工等方面选题视频200余个，制作《重庆农村科技》专题教材108部3 360分钟，节目创制数量位居全国第三，成为全国核心创制基地。2014年创制的专题教材《农业保险——农民安心丸》获全国专题教材一等奖；完成了蔬菜育苗技术、半旱式稻菜轮作水稻配套栽培技术等E农业技术产品；实现了两翼地区特色农业实用技术整合传播模式示范推广，示范了蔬菜育苗环境远程监测和控制；参与了农业智能温室控制系统研究与示范，建设实施了远程监测基站两个；开发建设了重庆市主要农作物种质资源数据库、农业实用技术多媒体数据库等数字化数据库信息系统；搭建了数字化农业气象站网络服务器平台，为重庆市农业科技试验示范基地和柑橘新品种区域试验提供十要素自动化气象站网络服务和技术支撑；探索性搭建了基于云计算的农业物联网云平台两个，可以为重庆市农业企业和农户提供农业物联网远程服务；利用农业百强网站——三峡农业科技网为"三农"提供农业科技信息和技术咨询服务，在重庆市农业科学院院网和三峡农业科技网开辟"农科视频"专题栏目，为三农提供实用技术视频教程。

五、对外服务与国内外合作

重庆市农业科学院农业科技信息中心先后对贵州、四川、广西、云南、江西、湖北等省区和重庆市内区县的各级政府、涉农企业等进行规划设计与科技服务，共编制了《铜梁区经果林产业发展规划》、《金佛山农业发展总体规划》、《渝北天佑农业园区总体规划》、《内江东兴区农业园区规划》等各类规划共 200 余份，并远赴柬埔寨进行实地考察，编制了《柬埔寨蒙多基里现代有机农业开发区总体规划》和《柬埔寨蒙多基里水稻基地建设可行性研究报告》，中心开展的技术咨询服务，为一些区县各级政府和企业、涉农业主在农业发展和开发中提供了决策依据、目标方向和整体解决方案。中心编制组科技人员专业、敬业的工作态度和高度负责任的后续服务得到了社会的高度评价。

六、期刊出版

承担《南方农业》农业科技期刊的编辑出版发行和配合完成《西南农业学报》编辑发行工作，《南方农业》从 2014 年 1 月起正式由月刊升级为旬刊，同时《南方农业》作为综合类农业科技期刊，实现连续六年被市新闻出版局推选为"农家书屋"杂志，实现"CNKI、万方数据、维普、龙源"全国四大数据库全文收录及"中国学术期刊网络出版总库"全文收录，并进入清华大学的《个刊影响力统计分析数据库》和中国科技核心期刊（遴选），并亮相于重庆市农村工作会议和被相关媒体宣传报道，到目前为止共出版发行《南方农业》130 余期，《西南农业学报》50 余期。

七、未来发展方向

重点做好以下 3 个项目。

创建山地数字农业研发中心：由中心承担的、建在重庆农科院现代农业高科技园区的山地数字农业研发中心，将围绕重庆市山地丘陵地区服务"三农"发展、科技研发和农业决策需要，主要开展农业物联网、精准农业、虚拟作物、远程智能决策、农业电子商务等现代高新技术研究与应用，进行数字农业关键技术和平台软件的开发研究，设立智慧农业智慧服务总部、智慧农业科技研发总部，建设研发实验室，推进信息技术人才培养，全面建设"三五"工程，实现农业生产要素数字化、农业生产过程数字化和农业生产经营管理数字化，通过园区开展数字农业技术集成示范，辐射推广数字农业技术服务，推进数字农业产业化进程。

建设重庆市农业物联网云服务平台：在各个作物生产种植区域安装多要素环境、土壤和生物信息传感器，搭建无线传感器网络，通过数据采集仪、网关设备将数据传输到网络数据中心的云服务平台，再通过互联网进行数据信息服务与远程监控。

建设重庆主要农业生产基地微气候自动气象站集群：根据重庆各区县主要农业生产基地的布局，采用统一的标准和云服务平台分别在的各科研基地的粮油、果树、蔬菜、茶叶等区域建设微气候自动气象站，采集各个区域的环境信息，统一汇聚到数据中心的运服务平台，构建重庆市农业微气候自动气象站集群，实现实时气象数据与历史气象数据的在线查询和统计。

八、发展设想

重庆市农业科学院农业科技信息中心坚持科技创新和科技服务为宗旨,以团队建设、学科发展和制度创新为抓手,保持"敢于亮剑、敢于拼搏、敢于胜利"的昂扬斗志,"敢想快干善为、奋发进取有为",全面开展农业信息技术研究、农业信息资源建设和农业科技信息服务,提升中心软硬实力,助推重庆农业现代化和新农村建设,在农业科技信息领域实现"加快发展、追赶跨越、争创一流"的目标。

黑龙江省农业科学院信息中心发展回顾与展望

(黑龙江省农业科学院信息中心)

黑龙江省农业科学院信息中心座落在风景如画、素有"东方小巴黎"之称的哈尔滨市。光阴荏苒,激情如歌。求索路漫漫,在30余年风雨的洗礼和几代人呕心沥血的拼搏下,信息中心的人员结构日趋合理、基础设施不断完善、研究领域不断拓展、服务手段不断增强,逐渐成为了黑龙江省农业科学院百花园中的一朵科技奇葩,为黑龙江省农业发展提供了强有力的信息支撑。

一、基本情况

黑龙江省农业科学院信息中心隶属于黑龙江省农业科学院,属公益一类事业单位。主要职责任务:为黑龙江省农业科技领域信息收集、整理、分析统计以及基础信息库建设提供技术支持工作;为黑龙江省农业科学院网络信息化与办公自动化建设提供技术支持工作。

中心现有在职职工45人,其中,高级职称9人,博士10人(其中,在读3人),硕士22人。下设网络信息技术研究室、农业经济研究室、农业工程咨询规划研究室、传媒研究室、《北方园艺》编辑部、《大豆科学》编辑部、《黑龙江农业科学》编辑部、图书馆、所综合办公室、财务科等机构。中心成立以来,先后获得黑龙江巾帼先进集体、黑龙江省农科院先进集体、先进党组织、优秀团支部等荣誉称号。

二、发展历程

纵观34年的发展历史,黑龙江省农业科学院信息中心的发展大致经历了以下几个重要时期。

(一)铸基期:从无到有,开创农业信息服务先河

20世纪80~90年代,我国农业信息研究正处于方兴未艾阶段,计算机应用、信息检索等刚萌芽起步。1981年,在原黑龙江省农业科学院科研处图书馆的基础上,整合资源成立了黑龙江省农业科学院科技情报研究所,从此开启了黑龙江省农科院农业信息工作崭新发展的新篇章。成立伊始,科技情报研究所仅有图书编辑室、图

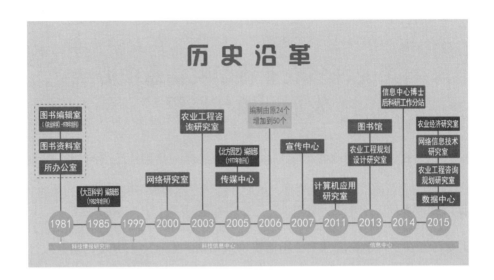

书资料室和所办公室3个部门。1985年，原隶属于黑龙江省农科院大豆所的《大豆科学》编辑部的并入，为科技情报研究所增添了深厚的学术底蕴。1999年，为顺应全国情报所发展的趋势，经黑龙江省机构编制委员会批准，黑龙江省农业科学院科技情报研究所更名为黑龙江省农业科学院科技信息中心，完成了第一次华丽转变。

"知不足而奋发，明目标而进取"。信息中心在发展初期就不断强基固本，纵比树信心、横比找差距，积极搜集、整理和传播国内外农业科学技术成果和先进经验，在研究和促进黑龙江农业现代化进程等方面做了一定的、有益的工作，为黑龙江省农业科学院农业科技情报工作的长足发展奠定了良好的基础。

（二）前行期：博采百家，积淀科技创新深厚内涵

进入21世纪，随着信息技术的迅猛发展，以数字化为核心、网络化为趋势的农业信息化逐渐深入到大农业的各个领域。"为有源头活水来"，2006年，经黑龙江省机构编制委员会批准，科技信息中心编制由原24名增加到50名，人员数量得以壮大，一大批信息前沿学科、极富有朝气的年轻人迅速充实到工作岗位中，为信息中心的发展引入了一泓"清泉"。2007年，经中共黑龙江省委办公厅、黑龙江省人民政府办公厅批准，黑龙江省农业科学院科技信息中心更名为黑龙江省农业科学院信息中心。信息中心抓住这一发展机遇，以现代信息技术为依托，相继开创了计算机应用、农业工程咨询规划、影视传媒等新兴业务领域，原隶属于黑龙江省农科院园艺分院的《北方园艺》编辑部的加盟，更是让信息中心的期刊出版实力有了一个质的飞越。同时，信息中心先后被批准为国家发改委农业工程甲级资质单位、黑龙江省农业科学院宣传中心。工作职能和服务领域的不断拓展，加快了黑龙江省农科院通过农业信息化破解"三农"问题的进程。

"功崇惟志，业广惟勤"。在黑龙江省农科院"开放办院、开放办园"号角的引领下，信息中心砥砺拼搏，在科技创新、成果转化和服务"三农"等方面均画上了

浓墨重彩的一笔。

（三）壮大期：铿锵奋斗，谋划农业信息科学宏伟蓝图

近两年，随着我国农业现代化建设的不断深入以及"互联网+"理念的迅速发展，信息中心以"致力信息化、服务大农业"为办所方针，以服务"三农"为工作出发点和切入点，在大数据背景下，加强服务云平台和农业物联网建设，并以发展的眼光、科学的态度、创新的思维，向着农业数字化、智能化、精准化、管理信息化和服务网络化纵深发展。2014年，成立了黑龙江省农业科学院博士后科研工作站信息中心分站；2015年，黑龙江省农业科学院国际农业经济研究中心并入，使信息中心在软科学研究领域迈出了重要一步，极大地拓宽了工作职能。同时，在农业部的批准下，信息中心还加挂了国家数据中心黑龙江数据服务分中心牌子，首次被"国家队"纳入了发展联盟。

"海阔凭鱼跃，天高任鸟飞"。引领着黑龙江省农业信息的发展，经过30余年的风雨洗礼，信息中心正破茧成蝶，绽放光彩。

三、重点研究领域

"打铁还需自身硬"，在"十三五"到来之际，信息中心将围绕"四化"同步，坚持规划引领、有序推进、滚动发展，举全所之力做到定发展方向、定时间表、定责任人，集中人力物力财力，大力推进"五个"重点平台的建设。

（一）数据应用平台

目前，信息中心已建成服务器云以及集千兆级吞吐量防火墙、流量控制器、300M电信网通双光纤出口于一体的服务覆盖农科院系统（包含哈外分院）的农业信息服务平台，并在农业信息采集与分析、计算机软件开发、物联网应用研究等方面初见成效。先后完成了北京市标准化研究院《农业科技信息服务供给规范》、《农业科技信息服务质量要求》项目委托验证测试报告、农科联盟课题《黑龙江省农业科学院农业学科评价研究》、黑龙江省农业科学院《基于MYSQL技术建立黑龙江省主栽农作物高清影像数据库及素材采集》、《连栋大棚物联网应用技术研究》等项目的研究工作。

（二）期刊出版平台

信息中心编辑出版《北方园艺》、《大豆科学》和《黑龙江农业科学》3种农业科技期刊，面向国内外公开发行。"三刊"以宣传新成果、新技术，促进学术交流为宗旨，以普及农业科技信息为己任，既是科技人员技术交流和发布新篇佳作及成果转化的信息平台，也是农业种植户的致富帮手和秘籍锦囊。近年来，"三刊"稳步发展，页码载文、影响因子、学术地位大幅度提升，并通过ALMC系统进行学术不端检测，确保期刊学术质量。《北方园艺》和《大豆科学》被"中文核心期刊要目总览"、RCCSE（中国学术期刊评价报告）、国际应用生物科学中心（CABI）、美国《化学文摘》（CA）、中国科学引文数据库（CSCD）核心库、CNKI全文数据库等收录。目前，"三刊"拥有独立网站，已实现采、编、审数字化管理。

（三）工程规划平台

信息中心拥有国家发展和改革委员会批准认证的甲级农业工程咨询资质，主要开展农业领域的规划咨询、项目建议书、可行性研究报告、项目申请报告、资金申请报告及实施方案等相关工作。多年来，工程咨询工作依托黑龙江省农业科学院各学科专家团队，为黑龙江省农作物基地建设、畜牧工程、土地治理工程、农业废弃物处理、农业生态工程、可再生能源工程、园艺规划工程、种子加工工程、谷物及粮食加工工程、果蔬加工、农田水利项目建设提供决策与规划服务。现已累计完成各类咨询业务百余项。获黑龙江省工程咨询一、二、三等奖近 30 项。

（四）传媒制作平台

为农业插上传媒的翅膀，才能让农业飞得更高、更远。2005 年，信息中心正式搭建起影视传媒制作平台，从事农业科教片、农业专题片、课题汇报片、院电视台新闻栏目、农村党员干部现代远程教育科教片及企业形象宣传片、企业产品宣传片、电视广告片、多媒体课件、会议及活动策划、平面设计、影视动画的拍摄及制作工作。目前，已拥有广播级高清摄像机 4 台、数字摄像机 3 台、高清后期非线编辑工作站 4 套、音频工作站 1 套，并投入大量资金购制了航拍无人机 3 台，考取了黑龙江省首个无人机驾驶执照。多年来，拍摄制作完成了百余部农业科教片和多部企、事业单位宣传片、专题片；先后承担了黑龙江省组织部党员干部现代远程教育农业科教片制作，国家科技部星火计划党员干部现代远程教育制播工作。

（五）农经研究平台

农业经济研究平台以农业和农村经济发展战略、农业技术经济、农业现代化与区域经济发展、农业产业化发展为重点研究方向，紧跟我国乃至国际农业经济研究前沿，从黑龙江省农业和农村经济发展的实际出发，以服务"三农"、团结协作、开拓创新为指导思想，着力开展公益性、基础性研究工作，并在调查研究的基础上，为上级部门提供决策依据和政策建议。科研团队共承担及参与国家级、省级基金项目 11 项。

四、公益服务

（一）文献资源服务

文献资源服务是信息中心公益服务的重要组成部分，主要依托图书馆的纸质馆藏和数字文献资源为黑龙江省农科院科研人员提供服务。目前，图书馆拥有馆藏图书 10 万余册，2015 年完成了全部馆藏图书的数字化建档、编目、上架。每年订阅学术类期刊 124 种、社科类期刊 13 种、报纸 11 种，并与 47 种科技期刊进行交流赠阅，可基本满足科研人员查阅文献和了解最前沿科技动态的需求。2015 年 1 月完成了 CNKI 数据库的扩库工作，扩订后包含期刊、博硕、会议、年鉴四大种类中的农业科技专辑、生物学、气象学、资源科学专题、轻工业手工业专题（内含食品工业、轻工业废物处理与综合利用分专题)、环境科学与资源利用专题、经济与管理科学专辑,以及国家标准全文数据库、中国行业标准全文数据库、中国专利全文数据库、中国科技项目创新成果鉴定意见数据库等四大种类中的农业科技专辑。目前订阅的外文数据库有 CAB 文摘数据库、Science Direct 外文全文数据库和 Proquest 全文数据库。2015 年起,还通过与黑龙江省科学技术情报研究所、东北农业大学图书馆、哈尔滨工业大学图书馆进行合作,开展 CNKI 远程查询和外文文献馆际代查业务。

(二) 网络维护服务

信息中心承担省农科院办公区和家属区的网络日常技术支持以及院局域网电话线的维护和修理工作;应用 VPN 技术,搭建成了全院系统远程视频会议平台,可进行全院大型会议的现场直播。大到服务器、数据库的安全维护,小到单机硬件故障、软件漏洞检测修补、病毒防治,信息中心为省农科院职工提供了全面而细致、周到的网络服务。同时,负责省农科院网络涉密相关工作,修订了《黑龙江省农业科学院非涉密网络保密管理自查情况》、《关于省农科院计算机、网络涉密情况的说明》等报告,进一步保障了省农科院网络环境安全。

(三) 对外宣传服务

信息中心积极利用主流媒体,为黑龙江省农科院营造良好的舆论氛围。与《科技日报》、《农民日报》、《黑龙江日报》、《黑龙江科技报》、《生活报》、《新晚报》等纸质媒体,新华社、中新社、人民网、东北网等网络媒体,中央电视台农业频道、黑龙江广播电视台、哈尔滨市电视台等视频媒体建立了良好而高效的联系,大力宣传黑龙江农科院科技创新、成果转化及服务"三农"的优秀做法,做到"报刊上有字、广播里有声、电视里有影、网络里有名",树立了农科院良好的社会形象。同时将《黑龙江农科院报》和黑龙江农科院网站作为主要阵地,开展对外宣传工作。《黑龙江农科院报》每年出版 12 期,每期印刷 1 000 份,发行至各省级农科院、省内各主要厅局、省内 67 个县(市、区)的政府机关和农业科研单位以及院属各单位,重点围绕省农科院在科技创新、服务"三农"、合作共建、成果转化、国际交流等方面进行报道。黑龙江农科院网站(www.haas.cn)是省农科院唯一的门户网站,设有"院内新闻"、"图片新闻"、"媒体关注"、"通知公告"、"动态视频"、"科技创新"、"共建与服务"、"学术活动"、"合作交流"、"党建工作"、"出版刊物"、"媒体聚焦"、黑龙江省龙科企业孵化器有限公司招商广告、"三严三实"专题教育专栏、廉政教育网络系统专栏等栏目和版块。

五、发展设想

梦想的广度、知识的宽度和思想的深度,决定了飞翔的高度。未来 10 年,黑龙江省农业科学院信息中心将继续紧紧围绕国家农业信息发展的总体思路,整合资源,激活人才,增强功能,加快转型升级,全面提升信息服务水平,形成强大的科技信息服务网络,搭建起适合黑龙江省农业发展的信息化平台,并实现"四大突破"。

（一）实现信息服务水平大突破

在保证网络运行的稳定性、兼容性基础上，强化网络安全工作。充分利用中心的网络带宽优势，加大对文献资源、网络带宽及设备、OA办公系统等投入，提高信息服务水平，在省农科院内部建立一个高效的协同管理工作平台，形成各部门信息共享、和谐互助的良好氛围，提高办事效率，明晰各部门的权利与义务，方便监督与指导；建成黑龙江省内较有影响力的综合性农业信息服务平台体系——"农业科技服务云"，利用先进的网络信息技术服务于农业信息化和省农科院的科研建设工作。

完善文献资源服务。通过对图书馆整体改造，全面实现图书馆的电子化管理，并把农科院图书馆建设成集藏、借、阅、咨询和检索"五位一体"的综合性、现代化的研究型图书馆。

（二）实现信息产业发展大突破

通过组织优秀稿件、吸纳高知名度的专家担任编委、调整栏目等措施，扩大"三刊"的知名度和影响力；通过合作办刊、设理事会、承揽广告业务等手段扩大期刊发行量；依托农科院创新体系平台建设和庞大的专家队伍，拓宽农业工程咨询规划业务范围，提升咨询规划水平，从而保持现有产业化平台持续、快速的发展态势。

（三）实现信息技术研究大突破

采取灵活措施，通过主动出击、广开门路、多方宣传推介和开展合作等手段，加大信息中心在国家、省、市级科研立项方面有申请力度。进一步加强信息学科与农业学科的交叉融合和集成创新，在物联网信息采集与测试、产品溯源、农情数据分析及应用、农业环境数字模拟、农田生态系统监测、农业预测预警、无人机应用于现代农业等领域实现科研新突破；加强农业经济、农业风险评估、农业信息安全、农业可持续发展、农业工程咨询、农业区域规划、农业期刊创新发展模式及产业化等软科学研究领域的深入研究。

（四）实现信息人才贮备的大突破

在现有人员基础上，通过自主培养、引进、聘任及合作交流等方式，打造一支适应信息化发展、创新信息技术、服务全院的人才队伍。将继续加大人才引进及培养力度：根据学科发展，利用现有空编，积极引进计算机软件研发、农业工程规划、农业经济等专业人才；创造条件培养在读博士；同时聘请知名专家，传道解惑。

蓝图绘就，正当扬帆破浪；任重道远，更需策马扬鞭。黑龙江省农业科学院信息中心定当以"农"墨重彩，谱写出信息化发展的魅力篇章。

吉林省农业科学院农业经济与信息服务中心现状及发展设想

(吉林省农业科学院农业经济与信息服务中心)

吉林省农业科学院农业经济与信息服务中心(以下简称经信中心)前身为1960年建立的吉林省农科院直属情报资料科,1984年扩建成吉林省农科院直属的科技情报研究所,1998年更名为科技文献信息中心。2003年,为适应事业发展需要,吸纳了原农业综合研究所的农业经济和工程咨询等研究团队,组建成立了农业经济与信息服务中心。

经信中心现有职工56人,其中研究员6人,副研究员12人,助理研究员21人;博士5人,硕士20人。设有网络与多媒体信息部、东北区域农业发展研究中心、图书馆、《吉林农业科学》编辑部、《玉米科学》编辑部、《农业科技管理》编辑部、《吉林省农业科学院报》编辑部、农业工程咨询部(农业工程咨询部2003年经国家发展改革委员会评审确定为农业工程乙级资质单位)和农业技术推广室等部门。

经信中心的职能:面向东北地区开展区域性农业、农村发展问题研究,提出具有操作性的对策建议,为吉林省委省政府及吉林省农科院提供决策咨询服务;以建设院科技信息平台为重点,面向吉林省开展农业信息技术开发、集成、推广应用和管理技术等研究;开展农业情报搜集和创制研究,为相关领导及专家提供情报服务;不断提升报刊的出版质量与学术水平,完善科技期刊出版平台建设,开展相关学术研究;加强数字化农业图书馆建设及开发利用,开展图书馆学领域的学术研究;拓展农业工程咨询领域,开展相关学术研究;做好农技推广、农民科技培训、科教兴农和社会主义新农村建设等工作。

一、"十一五"以来取得的成绩

"十一五"以来,经信中心研究方向进一步明确,科研和服务力量逐步加强,人员结构和素质有所优化,初步形成了以农业经济研究和农业信息化研究为特色,集农业技术经济、农业信息化、农业工程咨询、报刊编辑出版、文献资源收集利用和农业科技推广等为一体的学科格局。中心的行业地位和知名度也大幅提升,成为中国农业技术经济学会理事单位、吉林省农业经济学会常务理事单位、吉林省农业风险管理研究会会员单位、中国农学会科技情报分会常务理事单位、吉林省科技情报学会理事单位、中国农学会农业图书馆分会副理事长单位、吉林省图书馆联盟成员单位、吉林省工程咨询协会常务理事单位、中国农业科技管理研究会副秘书长单位和中国期刊协会农业期刊分会常务理事单位。

（一）科研立项及创新成果方面

"十一五"以来累计立项95项，可支配经费904.3万元。其中，国家级项目33项，可支配经费452万元，省部级项目62项，可支配经费452.3万元。获验收鉴定成果36项，省社科奖二等奖1项，省科技进步三等奖1项，"吉林省优秀工程咨询成果"三等奖2项。获软件著作权5项，地方标准3项，公开发表学术论文300篇，出版专著6部。

（二）学科和平台建设方面

经信中心经过多年的建设与发展，目前已建成农业信息技术研究和农业经济研究两大学科，以及文献资源与信息服务平台。

1. 农业经济研究

东北区域农业发展研究中心2008年经省编办批准成立，以服务吉林省农业、农村为首要目标，同时面向东北地区，研究东北区域农业发展问题，特别是粮食主产区农业、农村发展问题，通过跟踪国家、省及区域农业发展政策，承担部省级决策咨询和科研任务，为政府部门、企业提供决策参考和农业规划、咨询服务，现已成为吉林省农科院农业宏观经济研究的重要平台。

2. 农业信息技术研究

围绕农业信息处理技术、农村科技信息化、农业数据库技术等开展研究和服务工作，2013年被省科技厅认定为省级星火培训基地。现已建成了覆盖全省的农村科技服务网络，建立了吉林省农技推广网络服务体系、吉林省农村实用技术信息服务体系、吉林省农技咨询服务体系、吉林省农民远程培训服务体系、吉林省农村科技"12396"综合服务体系、吉林省星火农村科技服务体系和农村科技多媒体服务体系等七大农村科技服务体系。形成了网络平台、农村科技"12396"综合服务平台、农技"110"、农技电视短片、专家服务团、信息化专家大院、乡镇科技信息服务站等多元化服务模式，取得了良好的效果，走出了一条具有吉林省特色的农村科技信息化新路子。

3. 文献资源与信息服务平台

《玉米科学》1992年创刊，中文核心期刊，是我国唯一的玉米专业学术期刊，先后被评为"RCCSE中国权威学术期刊"、"吉林省一级期刊"等，并获得第二届吉林省新闻出版奖——期刊精品奖。先后入选"中国科教核心期刊"等科技论文统计源期刊和国内各大数据库。

《吉林农业科学》1960年创刊，中文核心期刊，是综合性农业学术刊物，先后被评为中国科技核心期刊、中国科学引文数据库来源期刊。

《农业科技管理》1982 年创刊，是中国农业科技管理研究会会刊，是我国唯一的农业科技管理专业期刊，期刊影响因子达 1.2，居国内同领域期刊前列，全球机构用户 3 771 个。

图书馆创建于 1913 年，文献收藏总量达 30 万册（份）。建立起了以农业科学、生物科学、畜牧科学为主，以数理科学、化学、环境科学和农业机械等相关学科为辅，兼顾其他相邻学科的专博结合、上下贯通的藏书体系。通过加入全国"农科图书联盟"和吉林省"图书馆联盟"，并以原文传递、代查代检方式获取中外文献资料，提升了图书馆的服务能力，为我院及我省农业科研工作提供了文献支撑。

（三）决策咨询及科技服务方面

围绕农业现代化建设、生猪价格、种业发展、农业产业结构调整等方面进行相关研究，向省政府及主管厅局提交决策咨询报告 40 余项，多项获主管省长认可并实施。自主研发了吉林省植物保护网、生物技术网、畜牧科技网、院管理信息系统等40 多个专业网络平台，引进或开发了全院办公自动化系统、邮件管理系统等多个应用系统，研制了吉林省农业统计数据库和科技成果数据库等基础数据库，基本实现了全院管理信息化。基于农村科技"12396"综合服务平台及各网络平台提供咨询服务，每年转接咨询电话 6 000 余个、解答远程视频咨询 400 余次、回复邮件及网络咨询 500 余条。

（四）对外交流与合作方面

"十一五"以来经信中心累计承办"农业科研系统电子资源建设与服务学术研讨会"等学术会议 10 余次，累计参加农业展望大会、农业经济学术年会、农业信息化会议等 100 余次，派出科研人员参加专业培训 20 余次。与吉林省委农办、吉林省农委、吉林省发改委等单位建立了良好合作关系，与吉林大学、吉林农业大学、青岛农业大学、山东省农科院等单位进行项目合作近 20 项。

二、发展设想

面对经济发展新常态对农业科技创新提出的新要求，农村改革新任务对农业科技创新提供的新机遇，科技发展新趋势对农业科技创新提出的新挑战，结合吉林省"率先实现农业现代化"的政策背景，根据吉林省农业科学院的工作部署，经信中心将抓住机遇，迎难而上，努力在农业经济和农业信息研究方面实现新的突破，在工程咨询、报刊出版、图书馆建设、农业科技推广等方面实现新的跨越，为吉林省农业现代化建设提供科技支持，为全院职工提供科技服务。

（一）科研方向

继续深入优势领域的研究。围绕农地确权与规模经营、新型农业经营主体培育、商业化育种体系构建、农业风险控制与预警、粮食主产区建设与支持政策以及农业可持续发展等领域，不断深化调查研究的深度和广度，逐步破解制约吉林省农业发展的体制机制问题和深层次矛盾；围绕全省农村信息化的战略需求，攻克信息技术集成应用、数据信息资源共享、科学研究信息化、农牧业生产信息化和农业多媒体传输技术等核心内容，突破发展瓶颈；围绕信息化在吉林省农业发展、农民增收中的重大作用，在多元化农村科技服务体系、超大型农村信息科技服务平台、农村科技远程视频服务网络、乡镇（村）科技信息化等领域，实现关键技术与服务模式的重大突破。

逐步加强农业经济和农业信息化新兴领域研究。围绕畜牧业结构调整、风险控制、投入产出、质量安全等内容，逐步加强对畜牧业经济的研究。围绕政策环境、产业链延伸、成本收益、科技支撑等内容，逐步加强对农产品加工业的研究，促进吉林省种、养、加协调发展。逐步加强农产品市场领域的研究。开展大宗农产品目标价格与轮作制度研究，市场信息分析与预警研究，为完善农产品市场体系做出贡献。围绕农业遥感、农业物联网、农业云计算及大数据等方面开展研究，在农情监测、灾害评估、政府宏观决策支持、农产品安全生产、质量控制和溯源、农技服务等方面开展应用。

（二）科研创新

拓宽立项渠道，提升立项层次。围绕主要科研方向，力争在农业信息技术应用研究、农业多媒体技术研究与开发、农业物联网、农地确权与规模经营、新型农业经营主体培育、商业化育种体系构建、农业风险控制与预警、粮食主产区建设与支持政策以及农业经营方式转变与结构调整等领域取得具有较高认可度的创新性成果，达到省内领先水平。在新兴研究方向，主要是安全溯源、农业遥感云应用及畜牧业、加工业和农产品市场体系领域，力争取得较大突破，缩小与兄弟单位的研究差距。

（三）条件平台

利用现有优势平台开展以下工作：依托"吉林省农村信息化基地"、"吉林省星火培训基地"建设7个信息网络子系统，包括"12396"农村科技服务综合平台子系统、农业生产全程信息化子系统、数字农业推广应用服务子系统、基于物联网的农业生态环境监测子系统、基于物联网的粮食与食品安全监测子系统、农业科技推广和中介服务子系统、农民远程教育培训服务子系统。

为了充分发挥院资源优势，提高自主创新能力，增强核心竞争力，并从有利于整合吉林省数据信息资源，加快农业信息技术成果转化出发，联合吉林农业大学、吉林省农业综合信息服务有限公司向省发改委申报建立吉林省农业信息化工程研究中心；争取成为农业经济省级农业经济研究基地、涉农经营主体社会化咨询服务专业平台；争取新建满铁资料馆、满铁资料数据库、自动化图书借阅管理系统；争取扩大数字图书馆规模，丰富数据库资源。

（四）人才培养

在农业经济研究、农业信息技术研究、农业工程咨询、报刊出版、图书情报等领域引进专业造诣深厚，年富力强，具有一定知名度的专业人才，优化学科成员年龄和知识结构；通过攻读学位、参加培训、学术交流、课题研究等措施，不断提升现有人员专业水平。

（五）成果转化

围绕全省农业农村发展重大问题和亟须解决的问题，积极开展科技立项和专项调研，积极撰写决策咨询报告，为省委省政府提供决策咨询，提高研究成果的采纳率。以"吉林省农村科技12396综合服务体系建设"项目成果为基础，将农技推广网络平台、"12396"热线电话网、农牧"12396"远程视频咨询诊断网、自助式综合农业服务系统在全省范围内推广应用，建立农技服务快速反应机制。逐步壮大农技推广研究室，力争在全院农技推广和成果转化中起到更为重要的作用。

（六）科技服务

进一步提高农村科技"12396"服务热线电话、网络平台、自助式综合农业服务系统及农牧业可视化远程咨询诊断网综合服务能力，建立覆盖全省的星火科技"12396"服务基点；加快推进吉林省星火计划网络信息链向基层的延伸和发展。形成以我院为核心，包括60个市（州）、县（市）、350个重点乡镇的农村信息化科技服务体系；利用吉林省吉农高新种子安全溯源系统平台、遥感农业云平台面向全省开展信息化服务，为政府提供宏观决策支持信息、为农民提供溯源信息、农业生产技术解决方案、为涉农企业提供商业信息、定制服务。

（七）对外合作

积极参加学术交流，扩大横向合作范围。积极参加相关学科的学术交流活动，不断提升中心的研究水平和知名度，尽力融入国家产业体系等专业性学术组织，以委托、合作等方式承担专项研究任务，强化研究的针对性和持续性。在农业信息化领域，围绕农业信息科技技术合作研究与开发、全省农业数据信息资源共享服务体系建设等内容，与吉林省农委、吉林农业大学等单位及各级地方政府科技部门扩大合作的深度和广度，同时联合我省农业科研、教学及相关单位共同建设超大型农业科技信息服务协作网和多元化农业科技服务体系平台。

加强和中国农业科学院信息所图书馆及全国农科系统兄弟图书馆的合作，开展合作研究。利用农科图书联盟，降低文献资源采购成本。加强和省图书馆、省内各高校图书馆的联系，通过馆际互借，扩大文献资源来源，更好地为专家服务。积极参加行业专业会议，积极组稿、约稿；组织承办领域学术交流会议，扩大刊物影响力和知名度；参加同领域学术评比等活动，促进行业间交流与沟通。

辽宁省农业科学院信息中心

(辽宁省农业科学院信息中心)

一、研究所概况

辽宁省农业科学院信息中心（以下简称中心）重组于2009年，是以农业信息科学研究和提供农业科技信息服务为主要任务的非营利性科研机构。主要职能包括农业领域信息科学与技术研究、农业信息化建设与管理、农业信息加工整理与开发利用、农业信息咨询与服务等。中心下设数字农业室、数字传媒室、图书档案馆3个研究机构，挂靠有中国AGRIS（国际农业科技情报体系）东北分中心、国家农业科学数据中心辽宁省分中心、农业部农业科技查新检索单位、科技部远程教育制作基地、中国科技报道辽宁频道、教育部物联网技术应用专业人才实训基地、农村信息化专业人才实训基地等。

中心现有在编人员32人，其中，专业技术人员23人，同时在院属各单位另设专职信息员队伍25人，形成了软、硬件技术互补，农业领域与IT领域技术互补，研发与应用服务互补的人才结构和以学术带头人、岗位专家、技术骨干为3个层级的分级管理、集中协调的管理模式。几年来，与国家农业信息化工程技术中心、国家农业工程技术装备中心、中国农业科学院信息所等多个单位建立了良好的合作关系和交流机制，实现了资源共享，形成具有相当规模的研究、服务功能。

（一）数字农业室

数字农业室是数字农业技术应用研究与农业信息服务部门。拥有专业技术人员8名，以及先进的IOT产品研发平台、云计算中心、展示控制中心、农业信息服务室。以物联网技术、"3S"技术、云计算技术、移动网络技术等数字化技术为支撑，主要从事农业信息监测、控制、自动采集、信息传播、信息分析处理、计算机决策、多项信息技术集成与整合等数字农业技术应用研究，农业信息数据库、数字信息网络、数字技术服务、数据共享等信息服务工作，以实现农业生产资料、生产过程、产品加工过程、销售过程等农业实施全程自动化、智能化。

我中心借助成熟的呼叫中心技术，联合农业领域专家，为农户提供实时、有效的农业信息服务。拥有12位人工坐席及综合服务应用系统，通过网络、座机、手机等方式提供服务。

云计算中心能够实现农业信息资源海量存储、科学计算和农业农村综合信息服务等功能。中心拥有40多部网络信息服务器和专业信息服务器、100T的存储区域网络（SAN）系统、专业的数据备份系统、完善的网络及信息安全保障体系、千兆光纤网络系统的数据中心，以及最先进的网络体系结构，具备保障全天候24小时不间断运行的能力。

展示控制中心集农业新技术示范和特色农业展示功能为一体，实现种植业、畜牧业、水产业等方面的新技术、新模式和新机制的汇总和集中展示。展示区有物联网展示大屏，与呼叫中心、温室大棚进行视屏图像及数据互联，能够现场演示远程智能化控制管理。全面的展现农业信息化的成果和发展方向，促进农业科技成果应用；同时为管理决策制定提供数据支持，促进管理创新。

IOT实验室依托院农业信息化领域的人才、科技、硬件平台和信息等资源优势，专注农业物联网技术及产品的研究和开发。主要针对农业和农村信息化建设的重大需求，重点研究农业先进传感技术、无线传感网络、通信技术、智能处理技术、农业系统集成技术和面向物联网的信息服务技术。

图1　呼叫中心

图 2　云计算中心

图 3　展示控制中心会议室

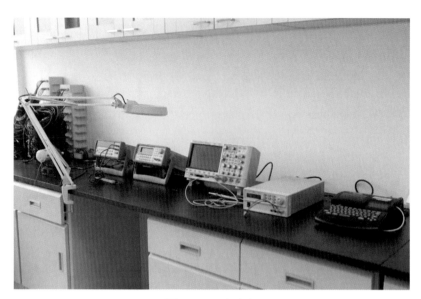

图 4 IOT 实验室

(二) 数字传媒室

　　数字传媒室是辽宁省专业从事农业多媒体信息开发的专业机构。拥有集编导、策划、影像拍摄和后期制作的 8 人专业摄制团队，拥有先进的数字化影视设备、全数字后期非线编辑设备和数字多媒体一体化演播室。主要从事院内大型会议、活动的拍摄，农业科技成果宣传片制作，科技部党员远程教育专题教材制作，专家访谈、多媒体课件、大型会议活动等节目的全程策划、拍摄、制作工作。

图 5 虚拟演播室

图 6　演播厅

（三）图书档案馆

图书档案馆现有职工 7 人，主要从事电子、纸质图书、期刊、文献的采集、加工与服务，行政、科技、财务档案的管理与服务，科技查新检索、咨询服务等工作。

图 7　图书馆

目前，馆藏中外文图书 38 458 册、期刊 20 529 册、资料 2 187 册、各类档案卷，拥有 CABI 文摘、Springer Link 等外文数据库及中国期刊（CNKI）、重庆维普（VIP）、万方、读秀中文学术搜索等中文数据库，自建形成了以农业、生物等学科为主的多类型、多载体的馆藏文献体系，并承担资源共享、档案项目 4 项。同时，作为中国 AGRIS（国际农业科技情报体系）东北分中心、国家农业科学数据中心辽宁省分中心、农业部农业科技查新检索单位，从事科技文献信息及查新检索服务，为科技人员提供科技立项和成果申报、鉴定的查新检索500余项。2011年，图书档案馆被辽宁省档案局授予辽宁省机关档案工作省特级单位。

二、科研进展及成果

辽宁省农业科学院信息中心组织全院发展建设规划的制定与调整并全面负责该院办公自动化管理，负责并参与全院网络管理和信息化建设，拥有Cisco ASA5520、H3C 7200等高端核心网络设备。从2005年以来，完成了辽宁省农业科学院局域网规划与改造，已建成辽宁农业科技信息网、院本部和院属各研究所等各类门户网站20余个，自主架设了流媒体、邮件、远程vpn等各类应用服务器，自主开发了办公自动化系统、农业环境资源三维展示平台、远程视频系统、科研事业单位人事信息管理系统、辽宁省农业环境监控系统、人事考核系统、网上招聘系统、网上推广项目申报系统和农业科技远程教育视频系统等项目20余个。先后承担完成国家、省部级及横向科研项目30余项，在农业信息技术、农业信息管理、农业信息传播等领域获得各级奖励9项。取得了国家软件著作权4项、国家实用新型专利3项、科技奖励3项。制作完成科技部党员干部现代远程教育专题片、农业科技成果宣传片百余部，积累图片素材6万余张、视频素材5千余小时。制作的《城市污水旅行记》等6部专题片在科技部党员干部现代远程教育课件评选中获得一、二、三等奖。2013年被评为科技部远程教育制作基地和中国科技报道辽宁频道。

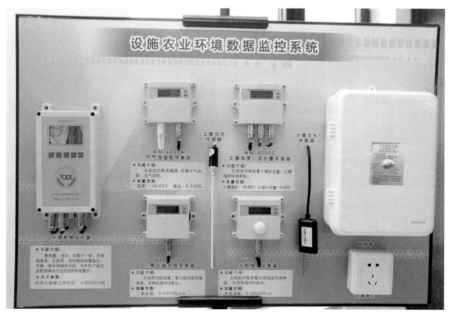

图8 农业环境数据监控设备

目前，围绕自主平台建设和产品创制，我中心实现了WM系列智能监控设备的设计研发，能够支持pH值、溶解氧、铵离子等传感器，达到农业环境参数的精准采集与自动控制、智能管理，基于采集的数据及生产环境的实时图像进行专家咨询，且基于该系统实现了生产决策分析；在农业信息服务方面，建立了以院本部及省内7个分支研究机构为中心的农业科技视频培训及专家咨询体系，建设了云计算中心，形成了数字农业生产技术规程库；开展科技成果转化工作，与企业合作在全省范围内建立了8个农业信息化成果示范基地，为农户提供农业技术和农业信息服务，已带动农业合作社152个，辐射农户14.5万户。2011年被评为"全国物联网技术应用专业人才实训基地"、"全国农村信息化专业人才实训基地"，2012年成为辽宁省移动公司SI（物联网业务集成）合作伙伴。

三、发展设想

我国正处于由传统农业向现代农业发展的阶段，如何实现农业的市场化和产业化发展、推动农业技术推广体系的发展，是农业现代化进程中面临的难点。在国家的大力支持下，我省的农业信息化建设有了长足发展，基础设施得到加强，信息网络得到完善。辽宁省农科院从2009年开始进行物联网技术、GIS技术、云计算技术、专家系统等应用研究与建设。在农业信息化科研、信息系统开发、系统集成等关键技术领域的研究基础和技术积累，为农业信息化工作提供了技术保障。

辽宁省农业科学院信息中心作为以农业信息科学研究和提供农业科技信息服务为主要任务的非营利性科研机构，以实现农业生产管理、农产品营销的信息化，提高农业管理和生产效率，提升农业经营决策水平，提高农民收入为己任。下一阶段工作重心将以促进农业生物技术与信息技术深度融合为目标，重点开展育种信息化与作物栽培信息化技术、农业大数据处理与利用技术、农业物联网与精准装备配套技术体系、云计算与农业电子商务等研究，开展农村综合信息服务平台构建，低成本农民信息接收与使用终端等关键信息技术研究，加强农村信息化示范，提升农业科技与生产经营领域信息化技术水平。利用物联网、互联网、移动网等先进信息技术，以物联网数据中心、专家知识库、省级专家库、农业技术人员为支撑，以辽宁省农业科技信息服务平台，基于物联网的农业环境数据监控平台、大数据处理平台、农科电视网络平台为主要形式，以手机、电脑、网络、固话为手段获取服务。形成政府引导与市场机制相结合、公益性服务与经营性服务相结合、专业人才与乡土人才相结合、科技服务与其他社会化服务相结合的新型农村科技服务体系模式。加快农业科技成果和技术的转化与应用，大幅度提升辽宁省主要优势农产品市场竞争能力，达到繁荣农村、提升农业、致富农民的目的。

开拓进取谋发展，继往开来谱新篇

（内蒙古农牧业科学院农牧业经济与信息研究所）

一、发展沿革

内蒙古农业科学院和内蒙古畜牧科学院于 2005 年 4 月 1 日合并，组建为内蒙古农牧业科学院。内蒙古农牧业科学院农牧业经济与信息研究所是全院 12 个专业研究所之一。

内蒙古农牧业科学院农牧业经济与信息研究所组建于 2012 年，由内蒙古农业科学院农业经济与信息研究所与内蒙古畜牧科学院畜牧科技信息研究所整合而成。内蒙古农业科学院农业经济与信息研究所前身为内蒙古农研所图书室，成立于 1957年。1976 年，成立农业科技情报资料室，1984 年扩建为农业科技情报研究所，1995年，更名为内蒙古农业科学院农业经济与信息研究所；内蒙古畜牧科学院畜牧科技信息研究所成立于 1996 年，其前身是内蒙古畜牧科学院情报所，成立于 1985 年，是专业性文献、情报等综合服务机构。2002 年 11 月成立了内蒙古自治区农业资源区划研究所，2014 年成立了"内蒙古自治区农业遥感应用中心"，均在本所挂牌。

内蒙古农业科学院农业经济与信息研究所历任所领导一览表

姓名	职务	任职时间	名 称
李藻	主任	1966	内蒙古农业科学院情报资料室
田张志	副主任	1966	内蒙古农业科学院情报资料室
曲兴财	副主任	1970	内蒙古农业科学院情报资料研究室
田张志	主任	1981	内蒙古农业科学院情报资料研究室
胡文辉	所长	1984	内蒙古农业科学院情报所
展耀东	副所长	1984	内蒙古农业科学院情报所
胡文辉	所长	1990	内蒙古农业科学院情报所
侯安宏	副所长	1990	内蒙古农业科学院情报所
侯安宏	所长	1993	内蒙古农业科学院情报所
侯安宏	所长	1998	内蒙古农业科学院农业经济与信息研究所
王千里	副所长	1998	内蒙古农业科学院农业经济与信息研究所

内蒙古畜牧科学院畜牧科技信息研究所历任所领导一览表

姓名	职务	任职时间	名称	备注
高凤仪	主任		图书情报室	
田孟伦	主任	？—1985	图书情报室	
郝福楼	副所长	1985—1993	内蒙古畜牧科学院情报所	主持工作
满德勒	副所长	1985—1995	内蒙古畜牧科学院情报所	
刘红葵		1993—1996	内蒙古畜牧科学院情报所	主持工作
刘红葵	副所长	1996—1998	内蒙古畜牧科学院畜牧科技信息所	主持工作
刘红葵	所长	1996—2012	内蒙古畜牧科学院畜牧科技信息所	

内蒙古农牧业科学院农牧业经济与信息研究所所领导一览表

姓名	职务	任职时间	名称
侯安宏	所长	2012	内蒙古农牧业科学院农牧业经济与信息研究所
郭保民	副所长	2013	内蒙古农牧业科学院农牧业经济与信息研究所

二、基本情况

内蒙古农牧业科学院农牧业经济与信息研究所是以为全院科研人员提供农牧业科技信息服务，开展农牧业科技数据库和科技信息资源库的建设、全院局域网和网站的维护和管理，开展农牧业经济、农牧业资源区划研究和编辑出版，以及开展农业遥感监测为主要任务的公益类综合性研究机构。主要职能：利用所收藏的中外文期刊、图书、会议文献、科技报告、学术论文等各种类型的科技文献信息资源，为全院科研人员提供馆藏文献的阅览、查询、检索等信息服务；负责全院局域网的管理及维护工作；以及"内蒙古农牧业科学院"网站的资料搜集、加工、整理、更新等维护工作；开展农牧业信息技术，引进、消化、吸收和应用的研究；利用科技信息网络平台，开展农村牧区教育普及和推广农牧业科技知识为重点的远程教育服务；开展农牧业新技术及实用技术、科技资料等影像资料制作；开展农牧业生产、农畜产品流通、增加农牧民收入、区域发展及相关的农牧业政策等农牧业和农村牧区经济社会发展领域的研究；以农牧业资源调查、农牧业资源的合理开发利用、农村牧区社会经济可持续发展为研究对象，开展农牧业自然资源调查和农牧业区划，农牧业资源的优化配置与合理开发利用、农牧业生产结构布局与调查、区划性农牧业资源开发与区域性农村牧区经济发展研究。

设有信息网络中心、《畜牧与饲料科学》编辑部、《内蒙古农业科技》编辑部、农牧业经济研究室、农牧业资源区划研究室、农业遥感应用中心、办公室7个部门。

目前，全所有职工 32 人，其中，研究员 6 人、副研究员 7 人；博士 3 人、硕士 12 人，本科学历 12 人。

经过 50 多年的发展积累，图书馆收藏中外文图书 5.6 万册；中外文期刊 568 种，期刊 9 万多册；资料 2.5 万份。引进 CAB Abstracts 数据库、自建"内蒙古农业资源数据库"，同时在缺少专项经费的情况下，积极联系中国知网、ACSESS 数据库、读秀学术搜索等大型数据库，为我院科研人员提供免费试用服务。

三、工作成绩

图书馆馆藏书刊、资料、档案是 20 世纪 50 年代中、后期才逐步发展起来的。1985 年后，对全部馆藏进行了彻底整理，制定了分类规则，采用了《中国图书馆图书分类法》进行分类，按国家文献著录标准进行著录，根据本所的任务和服务对象建立起比较适用的文献目录体系。图书馆以农业、畜牧、兽医及其相关专业文献收藏最具特色，形成了专业性藏书体系。在图书馆的日常服务中，保障了书刊借阅、读者咨询等方面的工作。并利用馆藏文献资源、数据库等信息资源为科技人员提供查询服务。保障纸质馆藏资源基础，加大电子文献资源建设力度是我所图书馆的工作目标。长期以来，本所利用馆藏资源，积极为本地区、本单位的农业科学研究和农业生产技术推广提供信息服务。

2001 年下半年，筹建了本院局域网，2002 年经过策划正式开通了"内蒙古畜牧网"，是由内蒙古畜牧科学院主办，畜牧科技信息研究所承办的专业型信息网站。其宗旨是：为政府宏观决策服务，引导畜牧业走向市场；2012 年 1 月建成开通了"内蒙古农牧业科学院"网站，开设有院内新闻、科研动态、合作交流、农技园地、政策法规、通知公告、专家资源等 20 多个栏目，1 个数据库系统，27 个嵌入应用子系统，目前，网站累计访问量已达 59 万人（次），已成为宣传本院的重要窗口之一。信息所承担网站和院内局域网的建设与管理维护。在网络建设方面，针对农牧合并新情况，2011 年以来承担本院创新基金"内蒙古农牧业信息技术开发与应用"项目，进一步完善了内蒙古农牧业科学院网站建设，及时报道本院的科研动态及内蒙古农牧业生产和农村发展的新情况，并不断对局域网进行改造、优化，从整体上提升了我院的网络宣传能力和服务公众的水平。

编辑了《畜牧科技动态》、《国外畜牧科技资料目录》、《国内畜牧科技资料目录》等。连续编印了《中文科技资料目录——畜牧、兽医、草原》、《国外科技资料目录》，参加了《全国西文农业图书联合目录》的编制和《内蒙古文献资源调查》。并与院内其他科室一道编印了《畜牧、兽医、草原成果论文集》、《家畜蛋白质营养代谢研究进展》、《内蒙古畜牧科学院简介》、《科研报告汇编》等书籍。承担的《新编中文畜牧、兽医、草原科技期刊分类目录》项目于 1987 年被授予内蒙古自治区科学技术进步三等奖。编译出版《农业译丛》一书，编辑出版《内蒙古自治区农业功能区划研究》、《内蒙古农牧业经济发展研究》等专著。编著的《内蒙古自治区农业科学院志》、《特种经济作物栽培》分别获得内蒙古自治区农业厅科学技术进步二等奖。"饲料甜菜新品种选育及利用研究"定题服务、"甜菜纸筒育苗移栽技术"专题片分别获内蒙古自治区科学技术情报成果二等奖。编著的《内蒙古图书馆事业史》一书，2010年被评为内蒙古自治区第三届哲学社会科学优秀成果政府奖三等奖。保管全院各门类档案6 444卷（册），在内蒙古自治区农业系统中率先晋升为"科技事业单位档案管理国家二级"标准。

编辑部主要承担《内蒙古农业科技》（双月刊）、《畜牧与饲料科学》（月刊）以及与华北其他5省联合主办的《华北农学报》（双月刊）编辑出版工作。《内蒙古农业科技》与《畜牧与饲料科学》均创刊于1973年，是《中国核心期刊（遴选）数据库》、《万方数据数字化期刊群》、《中国学术期刊综合评价数据库》、《中文科技期刊数据库》等收录期刊，先后获得中国期刊方阵双效期刊、华北地区优秀期刊、内蒙古优秀期刊、全国优秀农业期刊、全国畜牧兽医优秀期刊、内蒙古十佳期刊、内蒙古自治区科学技术情报成果奖等多项相关部门和行业的奖励。2014年，两刊编辑部的所有期刊均已加入"国际DOI中国注册与服务中心（学术期刊）"；均入选国家新闻出版广电总局公布的第一批认定学术期刊名单。刊物的整体质量跃上了新的台阶，刊物的影响力也有了较大的提高。同时建成"农牧业学术期刊知识服务平台"，充分利用网络促进两个刊物的工作运转、互动式传播和地位提升。《内蒙古农业科技》编辑部与华北其他省轮流主编的《华北农学报》被评为华北五省优秀期刊，在农业科学总论中排名第二。《华北农学报》获国家级奖项4项、大区级奖3项、省级奖14项。

在农经、区划研究方面，坚持为农牧业和农村牧区经济发展服务，为政府宏观决策服务的宗旨，围绕农牧业经济发展战略与规划、农牧业产业结构与产业政策、农业资源调查与合理利用、区域性农村牧区经济发展、农牧业生态环境与农畜产品安全、农业资源配置与开发利用等方面开展课题研究。研究成果先后获得内蒙古自治区科技进步三等奖5项，内蒙古自治区哲学社会科学优秀成果政府奖三等奖4项，中国农业资源与区划学会科学进步奖二等奖2项、三等奖4项，内蒙古自治区农业厅科技进步二等奖2项。

农业遥感应用中心，其主要任务是以"3S"技术为手段，开展农作物种植面积、土壤墒情、农作物长势与估产、农业资源及生态环境、农业灾害等方面的调查、监测、评价，为政府决策提供数据参考。2014年试运行以来，已承担了农业部下达的内蒙古中西部地区春小麦、玉米、油菜等农作物面积监测任务以及内蒙古农牧业科学院创新基金项目"内蒙古农情遥感监测方法及应用研究"，通过编制"内蒙古农业遥感监测简报"为各级政府提供农情信息服务。

四、发展设想

近十几年来，由于科技信息服务缺少专项经费支持，内蒙古农牧业科学院情报信息工作发展缓慢，与其他省（市）区同行相比，与现代农业信息事业发展速度相比，我们还存在很大的差距，面临着较多的困难。如何在现有条件下，加快我院科技信息服务事业发展步伐，结合我院"十三五"规划，建议未来几年重点做以下几个方面工作。

（一）积极争取各级领导重视，多渠道争取经费支持

农业科研院所信息服务属于公益性事业，在基础设施建设、文献资源建设上必须有一定的、长久的专项资金投入。

（二）加强文献信息工作的现代化建设，提升服务功能

信息所图书馆是支撑科研活动重要信息平台，其在科学研究发展中发挥着至关重要的作用。随着电子信息技术和产品在图书、情报领域的广泛应用，电子出版物的爆炸性增长，信息服务的方式、方法也随之发生了转变，迫切要求我们加强服务手段的现代化建设，加大引进专业数据库资源力度，重视自建数据库的开发，以满足我院科研人员不断膨胀的文献的需求。

（三）积极推进农牧业科技信息服务平台建设

构建覆盖广泛、内容全面的农牧业科技基础数据信息系统，并在建设中设立蒙文专版，为农牧业科技创新提供资源共享平台、信息化科研协同环境及支持工具，通过手机互联网海量、互动、快速的特性为更多的农牧民服务，推进我院信息服务功能的深化与拓展。同时做好"内蒙古畜牧网"网站与"内蒙古农牧业科学院"网站的资源合并工作。

（四）稳定队伍，重视引进和培养人才

发展关键在于创新，创新关键又在于人才。近十几年，在传统的运行机制框架下，图书情报工作步履维艰，再加上机构及隶属关系的变更，人员队伍不稳定问题突出，服务方式和水平难以提升。

（五）做好遥感信息的管理利用工作

随着遥感技术在农业领域的应用推广，其快速、客观、准确、直观的特点，已成为各级政府和农业生产部门获取农情信息的重要手段，遥感信息对农业信息获取的作用和对现代信息农业建设将产生重要的影响，开展建设"内蒙古农业遥感空间数据库"，也是今后做好信息工作的重点工作之一。

（六）争取入选核心期刊一直是两个编辑部工作的重点

今后，两个刊物对外在提高稿件质量、扩大稿源、提高期刊影响力上做文章，对内要加强管理、合理调配工作量、完善奖励制度、充分调动编辑的积极性和创造性，不断提高刊物的学术水平和刊物在学术界的影响力。

新疆农业科学院农业经济与科技信息所发展现状和未来设想

（新疆农业科学院农业经济与科技信息研究所）

一、基本情况

新疆农业科学院农业经济与科技信息研究所是1995年由新疆农业科学院农业现代化研究所和农业科技情报研究所合并成立的公益性科研机构，是一个集农业经济、农业信息、网络计算机、科技期刊编辑和图书馆管理与服务于一体的综合性软科学研究所。

研究所设农业经济研究中心、农业信息研究中心、网络计算机中心、《新疆农业科学》汉文编辑部、《新疆农业科学》维文编辑部、《农村科技》汉文编辑部、《农村科技》维文编辑部、新疆农科院图书馆和所办公室。目前，全所职工50人，其中科技人员49人。高级职称14人（正高7人），中级职称25人，初级职称10人；博士1人，硕士23人。

研究所主要任务是农业、农村经济发展研究和农业科技信息服务，包括农业信息、农业科技信息的研究和服务，技术服务与咨询、农业发展规划，网络计算机技术研究与服务，农业科技学术期刊和农业技术期刊编辑及图书馆管理等。

农业经济和信息技术应用为院重点学科。农业经济学科主要研究领域是：农业经济、区域农业经济、农村经济发展战略、农业技术经济、农业资源与环境、农业系统工程的研究与应用。农业信息学科主要研究领域：农业科技信息收集、整理、加工与交流，网络技术与信息技术应用、科技信息查新与服务，图书管理与服务。科技期刊编辑学科的主要任务是学术和技术期刊的编辑出版。

研究所是国家农业部和新疆维吾尔自治区定点查新单位，是新疆农业大学、石河子大学产学研联合培养研究生基地。新疆农科院综合信息网提供部门内部信息传递共享、INTERNET信息查询、电子邮件和网络信息发布等多项服务功能，有效支撑了全院农业科技创新活动。

二、发展历程

新疆农业科学院农业经济与科技信息研究所充分发挥自身专业优势，紧紧围绕自治区农业和农村经济发展中的热点和难点问题，发挥我所在农业软科学领域的优势，在我区农业重点领域，科技创新、科技服务工作中取得了显著成效。目前已经形成两大院重点学科支撑，两大所重点学科配合和一般学科相协调的专业发展的基本格局。专业发展从单项学科发展转向多学科交叉发展，从单纯科技创新发展转向科技创新与技术服务相结合的发展新阶段。

（一）坚持以研为本，加强项目执行力度，研究能力和水平不断提高

进入21世纪，研究所紧密结合自治区农业和农村经济发展的实际，牢固树立科研为本的建所方针，发挥科研、信息和网络计算机等部门综合性、多学科的优势，形成"三位一体"联合攻关的格局。在自治区农业经济研究、农业资源配置、农业系统工程、绿洲农业资源开发利用与规划、农业信息研究与咨询等领域取得丰硕成果，业已成为自治区综合决策部门的主要咨询单位，直接参与自治区重大决策的研究工作，加强了本所在自治区农业软科学研究领域的地位。

（二）坚持服务"三农"、服务新疆农业科学院科技创新事业的方针，提高技术服务能力和水平

坚持服务"三农"、服务新疆农业科学院科技创新事业的理念，通过保持和不断完善农业经济与科技信息所科技资源，搭建满足新疆农业科学院专业技术信息服务平台和网络平台；切实保证新疆农业科学院电子信息资源的充分运用，提高信息服务质量，对新疆农业科学院农业重大课题的信息服务起到了积极的作用，有效支撑了新疆农业科学院农业科技创新活动。

（三）坚持从课题研究实践中培养创新能力，强化人才队伍建设

研究所紧紧围绕自治区现代农业科技发展对人才的需求，大力实施人才强所战略，把人才工作与科技事业的发展紧密结合起来。加大人才培养力度，以课题研究项目为研究所骨干队伍建设的支柱，使科研人员的专业知识积累、综合研究分析能力、外语、文字水平等方面在具体实践中得到锻炼和提高。

研究所一名专家被聘为院学科带头人，引进博士1名，培养博士研究生3名，培养及引进硕士研究生22名，先后选派国外长期项目培训人员8名。为使青年科技骨干的业务能力和水平较快得到提高，要求年轻骨干积极参与、申报和主持项目，使青年科技人员的才干得以充分施展，科技创新的积极性和能力得到迅速提高，提升了研究所的科技服务能力，增强了综合实力和核心竞争力。

（四）坚持质量第一的办刊方针，努力打造新疆农业科技创新的优质展示平台

坚持学术性、理论性、超前性的办刊方针，经长期不懈的努力，《新疆农业科学》（汉文版）发展成为新疆第一个国家农业科技核心期刊；被《中国科技论文引证报告》（CJCR）、《中国学术期刊（光盘版）》、《中国科技引文数据库》（CSCD）、"中国科技论文与引文数据库"（CSTBCD）即"中国科技核心期刊"、"中国学术期刊综合评价数据库"、"中国期刊全文数据库"、"中国学术期刊综合评价数据库"、

"中国核心期刊（遴选数据库）"、《中文科技期刊数据库》、《中国生物学文摘》、中国生物学文献数据库、美国《化学文摘》（CA）等30余种科技期刊数据库收录；是新疆农业科技重要的展示和学术交流平台。

坚持服务"三农"的办刊宗旨，围绕自治区农业、农村经济发展的科技需求，《农村科技》（维、汉文）编辑部紧密结合我区"四大基地"建设，突出实用性、通俗性，为新疆新农村建设和新技术推广做出了应有的贡献。《农村科技》（维、汉文）两个刊物连续多年在自治区科技期刊质量评比二、三等奖，成为新疆农业科普战线的重要力量。

（五）加强制度建设，规范管理

近年来，围绕研究所工作中心，制定了农业经济与科技信息研究所规章制度，促进按制度管理，推进廉政建设，保障研究所科技事业快速发展。结合本所的实际，采取"以人为本、以研为本、效率优先、兼顾公平"的原则，顺利完成了岗位聘任。全所管理工作要突出抓好3个方面。一是从制度、机制上规范和完善研究所各项管理工作。二是推动管理制度的落实。要把执行院所各项政策、制度的执行情况作为重要内容，推进研究所各项事业的发展。三是加强财务制度的执行，确保各项资金合理、有效使用。

三、科技创新取得的成果

近年来，根据国家、自治区农业重大决策对软科学研究的要求，按照跟踪热点、超前部署，针对项目特点、专题研究，凝练创新、服务决策的部署，紧密结合自治区农业和农村经济发展实际，认真组织策划和实施科技项目的研究与自治区重大农业规划的编制，先后取得各类科研成果53项，主持和参与研究项目获自治区科技进步一等奖1项，二等奖2项，三等奖3项，国家发展与改革委员会优秀成果一等奖1项，中国工程咨询协会优秀咨询成果二等奖1项，自治区专家顾问团优秀成果二等奖1项，中国农业资源与区划学会科学技术奖一等奖1项，取得国家版权局颁发的计算机软件著作权5项。出版著作9部、译著9部，发表论文及科普论文267篇。

《新疆农业科学》作为国家核心学术期刊多次被评为国家和自治区优秀期刊，2012年获教育部第四届中国高校特色期刊奖，14次被评为自治区优秀科技期刊；《农村科技》作为自治区主要农业技术期刊9次被评为自治区优秀科普期刊。

研究所十分注重与国际和国内相关科研单位、大学的合作。立足本所科研优势，发挥多学科，综合性的优势，大力开展国际合作项目和软科学研究。在做好科研工作的同时，该所充分利用自身的优势，围绕新疆"四大基地"建设，开展了大量的决策咨询和技术服务工作，共完成各类大型决策研究项目和自治区重大规划50余项，技术服务项目400余项，为自治区农业发展战略、农业结构调整、粮食和棉花基地建设、塔里木河生态环境治理、特色园艺产业发展、畜牧业发展、特色农作物产业发展以及农业资源管理、农业发展政策等重大问题提供了大量的科学依据，为自治区争取国家重大项目支持做了大量的前期工作，各类项目涉及经费高达 120 多亿元，为自治区农业生产和政府决策做出了应有的贡献。

长期以来，编辑部为扩大发行量，在喀什、阿克苏、库尔勒、哈密、吐鲁番和博州等地举办各类科技培训讲座 100 余场，培训各族农民 4 万多人次，发放各类科技资料十余万份。

总之，根据新疆农业大发展实际需求，本所以项目为依托，加大对软科学的研究力度，取得了一批科技成果，提高了在新疆农业重大规划立项和农业软科学研究中的影响力，提高了刊物的知名度，为服务新疆农业发展奠定了基础。

四、未来设想

1. 紧密结合自治区农业和农村经济发展的实际，从思想上树立科研为本的基本思路，发挥多学科、综合性的优势，加强对软科学研究和自治区重大农业规划编制，进一步巩固和提升研究所的研究水平和能力。

2. 保持研究所信息服务优势和特色，强化图书资料、专业文献数据库及科技查新等信息服务的规范化和标准化建设，提高服务质量，拓展信息研究领域。

3. 拓展网络计算机应用领域，提高农业及农业科技专业数据库软件研发、应用等方面的能力和水平。

4. 面对科技发展的需求，编辑发行工作要强化办刊质量，不断提升刊物的知名度，吸引高水平研究论文的投稿量和刊载量。以《新疆农业科学》（汉文版）在新疆乃至全国农业科技界已有的知名度为基础，坚持质量第一的办刊方针，通过审稿专家队伍的建设，强化刊物质量；并通过提高《新疆农业科学》（维文版）的印刷质量、扩大版面，将《新疆农业科学》创办成全国农业科技界知名的维、汉文双语农业科技专业期刊。

5. 加强党建精神文明建设，积极探索新形势下研究所党建工作的新途径新方法，使支部真正成为坚强的政治核心和战斗堡垒，充分发挥党员的模范带头作用，为研究所各项工作提供有力保障。

6. 根据国家、自治区事业单位人事制度改革和科研体制改革的精神，进一步深化和完善人事制度改革，建立高效的用人机制和分配激励机制，加大优秀人才培养力度，通过制度建设和人性化管理，采取绩效结合的原则，进一步激发科研人员开拓进取，不断创新工作热情，为增强科研综合实力，提供人才保障。

新疆畜牧科学院畜牧业科技信息五十年

(新疆畜牧科学院畜牧业经济与信息研究所)

新疆畜牧科学院畜牧业经济与信息研究所,是以畜牧业信息研究、畜牧业经济研究及提供畜牧业科技信息服务为主要任务的省级非盈利性科研机构。主要从事畜牧业信息技术应用、畜牧业科技信息研究、畜牧业信息资源挖掘、畜牧业信息管理、畜牧业经济研究五大学科领域的科学研究工作以及汉语、哈萨克语和维吾尔语3种语言文字的《草食家畜》编辑工作和畜牧业科技宣传教育工作。建所以来,在畜牧业信息与经济研究、咨询服务、期刊编辑等领域开展了多项研究工作,并与相关院所、企业和地州、县市涉牧机构建立了良好的合作关系。

一、发展历程

新疆畜牧科技情报研究工作始于1959年成立的新疆畜牧兽医科学研究所图书资料室。1963年起逐步与全国相关科研机构建立了资料交换关系。

1984年新疆畜牧科学院科技情报研究所正式成立后,《国外畜牧学·草食家畜》杂志从新疆农业科学院调入新疆畜牧科学院,为适应新疆畜牧业发展和推广普及科技成果、科学技术的需要,先后于1984年、1989年创刊了维吾尔语和哈萨克语的《草食家畜》(季刊)。1985年《草食家畜》荣获全国农业科技情报刊物一等奖。1993年刊物由《国外畜牧学·草食家畜》更名为《草食家畜》,因办刊经费等问题1994年汉刊刊期由双月刊改为季刊,随着办刊条件的改善,汉刊于2013年重新恢复为双月刊。

1984年,新疆畜牧科学院科技情报研究所正式成立,业务工作从图书情报管理、咨询服务扩大到编辑出版、情报研究等,1987年单位名称变更为新疆畜牧科技信息研究所,业务工作范围也随之扩大为科技信息咨询服务、科技期刊编辑、畜牧业经济效益分析等领域。随着网络信息技术的发展,2002年起信息所也承担了全院局域网的建设和维护工作,并开始从事信息技术方面的研究。2010年,为加大新疆畜牧业经济研究工作力度,经自治区编办同意,在新疆畜牧科学院科技信息研究所的名下增设了"新疆畜牧业经济研究所"机构,编制依然维持为37人。2014年,为顺应公益性科研院所改革等形式发展需求，畜科院畜牧科技培训中心业务并入本所，本所名称也相应变更为"新疆畜科院畜牧业经济与信息研究所（新疆维吾尔自治区畜牧业科技宣传教育中心）"，编制由37人增加为44人。成为新疆涵盖科技信息研究、畜牧业经济研究、技术咨询与服务、科技期刊发行和科技培训等多种业务的综合性研究机构。

二、研究所基本情况

（一）组织机构与人员

新疆维吾尔自治区畜牧科学院畜牧业经济与信息研究所下设行政办公室、信息技术研究中心、畜牧业经济研究室、《草食家畜》编辑室（汉文、维文、哈文）、畜牧科技宣传教育中心和图书室6个部门。现有编制44人，由汉族、维吾尔族、回族、哈萨克族、蒙古族等5个民族构成。截至2014年12月，在职人数40人，其中，少数民族21人，女性21人。其中，专业技术人34人，正高级职称人员3人，副高级职称人员10人，中级职称人员15人，初级职称人员6人。

（二）业务方向及重点领域

新疆畜牧科学院畜牧业经济与信息研究所自成立以来，就以服务畜牧业科研和生产为基础性工作。面对新疆畜牧产业的发展需求，"丝绸之路经济带"核心区的发展机遇，在畜牧业经济和畜牧业信息技术领域，运用基于大数据的物联网、云平台、监测预警等技术，开展面向不同学科、不同领域、不同地域的信息研究及应用；做好新常态下新疆畜牧业转型和外向型发展的区域合作、产业布局与竞争优势研究；"互联网+"的全产业链发展模式研究。

三、科研进展及科研成果

长期以来，结合新疆畜牧业发展需求和新疆畜牧科学院畜牧科研工作需要，坚持资源建设与开发利用并重，切实体现科技信息服务速度、质量与效益相统一，不断提升畜牧业经济与信息研究和服务水平，各研究领域都取得了一定的成果。

"十二五"以来，全所共主持实施各类科技计划项目20余项，承担新疆畜牧厅专项工作任务6项，编制畜牧业发展规划、项目可行性研究报告、实施方案等40余个；发表科技论文100余篇，提交新疆肉羊生产、合作社研究、草原畜牧业转型发展等专题研究报告8篇；出版《新疆畜牧业生产区域布局特性研究》专著一部，获得专利1项、标准4个、软件著作权8项。"新疆畜牧业生产区域布局特性研究"和"新疆牛肉质量安全溯源关键技术研究"已通过新疆科技厅的成果鉴定。2014年《草食家畜》被国家新闻广播电视出版总局认定为学术期刊；2013—2014年进入RCCSE中国核心学术期刊扩展板，2014年被中国农学会评定为全国农业类核心期刊。

四、合作交流

随着科研项目在增加和研究领域的拓展，分别与中国农业科学院农业信息研究所共建了"新疆畜牧共享服务分中心"，与中国农业科学院农业经济与发展研究所共建了"新疆畜牧经济研究中心"，加大了对信息分析、监测预警技术、文献资源服务等工作的研究与人才培养力度，先后派人 10 余人次到中国农业科学院信息所进行学习和培训，积极向北京农林科学院、重庆市畜牧科学院、四川省农科院信息所、新疆农科院信息所等单位学习、取经，奠定了本所畜牧业信息分析学科建设的基础。借助新疆与中亚国家的地域、习俗和语言优势，访问了哈萨克斯坦国立农业大学、《世界农业》农业杂志社以及畜牧饲料研究所，并积极探索新疆畜牧科学院主管主办的《草食家畜》走向中亚的途径和方法。

五、未来发展方向及设想

坚持以人为本，立足新疆，服务基层，认真落实"自主创新，重点跨越，支撑发展，引领未来"的科技指导方针。以整合信息资源、搭建信息平台、汇聚信息人才、提升信息服务能力、引进和推广新技术的为重点，以增强科研创新能力、推进新疆畜牧业科技信息服务水平为目标，提高研究手段与创新水平。

借助新疆"一带一路"核心区的发展机遇，依托本所信息技术研究和语言优势，开展大数据、云计算、物联网等科技信息技术在新疆畜牧业生产和科研中的应用研究；进一步加大与疆内外科研院所、大专院校和企业的交流与合作力度；通过新疆畜牧业信息数据分析为行业发展提供理论依据；结合现有科研成果，进行畜牧业信息经济、畜产品溯源体系等推广应用工作，为新疆传统畜牧业的改造与提升、现代畜牧业的开拓与创新，充分发挥科技信息引领可持续发展的作用。

50 年来，伴随着新疆由传统畜牧业向现代畜牧业发展的转变历程，历经改革发展中的跌宕起伏，新疆畜牧业科技信息工作者，始终坚持为新疆畜牧科技、产业、经济发展提供服务。在网络技术高速发展的信息时代，面向新疆现代畜牧业发展，以提高信息服务能力、加强信息服务模式创新为核心，不断拓宽信息服务内容，提升信息服务水平。新疆畜牧业经济与信息研究所本着"与时俱进，开拓创新；科学规划，突出重点；注重应用，提高效益；广泛合作，和谐发展"的基本思路，致力于为新疆畜牧业知识创新服务，及时向广大科技人员、农牧民等行业人员提供最新的、有深度、有指导意义的畜牧业科技文献和信息，为新疆现代畜牧业发展做出了应有的贡献。

青海省农林科学院科技信息研究所

(青海省农林科学院科技信息研究所)

青海省农林科学院科技信息研究所成立于20世纪50年代建院初期，经过60多年几代人的努力，现已成为青海省唯一长期从事农林业及生物学科信息文献收集加工和研究的综合专业机构，也是青海省农业及生物学领域内机构较为完善、图书资料较齐备、技术和设备较为先进的专业信息研究机构，已形成了具有适应青海省农林业发展的科技信息体系。目前，青海省农林科学院科技信息所是全省唯一的有较完整农林业科技信息文献的单位。

青海省农林科学院科技信息所有3个部门：文献资料室，《青海农林科技》编辑部，农林业科技信息查新检索室。共有职工7人，其中，高级职称4人，中级职称2人，初级职称1人。专业覆盖农学、土壤肥料、林学、农业经济管理等。

科技信息所共藏有农林业各类文献资料103 033册（卷），各类中外文辞典、（词典）等工具书810册（种），中外文检索工具书近百种。

1994年，科技信息所购置了当时最为先进的世界三大农业数据库之一《CABI国际农业和生物学文摘光盘数据库》（农业部规定的查新站必备的国际农业数据库之一），以此为基础，1995年经农业部科技与质量标准司培训合格，经评审认定，批准本所为第一批国家二级农业查新检索站，1995年又引进了《中国农林业科技文献数据库》（CSTDB），1996年购置了《中国学术期刊（光盘版）数据库》。1999年青海省农林科学院并入青海大学，根据资源共享的原则，为避免有关数据库的重复购入，由青海大学图书馆统一协调，先后购入了36种数据库，即中国知网、超星数字图书馆、百链云图书馆、皮书数据库、中文发现、中宏经济数据库、CIDP制造数字资源、万方医学网、读秀学术搜索、中宏产业数据库、ACM美国计算机协会、EBSCO平台、Nature出版集团镜像、Wiley Online library电子期刊库、CABI农学系列数据库、Emerald数据库、ProQuest学位论文全文文库、优阅外文数字图书馆、EB Online（不列颠百科全书）、EV Compendex（EI）、Springer Link电子书刊、Science Online、AGRIS数据库、Elsevier数据库（文摘）、CALLS外文期刊网、MEDLINE数据库、DOAJ电子期刊、Socolar平台系列数据库、博看网畅销期刊数据库、超星学术视频、正保考研视频数据库、MyET大学英语听说学习系统、超星书世界、知识视界、公元集成教学图片数据库和新东方多媒体学习库。

科技信息所检索查新范围包括：农学、农作物、土肥、园艺、植物保护及生物科学等学科。目前，承担查新检索的专职人员有3人，其中，高级职称1人、中级职称1人，初级职称1人，形成了具有一定专业素质的查新检索组织体系和人员配置。查新工作得到了有关部门的重视和支持，成立了以院各学科专家和学术带头人组成的查新检索专家咨询委员会。为规范和提高查新质量，本所制定了查新工作基本程序和查新报告质量管理办法。

在向全院提供科技信息服务的同时，本所积极开展相关研究，从1999年开始，先后主持和完成了青海省社会科学基金项目《青海省农业科技产业化及其实现途径研究》，获青海省哲学社会科学三等奖；青海省计划经济委员会下达的《青海省贫困地区农牧业增效农牧民增收问题研究》和《三江源地区生态环境与经济协调发展研究》；国家科技部重点项目《农业科技基础数据系统建设》子课题《青海省成果库、在研项目库建设》。2008年在北京市农林科学院信息研究所的指导下，建立了"青海省农业科技信息语音咨询服务系统"信息平台，利用先进的语音合成技术将各种农业信息通过电话自动应答或者人工坐席应答的方式，传递给所需要的用户。

青海省农林科学院信息所在信息资源、查新手段、工作条件、业务范围、人员结构等方面同国内同行差距较大，急需加快数字化科技信息服务体系的建设。

甘肃省农业科学院农业经济与信息研究所发展历程与"十三五"设想

(甘肃省农业科学院农业经济与信息研究所)

一、发展历程

甘肃省农业科学院农业经济与信息研究所前身为甘肃省农业科学院科技情报研究所,始建于 1978 年 10 月,2006 年 11 月科技体制改革中更名为科技信息中心,2009 年 2 月更现名。内设机构有:农业经济研究室、网络管理与信息技术研究室、《甘肃农业科技》编辑部、图书馆、工程咨询中心、办公室等 6 个部门。

图书馆始建于 1958 年,现馆藏中文图书 5.4 万多册,中文期刊 1 328 种,电子图书 1.0 万册,外文图书 3 290 册,外文期刊 22 026 册、合订本 685 册。农业系统技术报告、成果汇编等内部文献约 1.6 万册。引进中国知网数据库、中国农业科技文献数据库、中国科技成果数据库、Springer Link 电子期刊数据库、国外农业科技资料目录、中国学术期刊光盘版(农业卷)、CAB Abstracts 数据库、读秀中文学术搜索、超星数字图书馆、甘肃省科技文献平台等中外文数据库。馆内现设中文图书、期刊阅览室。

《甘肃农业科技》为国内外公开发行的综合性农业科技期刊,自 1963 年创刊以来,经主办单位和历届编辑人员的共同努力和广大读者的热情支持,已成为甘肃省乃至全国有一定影响的综合性农业科技期刊,曾多次在全国和全省获奖。1986 年获国家科委科技情报成果三等奖,1992 年获甘肃省第二届优秀科技期刊一等奖,1989 年、1996 年分别获中国农学会首届、第二届优秀期刊奖,1997 年获第二届全国优秀科技期刊评比三等奖,2002 年获第三届全国优秀农业期刊二等奖,2008 年获甘肃省优秀期刊奖。1996 年被《中国学术期刊(光盘版)》全文收录,2002 年被《中国核心期刊(遴选)数据库》和《中文科技期刊数据库》收录,2003 年入选为《中国学术期刊综合评价数据库(CAJCED)》统计源期刊和《中国期刊全文数据库(CJFD)》全文收录期刊。

农业经济研究方面主持完成的"科技进步对我省粮食生产的促进作用"1992 年获甘肃省科技进步三等奖,"兰州市优质名牌农产品战略研究"2005 年获甘肃省科技进步三等奖,"甘肃省马铃薯产业重点项目规划研究"2006 年获甘肃省科技进步三等奖,"甘肃省都市农业与区域经济发展战略研究"2009年获甘肃省科技进步三等奖。另外,主持完成并获兰州市科技进步二等奖1项、甘肃省农业厅科学技术改进二等奖3项、甘肃省科技信息成果二等奖1项、甘肃省科委科技情报成果三等奖3项。参与完成的"中国中长期食物发展战略总体研究"1993年获国家科技进步二等奖、农业部科技进步一等奖。参与完成的"甘肃省综合农业区划"1985年获全国农业区划成果三等奖、甘肃省农业区划成果一等奖。近年来完成10多项软科学研究和基金课题,4项达到国内领先水平。

网络管理与信息技术研究室始建于1998年,主要开展农业生产管理数字化、农业智能控制、农业数据获取与虚拟、农业信息监测与预警、农业信息服务等研究,为全院农业信息化建设提供技术支撑,并承担院局域网的建设与维护管理工作。近年来主持完成的"利用人工神经网络方法建立土壤施肥模型的应用研究"获2009年中国商业科技进步一等奖,"种子质量追溯系统与综合服务平台研究"获2013年甘肃省科技进步三等奖。获得软件著作权2项,鉴定验收项目5项。

二、"十三五"期间主要目标任务

"十三五"时期是甘肃省与全国一道全面建成小康社会的关键时期,也是全省现代农业发展的重要机遇期,为农业信息学科建设和农业信息科技发展提供了良好发展机遇。甘肃省农科院农业经济与信息研究所将紧紧抓住机遇,迎难而上,开拓创新,开创本院农业信息科技工作的新篇章。

一是进一步加强人才队伍建设,打造一支高素质的信息科技人才队伍。在用好现有技术人才的基础上,抓住人才培养、引进、使用等关键环节,健全机制、改善环境,着力建设一支政治素质强、专业素质优、管理能力高、服务意识好的人才队伍,为图书管理、期刊编辑、农业经济研究、信息化建设提供坚强的人才支撑。

二是进一步加强馆藏文献信息资源建设,打造一个高效便捷的农业科技信息服务平台。根据院科研课题研究情况,制定文献信息资源建设方案,在文献采购中兼顾纸质文献、电子文献和其他载体文献,保持重要文献和特色文献资源的完整性和连续性,使电子文献与纸质文献形成有机互补,在不断优化现有馆藏文献资源基础上能有新的突破。

三是进一步提高办刊的质量与水平,打造一个具有区域特色和一定学科影响力的农业科技期刊。建设《甘肃农业科技》数字化出版系统,逐步实现投稿、不端学术检测、审稿、编校、出版数字化、网络化,缩短投稿和审稿时间,提高期刊编辑出版效率。通过约稿、培养挖掘优质稿源,不断提高稿件质量,力争到"十三五"末,基金论文比提高至35%以上,使《甘肃农业科技》影响因子指标提升至国内500多种农林牧水产类科技期刊中等水平以上。

四是进一步夯实农业经济研究基础,打造农业农村经济发展的新型智库。适应现代农业发展和扶贫攻坚重大任务的要求,健全机构,完善机制,强化条件建设,组成重点课题攻坚研究组,加大农业农村经济的研究力量,争取在项目申报数量、立项数量及研究水平等方面上有所突破,为农业农村发展决策提供坚实基础。同时,加强工程咨询研究,提升咨询水平,为各地区、各部门、各行业发展和项目建设提供可靠的咨询成果。

五是进一步提升信息化服务水平,打造本院信息服务高地。在做好农业科技信息支撑的同时,大力开展农业生产管理数字化、农业智能控制、农业数据获取与虚拟、农业信息监测与预警、农业信息服务等研究,着力建设农业科学数据中心,为将围绕全省1236扶贫攻坚计划提供信息技术服务。

历史承载进步　创新引领发展

(宁夏农林科学院农业科技信息研究所)

宁夏农林科学院农业科技信息研究所（简称宁夏所），是宁夏回族自治区唯一区级综合性农业科技信息研究机构。作为自治区农业科研的信息资源保障体系，其主要职能是围绕宁夏农业信息化与农业现代化发展的技术信息需求，以农业科技信息搜集典藏、资源建设与科技论文报道为基础，开展信息资源开发利用、农业经济与"三农"发展政策等软科学研究；创新现代信息技术在农业上的应用研究；开发农业科技多媒体网络化云服务平台，以科研促农业科技信息资源服务、产品服务、技术服务及政策咨询服务。主要学科研究方向：农业物联网及农业信息监测预警技术研究、农业大数据及云服务平台、现代农业发展研究、宁夏农业信息智库服务系统研究等。

一、人员和条件

本所职工27人，本科以上25人，其中，博士1人，硕士11人，高级职称14人，自治区313人才1人，农科院二级学科带头人2人，先后12人次出国进修。设农业综合研究室、农业信息技术应用研究室、宁夏农业科技图书馆、《宁夏农林科技》编辑部、网络室、多媒体室等业务部门。

50多年来，宁夏所不断加强基础条件建设，完善信息资源建设，有馆藏文献20万件（册），数字信息资源总量约80T，包括了CABI文摘数据库、中国知识资源总库、读秀学术文库、SD数据库等及其网络检索系统，建立了服务全区的"'三农'宁夏数字网络图书馆"服务平台和宁夏农业科技图书馆等资源共享平台。科研装备全面提升，拥有数据中心各种软硬件技术设备。近年来，购置了无人机、宽幅绘图仪、GPS定位仪和物联网技术设备等软硬件技术设备，为开展农业信息实时采集、快速传播、整合管理，大数据开发等综合研究提供了手段。多媒体室，拥有专业广播级数字摄像机、非线编辑器等设备，结合《宁夏农林科技》编辑，为农业科技信息成果可视化推广、网络化传播提供了手段。办公设施全面更新，电子显示屏、读报机、图书借还机等信息服务终端设备齐全，为提高信息工作效率、提升信息科研与服务水平提供了物质基础。

二、发展历程

宁夏所成立于1958年，前身为宁夏农林科学院图书资料室，后更名为"宁夏农林科学院情报研究所"，1995年改为现名——宁夏农林科学院农业科技信息研究所。根据自治区深化农科院体制改革方案，即将更名为"宁夏农林科学院农业经济与信息技术研究所"。1995年，成为农业部第一批查新单位。2014年被科技厅等部门认定为自治区科普教育基地——"宁夏农业科技多媒体中心"。

50多年来，在几代农科情报人努力下，该所一直担当了自治区党委政府相关决策信息研究工作。20世纪90年代前后，老一代知名专家邝经邦、王一鸣、谢守栋等，共主持和参与国家、自治区40多项重大软科学项目研究工作，20多项成果获国家、自治区各类科技成果奖励。

其中，参与国家科技攻关计划"农村能源工程建设区划规划方法及其应用"获农业部科技成果一等奖（1990年）、"舒城等12个农村能源试点县农村能源区划规划研究"获国家科技进步二等奖（1991年）；承担国家科技攻关计划项目"黄土高原干旱丘陵地区农村能源综合试点研究"获自治区科技进步一等奖，承担宁夏科技攻关计划项目"银北地区中低产田综合开发技术研究"等5项成果获自治区科技进步二等奖；承担宁夏科技攻关计划项目"宁南山区扶贫开发重大项目选择及政策措施研究"（1998年）、"宁夏2000年农业发展科技战略与对策研究"、"夏引黄灌溉农业合理结构与发展规模研究"和"宁夏黄河经济发展战略研究"等11项成果获自治区科技进步三等奖。

随着国家对哲学与社会科学研究工作重视，一批经济政策研究相关机构（部门）成立，加强了自治区经济社会发展相关软科学研究工作。但在挑战面前，新一代农业科技情报工作者，发扬前辈严谨治学、拼搏进取、服务大局等良好传统，不断创新理念、拓展思路和研究领域，适应新形势、新发展、新挑战和新要求，以过硬的学风，不懈努力，实现了农业信息科研与服务的升级与转型发展，又创造了农业信息研究新业绩：10多年来，承担国家、自治区及相关厅局科研项目80余项，获各类科技成果奖39项，受到自治区党委政府相关部门、涉农相关组织和基层群众肯定。成为中国农业情报学会常务理事单位，中国农业经济学会和中国农业图书馆学会理事单位。

三、业务方向及重点领域

农业信息研究的主要方向是：农业信息化与农业现代化发展的政策、战略、组织及经济等软科学研究；基于3S技术的农业信息采集、集成管理及应用技术开发研究；农业信息管理系统、资源集成服务平台及信息产品开发研究等。科技信息服务包括：国内外专业数据库网络资源检索服务、数字图书馆服务平台的信息推送服务和科技查新服务；农业科技成果推广传媒开发及农林期刊出版传播服务；测土配方等农业信息技术开发服务；农业软科学研究咨询服务等。

四、科研进展

近10年，主要参与了3项国家科技支撑计划项目研究：西部民族地区电子农务平台关键技术研发与示范；黄河河套地区盐碱地改良辅助决策专家系统的研究与应用；村镇"户联"技术产品与应用。主持国家自然科学基金、社科基金、软科学研究计划、科技成果转化项目和中央补助地方科技基础条件项目等十个国家项目研究建设工作；主持自治区软课题与自然科学基金等课题21项；承担中国农科院信息所、自治区财政厅、农发办、农牧厅和水利厅等单位委托课题33项；主持本院自主研发课题16项。近3年承担各类科技项目28项、成果17项、获奖7项。

2015年上半年，获批农业部软科学项目1项、自治区财政支持项目1项、院自主研发课题2项；入选自治区"十三五"重大项目1项。申报待批自治区重点攻关和软科学课题4项、自治区自然科学基金课题2项；新到位课题经费120万元。执行各类在研课题23项。"宁夏农业监测预警信息采集系统构建"、"农业信息技术在中宁枸杞优质高效栽培技术应用示范"、"物联网在宁夏枸杞生产中的应用"、"宁夏草食畜牧业发展研究"、"宁夏农业现代化的组织形式——家庭农场研究"、"宁夏黄土丘陵区土壤含水量的遥感反演及在旱情监测中的应用"、"水稻氮素诊断及监测研究"等课题取得一定创新成果。"宁夏测土配方施肥专家系统研发与示范"取得较好推广效果。

五、科研成果

表1 近10年科研成果一览表

编号	获奖等级	成果名称	时间
1	自治区科技进步一等奖（参加）	宁夏风沙区生态环境综合治理模式研究与技术集成示范	2012
2	自治区科技进步一等奖（参加）	西部民族地区电子农务平台关键技术研究与应用	2012
3	自治区科技进步三等奖（主持）	西部民族地区农业信息化集成创新模式研究与示范	2014
4	自治区科技进步二等奖（参加）	宁夏优势农业产业智能化系统开发与应用	2009
5	自治区科技进步二等奖（参加）	基于GIS苜蓿病虫害区域化预测预报技术研究与应用	2009
6	自治区科技进步二等奖（参加）	宁夏测土配方施肥技术研究与示范推广	2009

续表

编号	获奖等级	成果名称	时间
7	自治区科技进步三等奖（主持）	我区优质农产品品牌创新战略及关键技术选择	2009
8	自治区科技进步三等奖（主持）	农业科技成果评价指标体系及智能化评审管理系统研究	2007
9	自治区党的建设研究会年度课题研究优秀成果二等奖（主持）	宁夏农业重点领域急需紧缺人才研究	2013
10	中国农图联盟课题评比二等奖	数据资源集成开发及应用需求调研	2012
11	银川市统战理论成果二等奖	金凤区农村综合环境整治调研报告	2015
12	宁夏第十二届社科优秀成果三等奖	基于文献计量学的宁夏农业科研机构和农业高校学科发展轨迹研究	2013
13	实用新型发明专利	一种三维加密芯片组	2015
14	实用新型发明专利	一种E化管理控制器	2015
15	实用新型发明专利	苦咸水专用净化装置实用技术	2010
16	实用新型发明专利	苦咸水专用净化装置外观设计	2010
17	计算机软件著作权登记	农业科技管理信息系统的研发与应用	2014
18	计算机软件著作权登记	农业科技人员绩效工资管理E化平台	2013
19	计算机软件著作权登记	智能农业网络资源导航和专家咨询系统	2011
20	计算机软件著作权登记	农业信息采集平台	2011
21	计算机软件著作权登记	智能农业搜索引擎系统	2011
22	计算机软件著作权登记	酿酒葡萄规范化栽培管理专家系统	2006
23	计算机软件著作权登记	区域平衡施肥与农业科技服务专家系统	2006
24	计算机软件著作权登记	枸杞规范化栽培管理专家系统	2006

近10年来，获各类科技成果39项（表1、表2），其中，成果奖励13项、专利4项、计算机软件著作权8项、登记成果15项。近3年来，获各类科技成果奖励7项；登记自治区科技成果6项；获批专利2项、国家软件著作权2项。据不完全统计，本所近10年通过信息服务、和技术与产品开发服务，实现的综合经济效益在10

亿元以上，投入产出比约1∶30。

表2 近10年登记成果一览表

编号	成果名称	时间
1	农业科技人员绩效工资管理E化平台建设	2015
2	宁夏高端精品农业培育发展研究	2014
3	西部农牧民致富之路：向江河库灌区收缩和分层次向农村城镇转移	2014
4	宁夏沿黄经济区低碳农业发展战略及其对策研究	2014
5	宁夏农垦系统产业结构优化升级对策研究	2013
6	农业主体功能区建设：提高宁夏农业特色优势产业核心竞争力的路径选择	2012
7	西部民族地区农业信息化集成创新模式研究与示范	2011
8	提高宁夏农业特色优势产业核心竞争力的路径选择	2011
9	农民灌溉合作组织参与农业灌溉管理对策研究	2011
10	城乡统筹战略中的宁夏沿黄经济区现代农业产业转型升级研究	2010
11	苦咸水专用净化装置研究与开发	2010
12	宁夏优势农业产业智能化系统开发与应用	2009
13	宁夏农业自主创新战略构想及其实现条件	2008
14	提高宁夏农业综合生产能力战略与对策研究	2008
15	宁夏新型农民专业合作经济组织发展对策研究	2006

六、公益服务

通过"'三农'宁夏数字网络图书馆"云服务平台等，面向全区开展信息推送服务，累计服务各类用户3 000万人次，每年下载文献量400万篇以上。累积举办科技资源使用培训及信息技术应用等培训、讲座80余次，培训5 000余人次；开展科技下乡、科普宣传和科普捐赠活动20余次；累积向基层捐赠农业科技图书、期刊、科技光盘和科普资料等万余册（件），总价30余万元；咨询服务各类人员（含网络、通信等方式）约10万人次。承担自治区各类农业科技项目查新检索1 600余项。另外，通过信息调研，形成各级政协调研报告和大会发言20余份，提案100余件。

七、期刊出版

主要出版《宁夏农林科技》月刊，1958年创刊至今，已出版发行近400期，为中国学术期刊综合评价数据库统计源期刊，报道农业科技新成果，传播农业新技术，深受农业工作者欢迎,曾获自治区优秀科技期刊奖励。"十二五"以来,加强了多媒体产品开发,为农业科技成果可视化推广与远程教育提供了便利,引进和开发农业技术多媒体视频共1 200多个。

八、国内外合作

长期以来,我们通过项目平台,加强了与区内外、院内外等相关机构、企业和专家的合作,注重产学研结合。特别是加强了与中国农业科学院信息所、国家农业信息化工程技术中心等国家科研机构的合作,通过人员培训和项目实施,提升了团队业务素质和创新能力。区内主要合作单位有宁夏大学、自治区农发办、农技中心、自治区科协、西部电子商务有限公司等以及各市、县相关部门。

九、未来发展方向、发展设想

(一)发展方向

以信息为主线,开展农业信息采集技术、分析预警技术、信息调控管理技术、大数据管理及开发利用、农业信息智库、云服务平台等相关研究,为宁夏现代农业特色优势产业升级发展提供信息技术支撑和管理决策参考。

(二)发展设想

一是在信息采集技术及大数据平台开发方面,以农业物联网技术和3S技术等的开发应用为突破,加强对现代农业的生产过程信息、市场信息及产业管理信息等采集技术的开发研究与应用,加强对农业大数据管理和云服务平台的开发。

二是在信息分析及现代农业升级发展研究方面,加强对农业大数据的分析,结合馆藏信息资源的开发利用,运用各种科学分析方法,研究构建农业经济分析预测和优化模型,开展现代农业各产业发展展望研究;研究宁夏现代农业各产业升级发展的对策建议;开展农业信息智库咨询研究;以产业展望报告、调研报告、信息参考、研究报告、期刊论文和多媒体视频等载体形式,为自治区党委政府及相关部门提供政策服务,为农业生产经营主体等提供产业信息咨询服务。

三是在农业信息集成管理与服务创新研究方面,加强农业信息服务云平台开发,集农业科技信息资源、信息产品、信息技术和软科学咨询服务于一体,以可视化展示、网络化传播、远程化和智能化服务方式,服务于自治区"三农"工作。

总之,要追踪信息学科发展前沿,抢抓物联网、大数据、云计算、微营销等信息技术发展带来的新机遇,迎接"互联网+现代农业"升级发展的新挑战,运用互联网思维,紧紧围绕宁夏现代农业发展、农业大数据开发与应用、农业信息监测预警、产业结构调整、产业信息化管理、产业发展规划和农民增收等现代农业发展的重大问题,加强农业物联网技术和农业监测预警技术开发,开展现代农业升级发展等相关研究,努力促进宁夏农业现代化与信息化高度融合、高端发展。

四川省农业科学院农业信息与农村经济研究所回顾与展望

(四川省农业科学院农业信息与农村经济研究所)

一、基本情况

四川省农业科学院农业信息与农村经济研究所是以农业信息和农业农村经济为主要研究方向，集农村经济研究、农业咨询、农业信息服务、媒体传播服务四大创新平台于一体的省级科研机构；也是四川省"三农"问题研究、农业咨询、农业推广宣传等社会公益性任务的主要承担者。该所拥有西南地区最大的农业专业图书馆，是FAO在四川的唯一一藏书点；亦是（FAO）AGRIS中国西南分中心、国家农业科学数据共享中心西南共享服务分中心、四川省科技成果查新咨询服务中心农业分中心、国家发展和改革委员会工程咨询甲级资质单位，四川省科技咨询行业甲级资质单位，四川省农业科学院网络管理中心、四川省农业科学院农村发展研究中心。

现有员工91人。其中事业编制人员56人，聘用人员35人；高级职称15人，中级职称30余人；博士4人（博士后2人），硕士47人；四川省学术和技术带头人1人，四川省学术和技术带头人后备人选1人；国务院政府特殊津贴专家2人；国家注册工程咨询师17人。

二、发展历程

隶属四川省农科院的图书馆和科技情报室两个单位于1978年合并为四川省农业科学院科技情报室，1985年正式成立四川省农业科学院科技情报研究所。2006年，经四川省机构编制委员会办公室同意更名为四川省农业科学院农业信息与农村经济研究所。

三、学科建设

（一）农业信息学科

经过十几年的发展，该所农业信息学科建设已初具规模。农业信息服务内容如下。

1. 基于CNKI数据库、万方数据库、Springer、CAB、Science direct等中外文数

据库建立了数字化图书馆；依托科研项目建成的农业科研数据服务平台，包括建立了全国首个育种攻关数据共享平台——四川育种攻关数据共享平台（http://www.scyz.org.cn），已获国家软件著作权证书，平台开发建设了成果数据库、品种数据库、专利数据库、人才资源数据库、作物种质资源库、种业竞争情报信息库等，网络访问量已突破百万次。

2. 创建了全国首个基于四川创新团队的现代农业产业技术体系网络化动态管理平台（http://www.scnycxtd.com），已获国家软件著作权证书，服务于12个创新团队、57个产业示范县，构建了"技术创新—技术熟化—技术扩散"的网上快速通道，推进农业产业化进程，把现代农业产业技术体系四川创新团队管理平台建设作为"四川创新团队"建设的延伸和补充，为产业发展提供示范宣传样板。

3. 构建了四川农业科技文献信息共享平台，其中建成的农业生产区域性实时指导数据库，采集和发布主要农作物的农情提示、农事指导、病虫害预报与防治信息、农业生产、农事活动等。

4. 在建的四川省科技基础条件建设平台项目——四川省主要农产品数量安全预警平台，计划3年内制定数据指标体系，研究与引进数据采集规划、技术、设备，开展数据采集工作，建立农产品数量安全信息数据库，建成服务平台并开展主要农产品预警服务应用示范。

(二) 农业经济学科

"十一五"以来，农经学科从零起点成长为四川三农智库，为四川农业农村经济发展服务并取得了较好成绩。先后完成中农委、农业部、四川省农委、四川省农业厅及省有关部门委托的四川省委一号文件《中共四川省委 四川省人民政府关于全面深化农村改革努力开创"三农"发展新局面的意见》、《四川省食物与营养发展实施计划（2014—2020年）》、《四川省构建农产品质量安全监管长效机制研究》、《农产品优质农产品产地安全状况及保护调查报告》、《跨省区市的农产品质量安全突发事件应急联动处置工作机制研究》、《农产品地理标志风险应急管理研究与示范》、《四川省农业厅关于在全省县（市、区）推行农产品质量安全网格化管理的指导意见》、《四川省农业厅关于农产品第一次进入市场和加工企业前的收购工作意见》等，为政府决策提供了重要的智力支持。在调研的基础上，针对四川省三农发展存在的问题，提出政策建议19篇。其中，《关于加快推进我省农作物种业科技创新的建议》、《关于加快推进我省智慧农业发展的建议》、《关于进一步提高我省粮经复合模式生产效率的建议》、《关于建立四川省主要农产品数量安全监测与风险预警体系的建议》、《关于确保地震灾后农业增产农民增收的建议》、《关于加快推进幸福美丽新村建设的建议》得到省领导批示，并被省委省政府及部门采纳。

(三) 农业工程咨询

从20世纪90年代末期开始从事农业咨询工作，农业信息与农村经济研究所一直努力开拓市场，扩大服务范围和咨询领域，在实现企业化发展方面探索出一些新的办法,取得了较好的社会效益和经济效益,并具有较高的影响力和知名度。通过严格的环节管理、优胜劣汰,造就了一支严谨、高效,富有创新精神的咨询师队伍,形成了完善的咨询服务体系。目前农业工程咨询工作涵盖领域包括:种植业、林业、畜牧业、渔业、设施农业、生态建设和环境工程、农副产品加工业、农产品市场与物流、休闲农业与乡村旅游等。咨询业务覆盖产业规划、园区规划、乡村旅游规划、新农村规划、项目可行性研究、项目建议书、资金申请报告、项目实施方案、初步设计等。同时提供管理咨询、投融资咨询、科技查新、技术中介等咨询服务。承担了 1 万余项咨询工作,项目遍及四川、重庆、云南、广西、青海、西藏、贵州、陕西等省(区)、市,还承担过涉外项目。咨询成果多次获得四川省人民政府、四川省科学技术厅、成都市人民政府、中国农业资源区划学会、四川省工程咨询协会、四川省科学技术协会等部门和机构表彰。

四、科研成果

1985 年以来,全所共承担科研课题 180 余项。荣获四川省科技进步一等奖 1 项、四川省科技进步二等奖 4 项、省科技进步三等奖 3 项;省社会科学三等奖 2 项;北京市科学技术二等奖 1 项;中国农业科学院科学技术成果二等奖 1 项、三等奖 1 项。农业部颁发的"全国优秀农业科技网站"1 项;四川省工程咨询优秀成果奖 8 项。获得发明专利 1 项;获中华人民共和国国家版权局颁发的计算机软件著作权登记证书 5 项;获中华人民共和国国家工商行政管理总局商标局颁发的商标注册证 4 个;省领导批示 9 篇;出版学术专著 7 部;发表学术论文 300 余篇。

五、期刊出版

《西南农业学报》是由四川、云南、贵州、广西、西藏和重庆 6 个省(区市)农业科学院共同主办的国内外公开发行的综合性农业学术期刊。编辑部设在该所,其他院分设编辑室。《西南农业学报》系全国中文核心期刊、中国科技核心期刊(中国科技论文统计源期刊)、中国农业核心期刊、RCCSE 中国核心学术期刊、中国科学引文数据库(CSCD)来源期刊、中国科学文献计量评价数据库(ASPT)来源期刊、中国期刊全文数据库(CJFD)全文来源期刊及四川省优秀期刊。曾荣获第五届全国农业期刊金犁奖,加入中国知网、万方数据库、维普数据库、博看网来源期刊,并被国际农业与生物科学研究中心(全文库)(CABI)和美国斯蒂芬斯全文数据库(EBSCOhost)等国际著名数据库收录。

《四川农业科技》发行量及刊物综合质量位居全国同类期刊前列,先后成为四川"农村书社"(行政乡镇)、"农家书屋"(行政村)指定刊物,为该刊更好地服务"三农"搭建了重要平台,也为本院科研新成果、新品种、新技术推广普及到田间地头,提供了一个重要通道。《四川农业科技》杂志已成为全省农技推广的主流媒体。2014 年 11 月《四川农业科技》进入国家新闻出版广电总局第一批认定的学术期刊。

《农业科技动态》、《四川创新团队工作动态》、《四川省农业科学院农村发展研究中心工作简报》、《四川育种攻关动态》、《四川省农科院报》等内刊，为四川省各级部门决策提供了参考依据和优质服务。刊文多次被省领导批示。极大地提高了本院的知名度和影响力。

六、国内外合作

"十一五"以来，该所注重对外合作与交流，积极与国内外研究机构建立科技合作关系。先后与国际马铃薯中心（CIP）合作开展了薯类作物与粮食安全问题研究；与中国农业技术经济学会合作，承办"中国农业技术经济学会2014年学术年会"；与中国农业科学院信息所合作开展了农产品数量安全智能分析与预警关键技术支撑系统及示范项目研究；与中国农业科学院区划所合作开展都市现代农业发展战略研究；与中国热带农业科学院合作开展热带（亚热带）作物种质资源数据库建设工作。还与四川大学、西南财经大学、成都理工大学等院校合作建立了学生培养实习基地。

七、未来发展方向

（一）农业农村经济研究

围绕"三大主要研究"，进一步凝练学科方向，扎实推经农经学科建设。一是开展涉农产业经济研究，尤其做好涉农产业系统的产业管理，涉农产业的主体结构与组织，全球化发展与涉农产业经营管理的研究工作。二是开展生态经济与可持续发展研究。重点围绕四川省农业集生态效益、经济效益和社会效益于一体的发展趋势，从促进农业走出一条优质、高效和可持续发展的有效途径角度，深化具有四川省地方经济特色的绿色农业、生态农业、休闲农业及其现代农业服务体系（科学技术、产业体系、经营形式，农工商一体化、城乡一体化）等问题研究，为推动四川省农业可持续发展的政策建议的提出提供决策支撑。三是开展农业技术经济研究。以种业科技创新研究、农产品质量/数量安全监测预警研究、农业科技创新与成果转化效率评价等为基础，继续发展农业技术经济研究。

（二）农业信息应用研究

经过多年的科研和服务积累，特别是近十年来，在中国农业科学院信息所的支持和指导下，该所农业信息学科建设取得较大发展。"十三五"期间，将继续坚持"外引内生"的发展思路，在"互联网+"、农业信息分析、农业信息管理等学科方向开展一系列创新研究。

农业信息分析研究领域。"十三五"期间，该所围绕"四川省农产品数量安全智能分析与预警关键技术支撑系统及示范"、"国家农业科技服务云平台西南分平台"、"西南地区主要农作物重要育种性状大数据信息库的研究和构建"等国家重大重点项目，在预警理论与方法、农产品分品种监测预警、农业风险分析等方面，进行了创新性科技活动。

在农业信息管理研究领域。随着信息技术的快速发展，农业信息管理突破了传统的农业图书馆学与农业情报学研究领域。"十三五"期间，该所将继续加强信息资源建设、信息采集、知识组织、农业科技战略情报等科研工作，建立了覆盖农科院全部农业学科领域的农业科学数据共享平台，为院农业科技创新、科研管理与决策提供了有利的信息保障。

（三）农村区域发展研究

从 2000 年开始，开展了农村区域发展、农业产业结构调整、农村区域政策调控等一系列卓有成效的工作实践和基础研究，积累了扎实的科研基础。通过对国内农村区域发展现状、发展趋势分析，在"十三五"期间，将重点开展"农村区域环境与资源可持续开发和保护、农村产业发展规划与项目管理、农村城镇化规划与管理、休闲农业和乡村旅游" 4 个方面的研究工作。力争在 4 个重大领域的研究有所突破，为我省农业和农村经济持续、健康、稳定发展提供理论依据和政策支持。

（四）咨询与传媒产业发展

1. 咨询产业发展

强化咨询资质申请和管理。目前，该所已拥有工程咨询农业行业甲级资质，生态建设和环境工程丙级资质以及节能丙级资质；拥有农业综合开发生态工程设计乙级资质和水利行业（灌溉排涝）设计丙级资质。未来，将围绕市场需求及提升核心竞争力，进一步拓展农业行业工程咨询的广度和深度。一是拓展乡村旅游、农产品加工、设施农业、农田水利以及扶贫移民等行业资质；二是提高生态建设和环境工程、农业咨询评估等工程咨询资质等级；三是拓展农业行业的相关工程设计资质，力争申请农业行业的工程设计资质。

2. 媒传产业发展

根据省、院《关于激励科技人员创新创业专项改革试点的意见》相关文件精神，并结合未来新型农民培训和科技成果推广示范等，探索构建四川省现代农业科技影视制作基地。在培育该所创新创业新的增长点的同时，助力现代农业新成果、新技术、新品种、新设施等方面的宣传、推广和示范。

贵州省农业科技信息研究所

(贵州省农业科技信息研究所)

贵州省农业科技信息研究所始建于1978年，隶属贵州省农业科学院。主要职责是收集、加工、传播农业信息，编辑出版《贵州农业科学》、《农技服务》杂志，建设和维护贵州省农业科学院局域网，开展农业信息与农村经济研究，为贵州农业科技创新、农业信息化建设提供信息与技术服务。是农业部授权的课题查新检索二级资质单位和科技部授牌的农村信息化服务基地，贵州省农业信息化工程技术研究中心，贵州省"12316"三农服务热线建设依托单位。

至2015年7月，内设有办公室、财务科、人事科、科管科、图书馆、网络中心、期刊编辑室、12316服务中心、农业信息研究室共12个部门，在职职工有37人，其中科技人员35人，在科技人员中有正高6人、副高6人、中级13人，有博士1人、硕士13人，拥有科研办公用房2 100平方米、三维激光扫描成像系统、地物光谱仪等数字化软硬设备10多台（套），建有70亩的数字农业技术试验示范基地，收藏有中外文科技期刊和图书50 700种、120 800册，维护有CABI数据库、维普数据库、贵州农业科技信息网。

建所以来，根据政府农业信息需求，在各级领导的关怀下，全所职工在农业信息服务、期刊出版、网络建设、科学研究等方面做了大量工作，为贵州农业科技、农业信息化发展发挥了一定作用。在信息服务方面，图书馆累计接待读者11.75万人次，"12316""三农"服务热线累计人工咨询76 708人次，累计查新检索课题1 870个。在期刊出版方面，《贵州农业科学》共出版265期、刊发论文11 170篇，《农技服务》共出版322期、载文约1 800万字；在网络建设方面，建立了覆盖全院15个机关处室、21个直属单位和职工宿舍区的光纤网络；在科研方面，共承担各级各类课题132个，研究编写了《贵州粮食问题及对策》、《贵州省农业发展区域规划》、《贵州农村经济远景发展建议》、《贵州省科技兴农发展建议》、《贵州人口、粮食、生态协调发展报告》、《贵州毕节试验区"开发扶贫，生态建设"绿色经济发展"十一五"规划》、《中国贵州山区社区自然资源管理技术》，开发多媒体课件76个、农业生产管理专家服务系统23个，建立了贵州农作物品种资源、耕地土壤资源、农业实用技术、特色农产品价格、作物光谱数据库，开发了基于 GIS 的贵州耕地土壤资源管理信息系统，基于单机、网络、手机、触摸屏服务的主要农作物推荐施肥系统，基于不同组网终端与软件的水肥一体控制系统，提出了贵州喀斯特山区（欠发达地区）经济、实用、有效地面向农户提供信息服务的"政府协调组织+服务中心（站）+网络+短信+专家咨询+大户+合作组织+商品化程度和经济价值高的农产品生产技术及价格行情+财政资助"组织运行模式。全所获部省厅（委）级成果奖 13 项，获计算机软件著作权 22 个，发表论文 230 余篇，主编教材 1 部、专著 3 部，参编专著 7 部。

未来，本所将在国家、省、院科技规划框架下，以山地高效农业发展信息与技术需求为向导，本着"科研立所、服务稳所、人才强所、改革兴所"的发展方针，加大人才引进与培养力度，扩大对外交流与协作，努力改善数字农业技术创新与信息服务支撑条件，强化信息服务针对性和时效性，重点围绕农业生产管理数字信息获取、数字信息处理和数字信息应用三大环节，在农业信息资源采集与分析、农业生产智慧管理咨询系统开发、3S 与物联网技术农业应用、作物水肥一体化技术四个方面开展创新活动，助力贵州山地高效农业与农村信息化建设。

云南省农业科学院农业经济与信息研究所

(云南省农业科学院农业经济与信息研究所)

云南省农业科学院农业经济与信息研究所，成立于1985年，前身为云南省农业科学院科技情报研究所，主要工作任务是收集、整理、保存、研究和开发利用农业科技情报信息、文献资料，为农业科技人员提供科研工作所需的最新知识和重要信息，为农业领导部门的科学决策提供情报信息服务；编辑出版具有云南地方特色的农业科技刊物和专题资料。所下设办公室、财务科、科技管理科3个管理部门以及农业经济暨国际农业研究中心、网络管理与信息技术研究中心、科技查新与信息分析研究中心、农业科技培训中心和期刊编辑部五个业务部门。主要开展农业及农村经济发展、东南亚国际农业发展、农业技术经济与政策、农产品流通与国际贸易、农业科技发展与农业推广、农业科技信息技术的研究与应用等重大问题；编辑出版农业科技期刊《西南农业学报》、《云南农业科技》和《蜜蜂杂志》；负责计算机网络、图书馆、科技档案室、成果陈列室等公共服务平台的建设与管理，收集、整理各类农业科技文献、档案资料及电子信息资源。

经过30年来的发展，由于始终正确执行党的科技方针、政策，在各级领导的关心与支持下，经过全所职工的共同努力，各个方面的工作都取得了长足发展，服务能力明显增强，内外服务的领域大大拓展。

一、人员情况

建所以来，随着事业的发展，本所的内部机构设置和业务方向都在不断进行调整，以适应新形势对我们提出的新要求。随着单位规模和业务范围都不断的扩大，农经所的在职职工从建所时最初的39人，增加到了现在的69人。其中，科技人员64人，占在职人员的92.7%；正高8人，副高23人，高职占科技人员的48.4%；中级23人，占科技人员的35.9%；初级10人，占科技人员的15.6%；技术工人5人，占在职人员的7%。目前，送培博士生2名、送培硕士24人；1人获得省政府特殊津贴，1人被评为省级创新人才，2人被评为院级科技创新后备人才，农经团队被评为院级创新团队。

二、条件与环境

一块研究所的牌子：云南省农业科学院农业经济与信息研究所；挂靠、承办、授权、参办业务的机构牌子：云南省农业工程咨询设计中心、云南省农业科学院农业司法鉴定中心、《蜜蜂杂志》社、《云南农业科技》编辑部、《西南农业学报》云南省编辑室、云南省农业科学院图书馆、中国学术期刊文献检索咨询（农业）三级站、全国报刊索引定点检索点、"云南农业科技网站"、云南省科技期刊编辑学会、红瑞柠檬经济研究中心等；收藏农业期刊和图书资料 16 万册（份），各档案室共保存各类档案 5 000 多卷（册），编辑出版《云南农业科技》、《蜜蜂杂志》、《西南农业学报》科技刊物；拥有中国知网科技期刊数据库、中国博士及优秀硕士学位论文数据库、中国重要会议论文等数据库；博看电子报刊和 CABI、Power Quest 生物和农业、Science Direct 电子期刊、Springer Link 电子期刊等外文数据库，拥有全省最丰富的农业科技信息资源。

三、发展历程

1985 年，云南省农业科学院成立云南省农业科学院科技情报研究所，所内机构设置所办公室、图书资料室、编辑室、声像室、战略情报研究室。当时确定本所的主要任务是紧密围绕云南连续农业特点和新兴技术革命的需要，开发信息资源，建立农业科技情报网络和书刊资料检索体系，积极开拓情报市场，开展农业科技战略研究。

1990 年，办所方向进行了调整，主要任务是收集国内外情报信息，开发农业科技信息资源，开展定题服务；编辑出版具有云南特色的农业科技刊物和专题资料；开展云南农业科技战略研究；建立省农科院科技档案系统，摄制农业科技实况声像资料；组织全省农业科技情报网。

到 2004 年 4 月，云南省农业科学院对院内科研所设置及学科结构进行调整，云南省农业科学院科技情报研究所更名为云南省农业科学院农业经济与信息研究所。院批准挂靠在所的机构有：云南省农业工程咨询设计中心、《蜜蜂杂志》社、《云南农业科技》编辑部、《西南农业学报》云南省编辑室、云南省农业科学院图书馆。单位定位为科技情报信息收集与传播的社会公益类型的科研机构，在知识与技术创新体系中应发挥的作用不变，面对农业和农村经济发展中服务对象，为广大农民、基层农技推广机构、农业企业的实际和市场需求的技术中介服务类型的科研机构。

2001 年 10 月，抓住了国家推行执业制度、云南省农业科学院加强服务体系建设等机遇，获得了国家建设部审核颁发的农业工程咨询甲级资质"工程设计证书"。2003 年又获得了国家发展和改革委员会认证颁发的乙级"工程咨询资格证书"。2003 年成立了"云南农业工程咨询设计中心"，成为本所一个重要的业务部门。也指明了较为明确的方向。2007 年工作任务确定为将进一步突出农业信息资源建设这个基础，发挥《蜜蜂杂志》社和农业工程咨询设计中心这两个优势，以农业信息技术、农业经济研究、农业科技期刊3个学科建设为全所工作重点。围绕工作重点配置和优化各类资源，多方寻求政府和行业部门支持，加大对外宣传、合作和联接；增强自我发展能力，促进全所工作从单纯科技服务型向"科研+服务型"的战略转变，增强面向全院及社会服务的能力。

2010年以后，通过多年的发展和全所职工的努力在前期工作基础上，农经所的定位开始从单纯科技服务型向科研+服务型的战略转变，在不断增加面向全院及社会服务能力的同时，更加注重学科建设的进一步深入发展，将全所建设成为现代化的全省农业科技信息研发中心和拥有现代化手段的农业科技信息服务中心。

四、所重点学科建设发展

（一）农业经济与农业工程咨询学科建设

利用国家建设部授予的农业工程设计甲级资质，国家改革与发展委员会授予的乙级工程咨询资质，对省农业厅、发改委、农开办、各州市涉农部门及农业企业等相关部门开展咨询业务，主要包括：投资项目建议及可行性论证，区域发展与产业结构调整战略规划，农业高新技术园区规划设计，产业现状调研与前景分析，企业经营管理，投资与竞争战略咨询，技术经济论证，科技成果经济效益测算等。最终向提供全方位的咨询、代理等服务迈进。目前咨询开发体系已初步形成，工作中要把拓展服务对象、建立服务网络、建立专家网络及提高服务水平作为工作重点。

（二）农业信息技术学科建设

按照省农科院乃至云南省农业科技信息服务中心的构建目标，农经所作为云南省级农业科技信息研发中心，担负省内农业科技信息创新和农业科技文献公益服务的任务，作为省级农业科技创新体系的重要组成部分，按照研究体系与公益服务体系，努力加强建设。

以所内现有积累的多年的文献资料和情报信息资料为基础，整合各类网络信息资源，提高实用性和利用率，提高服务质量，进一步强化为全院和社会提供农业科技信息服务，积极向深向外发展；建立标准化馆藏资源数据库、云南农业科技档案和成果数据库、云南农业科技特色资源库、云南农业科技人才库、农业科技期刊数据库等；承担与此相关的软件开发与研究；牵头做好全院办公自动化系统建设。

（三）期刊编辑学科建设

利用云南省科技期刊编辑学会、《蜜蜂杂志》、《云南农业科技》和《西南农业学报》等资源，加大科技期刊学科建设力度，根据新形势要求，进一步研究办好3个期刊的工作方针，树立读者至上，靠质量求生存，靠广告求发展的办刊意识，进一步建立健全期刊组织管理机制，成立和按时改选编委会，加大作者群、读者群和广告用户的联接、互动工作，培养编辑人才，改善办刊条件；维护《蜜蜂杂志》在蜜蜂界和云南科技期刊界已经取得的地位和声誉，加强对全省科技期刊的服务工作。采取各种有效措施，积极拓展业务，扬长避短，不断创新，努力提高服务质量，拓展业务领域，围绕办活专栏、联合办刊、多发广告、多办增刊等方式，抓住机遇，努力探索加快发展的路子和管理办法，不断扩大发行量，保障发行量、质量和效益的同步增长；同时加强内部运行机制建设，积极探索符合市场经济条件和科技体制改革要求的管理模式；做好云南省科技期刊编辑学会的有关服务工作；根据有关实际需要，积极开展如何办刊等的研究。

五、科研成果

"十一五"以来，共争取项目80项，获省科技进步三等奖6项、优秀社科三等奖2项，共获得科技成果奖励8项；出版编著45本、科技文章275篇（其中，核心期刊145篇，EI 2篇）。

2006年，"云南农业科技创新与发展研究"获得省科技进步三等奖；《工业反哺时期云南农业和农村发展对策探讨》（论文）荣获云南省哲学社会科学优秀成果三等奖。2007年，"云南粮食安全战略研究"和"云南农村沼气化建设"两个项目的研究成果，获得云南省科技进步三等奖。2008年，"保护耕地与推进社会主义新农村建设研究"项目，获得云南省科技进步三等奖；《以云南为例看我国西部山区的新农村建设问题》，荣获云南省第十二次哲学社会科学优秀成果三等奖；"农村远程信息呼叫中心系统建设"项目，获得计算机软件著作权1项。2012年，"云南'三农'通信息集成服务平台"和"云南农业土著知识保护利用技术体系的创立及其应用"，分别获得云南省科技进步三等奖。

农业经济研究水平大幅提高，承担了云南省发改委电子政务项目"云南省农业科技信息资源库建设"、国家自科基金项目的突破："滇南跨境山区小农经济：生计资本对农户多目标行为决策的影响"、国家现代农业柑橘产业体系"柠檬产业经济研究"、"云南统筹城乡一体化建设研究"、"加快云南高原特色现代农业庄园经济发展的建议"等研究项目，分获国家科技部、农业部、国家自科基金等的立项支持。通过大批项目的研究，拓展了农经所学科研究的领域，为农经所的学科发展奠定了研究基础，促进了研究团队建设，提升了研究水平。

六、社会服务

（一）"三农通"专家热线服务

2007年8月，由云南省农业科学院与新华社云南分社和中国移动云南公司共同合作，搭建的"云南三农通涉农信息专家热线咨询服务平台"（简称"三农通"），是根据中央和云南省委、省政府关于推进农村和农业信息化的精神，通过目前普及率最高、使用最方便的移动手机和网络通信方式，由农业专家向广大农村企业、农户和科技人员提供农业政策、农产品价格、市场导向、农资供应、农业科技、灾害预警、外出务工以及农村教育、卫生、医疗等涉农实用信息以及接听、解答、回复农户咨询问题的社会性服务工作。

"三农通"切实解答和解决了全省广大农民在生产、生活中急需的科技问题，取得了显著成效，成功地探索出了一个"政府搭台、专家唱戏、农民受益"的服务"三农"工作模式，取得了较好的社会效益。"农信通"在全国首创了农信通服务"三农"工作的新模式，开创了一条农业科技服务和农村信息化推广的新路子，已形成了覆盖全省、系统、高效、快速和具有可持续发展潜力的农业科技信息服务体系，形成了一支 300 多人的稳定的专家服务团队。为全省"三农"工作做出了重要贡献。通过多年服务形成了手机短信、网络、科普手册、手机电话等多种服务方式的体系，形成了良性可持续发展的机制，取得了较多的经验。

目前，"三农通"信息服务已覆盖全省，通过移动手机渠道直接有效地服务于全省近 1 000 万农户，探索出了一条行之有效的农村信息化服务模式，2012 年荣获云南省科技进步三等奖，该模式已在国内多个省区得到推广应用。

(二) 农业工程咨询服务

农业工程咨询设计中心中心利用一流的人才，创造出了一流的服务，短短的几年时间，业务面涵盖了云南所有地州和贵州、广西等周边省份，业务范围覆盖了种植业、林业、畜牧业、农产品加工、环境与生态等行业从项目建设建议书至实施方案的全过程咨询、规划编制、专题研究。目前已完成咨询任务 500 余项，项目涉及资金累计达 100 余亿。其中，有《云南省现代农业科技创新园区规划方案》、《云南省粮食安全综示区建设方案》、《云南省大中型水库库区和移民安置区基础设施建设和经济发展规划纲要》、《云南省特色农产品发展规划》、《国家红河农业科技园区规划修编》、《云南省农村服务业发展规划》、《国债项目云南省农村沼气项目可行性研究报告》、《云南省农业功能区划》、《云南省级农业温室气体清单》、《全国新增1 000亿斤粮食生产能力规划云南省新增11亿斤粮食生产能力实施规划（2009—2020年）》和《全国新增1 000亿斤粮食生产能力规划云南省一期工程（2010—2012年）实施方案》等一批在行业中有影响的咨询项目及软科学研究项目。所完成的项目均受到了投资业主和有关部门的好评，取得了显著的经济效益和社会效益，已成为云南农业工程咨询行业的中坚力量。

(三) 云南农业科学院司法鉴定中心

云南农业科学院司法鉴定中心是经云南省司法厅批准、司法部备案的我省唯一的农业司法鉴定专业性机构，成立于 2006 年 8 月，提供资产评估司法鉴定（农业类）；工程造价纠纷司法鉴定（农业类）；产品质量司法鉴定（农业生产资料、农产品、水产品、畜禽产品）；生态环境污染、生态环境破坏鉴定及损失评估（农业类）等服务。本中心为农业司法鉴定的顺利开展鉴定中心接受司法机关、政府部门、律师事务所、农业企业以及其他企业、当事人的委托，本着"科学、公正、公平"的原则，独立开展司法鉴定，为依法解决诉讼和纠纷中涉农类关键性科技问题提供科学依据，及时化解矛盾与纠纷，保障诉讼顺利进行，促进司法公正，维护生产者和消费者的合法权益。

七、未来发展

（一）做好体制性改革与所定位工作

在全国、全省非盈利性社会公益型科研单位改革背景中定位，定位为非盈利性社会公益型科研机构。按照目前在全国、全省非盈利性社会公益型科研单位改革的形势和政策要求，坚持收集、加工、保存、研究、开发、利用农业经济与科技信息，为农业科研、生产及决策管理部门等提供农业经济与科技情报信息等服务的建所方针。

着重解决学科结构调整、完善运行机制和人事管理制度等问题，按照科技自身发展规律和经济发展规律，以学科结构调整、运行机制改革为重点和突破口，带动人事制度、分配制度为核心的科技人员管理制度改革，在人员实行聘任制的基础上，加强部门目标责任制、个人岗位责任制及其他保障制度建设，形成适合本所进一步改革与发展的竞争、激励、约束、监督等配套机制。

（二）调整结构，突出重点

加强农业科技期刊、农业经济、农业信息技术 3 个学科建设，把加强 3 个学科的建设作为重点工作，进行资源配置与整合，并以此带动全所结构的调整，促进全所各项事业协调和持续发展。

（三）提升服务准入，不同层次地为社会提供优质服务

按照国家准入制度管理要求，用好国家科委和农业部的查新检索资质、清华同方光盘股份有限公司的中国学术期刊文献检索咨询（农业）三级站资质、上海图书馆和上海科学技术情报研究所的全国报刊索引定点检索点资质、国家建设部的农业工程设计甲级资质、国家改革与发展委员会的农业工程乙级咨询资质、《蜜蜂杂志》刊号、《云南农业科技》刊号、《西南农业学报》刊号等已有资质，更换查新检索资质章，努力申请其他新的资质，逐步建立健全资质服务体系，努力拓展服务空间，大力提高服务能力。通过提升服务准入，改进服务手段，提高服务质量，提升服务水平，拓展服务领域。按照中介组织服务形式，以组织网络化、功能社会化、服务产业化为方向，全所形成统一的开放和服务体系，以农科院和省内无服务资质、服务手段的单位和部门作为服务对象或目标市场，面向社会开展农业经济和农业科技信息等服务，促进农业科技成果等的转化，促进所"两个效益"的增长。

（四）扩大对外开放，以开放求发展

加强对外开放。狠抓好全所的对外开放、对外宣传、对外友情联接工作，并以此作为全所科技业务工作及向社会服务工作的主线。以后将继续抓好全所的对外宣传、对外友情联接工作，巩固老朋友，发展新朋友，采用有利对外宣传对外发展的方式来提高本所的知名度，较好地开展工作。

在云南省农业科学院党委和行政领导的关怀、支持和指导下，经过全所广大职工的共同奋斗，农经所一定能够全面提高综合发展水平和面向全省"三农"服务的能力，为云南三农事业的发展做出更大的贡献。

农业科研院所农业信息学科建设的实践与思考

(山西省农业科学院农业科技信息研究所)

农业信息化是发展现代农业，全面建成小康社会的重要标志，而农业信息学则是农业信息化的发展基础和理论依据。随着现代信息技术的迅猛发展，农业信息学与农业各学科的结合越来越紧密，在我国由传统农业向现代农业转变的历史进程中肩负着重要使命，并将会发挥越来越大的作用。党的"十八大"提出了"工业化、信息化、城镇化、农业现代化同步发展"的战略，农业信息学科面临着前所未有的发展机遇，农业科研院所是农业信息学科的研究中心和成果培育、转化及科技服务中心，必须要抓住机遇，完善农业信息学科建设，坚持创新发展，充分发挥农业信息科技在现代农业中的示范引领作用。

一、农业信息学科发展历程

随着国家对农业信息的高度重视，政府对农业生产和农业科研的投入加强，使得山西省农业科学院农业信息学科得到相应的发展，取得一些重大理论和实用意义的科研成果，为山西省农业生产发展提供了应有的保障作用，做出了重要贡献。山西省农业科学院农业信息学科的建设与研究工作经历了两个发展阶段。

第一个阶段：传统情报与信息服务。其特点是以手工操作为主。我院传统情报与信息服务起步较早，历史悠久，可追溯到20世纪80年代，其中，尤以信息所为代表。1983年12月，情报所（信息所前身）成立以来，充分发挥人才、资料优势，特别是外语人才优势，为各级领导决策和农业科研一线科技人员提供参考依据与情报服务。主要开展的工作有：传统数据收集、编辑出版刊物、提供情报服务、提供实物情报、开展情报研究和行情分析等。期间，承担情报调研与研究方面的研究课题33项，获得各种奖励10项。

第二个阶段：现代信息服务。其特点是以计算机、网络运用为主。1986年以来，院情报所、数理室从使用长城286、0520电脑开始，从馆藏图书卡片管理、田间试验数据处理起步，逐步开展了现代农业信息服务业务。先后经历了单台计算机服务阶段、互联网技术应用阶段、物联网技术研发阶段。目前已经发展到利用计算机技术、网络技术、数据库技术、人工智能技术、物联网技术，开展农业信息的搜集、生产、加工、传播，农业应用软件设计、农业信息产品研发、农业信息技术服务等。期间承担农业信息化方面的省级以上项目 48 个，获得各种奖励 9 次，开发信息产品 40 余项，均投入实际应用，其中 3 项取得计算机软件著作权。我院的现代农业信息服务，已经形成了农业信息产品研发团队、农业数据库建设生产线、网络维护技术队伍、农业信息产业化推广队伍，农业物联网应用课题组、数字农业课题组，农业信息技术的研发进入新的发展阶段。移动互联、云计算、大数据将成为本院农业信息化发展研究的重点。

二、农业信息学科建设的实践

（一）学科体系建设

信息所围绕农业信息技术、农业信息管理、农业信息分析 3 个分支学科，重点建设了农业信息技术研究、农业数据库建设研究、文献资源建设研究、数字农业研究、农业软科学研究、农业信息资源建设研究、农业多媒体技术研究、农业科技咨询信息分析研究、农牧经济信息研究等研究方向，确立了本所的优势学科和特色学科，明确了每个科室的学科发展目标和技术体系，学科研究对象已经涉及到农业生产、加工贮运和管理等诸多方面，研究领域涉及农业经济、农业现代化、农业信息预警分析、农业信息技术、农业科技咨询服务、农业信息管理与服务、粮食与食物安全、农业科技传媒传播等方面，正在不断拓展，研究内容正在不断深化，农业信息学科体系已经初步建立。

（二）人才队伍建设

山西省农科院从事农业信息学科的人员主要集中在院信息研究所，该所是集农业科技信息研究、信息公益服务和信息产业开发任务于一身的山西省惟一专业农业情报研究机构。现有职工 57 人，其中在职高级技术人员 9 人、中级技术人员 23 人，现有博士 1 人，硕士 7 人，在读硕士 2 人。涵盖计算机、信息管理、农业经济、农学、外语等专业。该所农业信息学科研究力量雄厚，具备利用信息技术、网络平台和信息资源等多种信息手段开展农业科学研究的条件，同时具备开展特色农业信息技术方面研究条件。

（三）创新平台建设

信息所建成了山西最大的农业科技网络环境，终端达到 1 700 户。建立了山西农业科技信息网站、农业科技数据中心、山西农村信息化综合服务平台、山西农业科学院农业技术推广平台、农业科技咨询平台、农业科学基础数据共享平台、蔬菜施肥专家智能咨询系统等服务平台。建立了农业科技实验资料、农业科技成果、农作物品种、涉农企业、农业科技动态、农业科技人才、农业实用技术等数据库。此外，资经所建有山西自然科技资源平台和区域农村经济综合数据分析系统，生物中心建立了山西生物信息平台，品资所建立了亿家益网站等。

三、学科建设效果分析

经过多年的科研实践和研究积累，特别是近 10 年来，在农业信息学科的三个分支学科领域（农业信息分析、农业信息技术和农业信息管理）加强了科研创新，取得一批科研成果。

在农业信息分析研究领域：信息所针对国外农业现代化、沙棘、科技文献计量分析、粮食与食物安全等进行了重点研究并取得显著进展。比较典型的有，徐承强研究员开展了"国外农业现代化经验的研究"、"山西省发展食用油料生产宏观决策研究"、武福亨研究员开展了"沙棘开发利用情报研究"、谷跃麟研究员承担了"中国情报学经典文献及其评价研究"，上述研究项目在国内开展研究较早，并产生了一定的影响，分别获得了部级技术改进奖二等奖、省科技进步软科学二等奖、省科技进步理论二等奖。

在农业信息技术研究领域：农业信息技术是我所的重点学科，研究基础扎实，研究力量雄厚。早在 20 世纪 80 年代，信息所开展了电子计算机在农业上的应用。多年来，该所承担了多项省级课题研究，开展了"北方粮食作物单产早期预报的 BASIC 程序山西小麦单产年景预报模型"、"电子计算机在鸡育种与饲养上的应用"、"山西省农作物种质资源数据库管理系统"、"基于 VPN 的农业科技文献共享平台建设"等研究。在农业信息技术、农业专家系统、决策支持系统、农业电子商务、数字农业的应用研究、农业物联网应用、农业科学数据库以及网络共享平台建设等方面取得了一批具有先进水平的研究成果，打造了一支老中青结合的科研创新团队。

在农业信息管理研究领域：随着信息技术的快速发展，农业信息管理突破了传统的农业图书馆学与农业情报学研究领域，集成、融合现代信息技术与管理技术，进行现代农业信息管理开创性地研究。近年来，信息所承担了国家和省"山西省农科院电子资源整合服务平台的设计"、"农业数字图书馆个性化信息服务系统的构建"、"山西农业现代化的现状及发展对策研究"、"'两区'开发中区域特色生态农业的调查研究"、"山西汾河流域资源节约型高效生态农业模式研究"等方面的科研任务，在资源建设、信息资源管理、信息服务手段、知识服务、农业科技发展战略等研究领域取得了一批有影响的科研成果，建立了覆盖全省的农业科技文献共享平台和农业科技数据平台，为山西农业科技创新、科研管理与决策提供了有利的信息保障。

四、存在问题

尽管本院农业信息学科的建设取得了不少成效，但是，仍然存在着许多不足之处，主要表现在农业信息学还尚未形成系统的学科理论体系，学科体系建设缺乏理论指导；物联网、3S 技术、移动互联技术、云计算、大数据等现代信息技术在农业中的应用还仅仅处于起步阶段，缺乏原创性自主创新技术成果和更深入的研究；已研发的农业信息技术研究成果实用性不强，对生产、经营、管理水平的提升作用不显著；农业信息分析手段落后，对市场预测预警能力不强，帮助产业把握市场动态作用有限；投入不足，信息技术设施和服务手段有待改善，文献信息资源种类少、数量少，难以满足用户的信息需求；人才缺乏。现有人员知识老化，专业结构不合理，高学历、高水平的农业信息人才严重不足，特别是缺乏在全国有一定影响力的领军人物和拔尖人才。由于条件有限，高学历的农业信息人才留不住、引不进的现象十分突出；农业信息资源开发利用程度低，资源浪费现象严重等。

五、对策

（一）提高认识

各级领导和科技人员要转变观念，提高认识。一是要坚决克服过去那种目光短浅、信息作用有限的狭隘信息意识，牢固树立起在现代农业发展进程中具有"倍增效应"、引领和支撑作用的信息战略意识；二是要坚决克服过去那种信息工作为单位、部门服务为主的局部信息意识，牢固树立起信息为全社会、为全国农村经济发展服务的全局信息意识；三是要坚决克服过去那种农业信息工作以农业情报、农业图书馆为主的传统农业信息学科意识，牢固树立起以农业信息资源管理、信息技术农业应用为核心的现代农业信息学科意识；四是要坚决克服过去那种各自为政、小打小闹的封闭信息意识，牢固树立起合作共享、合作共赢的协作意识。

（二）加大科研投入

投入不足，是农业信息机构普遍面临的迫切问题，为此，笔者建议：第一，院里要加大农业信息资源建设的投资力度，进一步提高信息基础设施的档次和效率，扩大文献信息资源（主要是电子资源）的收藏范围、品种和数量，比如增加Science Direct数据库，完善博硕士论文库、会议论文集的订购；第二，希望院里投资建设大型服务器，解决数据下载慢的问题；第三，由于物联网在设施农业上的应用技术已很成熟，建议院里统筹考虑，将物联网技术应用在东阳基地的大棚上，既推广了农业物联网技术，又方便科技人员远程操作，可大大节省科技人员的时间和精力。

（三）加强人才队伍建设

人才问题已经是影响农业信息学科发展的关键性问题。为此提出以下建议：第一，要采取有力措施，通过招聘，吸引高学历人才来院从事农业信息研究和技术研发；第二，鼓励现有在职人员，围绕农业信息学科发展目标和业务，攻读农业信息学科的博士、硕士和考取各种资格证书，对拿到学位和证书的，均给予奖励；第三，为提高科技人员特别是年轻人的科研水平，建议信息所继续举办各种培训班，如SCI论文写作培训、PPT制作培训、文献资源检索培训等；第四，要通过走出去、请进来的办法，学习、吸收先进经验和做法，提高科技人员的业务素质和服务能力。

（四）加强创新研究

农业信息机构必须要牢固树立"有为才有位"的观念，主动出击，创新服务。

一是搞好科研机构内部力量的整合，要集中优势兵力，根据课题的专业需要，搞好技术力量的整合，力争在一个或几个学科领域，形成自己的创新优势和特色。二是要加强横向和纵向联合，鼓励和支持所与所、所与企业开展联合攻关，协同作战，力争尽快取得突破。建立全院农业信息资源共享机制。三是创新研究内容。要围绕制约山西农业发展的瓶颈问题，结合农业科技创新国家战略需求，追踪现代信息技术发展方向，开展移动互联网、物联网等信息技术应用于农业、农村领域的研究，开发适用性强、成本低、易操作的农业信息化应用系统和智能设备，加强信息资源建设规划，搭建面向全省的统一信息服务平台。同时，要面向农业科技创新和农业科技管理决策，加强数字文献资源推送和重点科研领域的情报深度分析，提高科技情报服务水平。四是要加强农业遥感、3S技术、农业电子商务研究，加强农业科技咨询、农业信息推广、农业信息分析和农业科研大数据分析工作，建立收集农业各学科会议PPT的机制。五是要搞好科研、教育、推广部门的三结合，力争在最短的时间内普及和推广应用农业信息学科的最新成果，推动山西农业经济的发展。

六、结束语

"十三五"时期，农业的基础地位将进一步凸显，农业信息化发展环境将更加优化，但科技创新和农业生产对信息学科的需求将更加迫切。农业科研院所应紧抓机遇，发挥人才队伍、科研项目和成果优势，加快自身发展，引领农业信息学科健康发展，开创中国农业信息化新局面。

适应发展要求，激发创新活力

(河北省农林科学院农业信息与经济研究所)

一、研究所基本情况

河北省农林科学院农业信息与经济研究所（以下简称农信所）创建于1986年，原名为农业科技情报所，2003年随着体制改革更名为农业经济研究所，2007年又改名为农业信息与经济研究所。现有职工37人，其中，研究员13人，副研究员8人；博士3人，在读博士1人，硕士12人。设有现代农业技术研究室、农业与农村发展研究室、农业信息研究室、计算机网络中心以及《华北农学报》、《河北农业科学》、《现代农村科技》编辑部等7个业务科室。

二、以推进河北省现代农业发展为目标，全面加强科技创新

农信所以推进河北省现代农业发展为目标，全面加强科技创新，围绕现代农业信息技术、农业科技信息和农业技术经济3条科研主线，具备五大科技创新能力。

(一) 主要灌溉作物智能化技术研究能力

基于粮食、蔬菜等主要作物研发高产高效、节水省肥、安全生产等智能化管理关键技术，提高支撑现代农业发展的技术能力，科研在农业生产的智能化控制上有所突破。

围绕水肥高效利用关键技术研究，涵盖从基础规律研究到关键技术研发、配套产品研发、信息技术智能调控研究、示范基地建设五大条块的系统研究内容，实现了理论上探索、关键技术创新突破、配套产品组装成套、多模式控制管理系统构建及信息技术示范基地初建。近年来承担粮棉果蔬高效补灌技术集成研究与示范、蔬菜高效用水关键技术研究集成与示范、主要灌溉作物简化调优智能化管理技术集成与展示等公益性行业科研专项、国家科技支撑计划、省科技支撑项目，逐步完善设施蔬菜与大田作物节水和智能管理技术研究平台，完成蔬菜根系研究室工程设计实施，初建室内样品测试小实验室，能够实现蔬菜动态根系的观察检测和水肥运移研究。

(二) 粮食作物资源高效利用与减灾技术研究能力

主持农业部行业专项"粮食作物抗灾群体优化与定向减灾技术研究与示范"、省

科技支撑计划"中低产田粮食作物水肥高效丰产稳产种植模式研究",全面参与"环渤海河北增粮技术集成与示范"、"河北省渤海粮仓建设工程"、等项目,重点开展大田作物中低产田资源高效利用集成技术研究、小麦—玉米两作农田水肥资源高效利用优化模式研究、小麦玉米滴灌高产高效集成技术研究、海河区域冬小麦低温灾害演变规律和黄淮海小麦、玉米机械化作业高效抗旱减灾技术研究等工作,获得近万个实验数据,构建了创新性关键技术模式,研发了小麦免耕全幅等深均匀撒播机、多轮水平镇压机、玉米深松全层施肥精量播种机等配套农机具,具备了构建了集成模式及有效防御技术体系。

(三) 农业信息技术研究与应用能力

建成了多个农业技术与经济数据库平台,从系统研发和数据平台建设阶段进入到数据分析和应用研究阶段。一是研发的信息管理系统进入应用。京津冀农田降水分析系统、多媒体资源管理应用系统、基于局域网的科技管理系统、河北省农业经济和种植业数据库、河北省农业面源污染普查数据库等已应用于农业部行业专项、"河北省渤海粮仓建设工程"等多个项目的数据分析与研究,拥有软件著作权1项,"华北作物布局灌溉耗水与区域水资源承载力适应性研究"荣获2010年度十大地质科技成果。二是积累了遥感自动分类技术的应用经验,探索了作物提取和区域配准的多种方法。硬件平台方面,近3年来完成国家农业科学数据中心河北分中心建设、农业科技信息服务、河北省农业科技多媒体信息采集与应用中心建设,具有全高清视频信息采集和处理能力。

(四) 农业农村发展与技术经济研究能力

围绕河北省农业产业、新型经营主体、农村与现代农业发展等领域,重点开展主要作物产业及技术经济研究。

针对农业发展方式的转变和新型农业经营主体的发展开展研究,近五年来先后承担农业部产业体系专项"谷子产业技术经济评价与谷子营养成分研究"、国家科技支撑项目"谷子杂种优势利用与示范"、"环渤海河北增粮技术集成与示范"、公益性行业专项"京津冀不同区域种植业节水潜力分析与优化方案研究"、河北省财政专项"河北省果树产业发展研究"、"河北省新型农业经营主体与多元化社会服务组织现状与发展需求研究"、"河北省蔬菜质量安全科研产出与发展研究"等各级科研项目,参研的"河北省粮食综合生产能力研究"获河北省社会科学奖一等奖,"河北省滨海平原农业资源评价与合理利用研究"获河北第十四届社会科学优秀成果奖二等奖,"河北省'两山一低'谷子产业发展战略研究"获河北省山区创业奖三等奖。在主要作物产业、技术经济研究中,承担了国家科技支撑、农业部行业专项和产业体系、河北省小麦玉米产业经济岗位体系等项目的综合效益及技术经济评价任务。

(五) 农业农村发展规划研究能力

农信所具备工程咨询单位农业丙级资质,针对农业面临的四个重大,以推动农业产业发展、优化农业结构、转变农业生产方式、促进农民增收、加快新农村建设为目标，与政府、企业和农户合作，主持编制《河北省环首都扶贫攻坚蔚县示范区建设规划》、《河北省易县百全卧龙现代生态农业园区规划》、《邢台经济开发区都市农业示范园区发展规划》、《崇礼县六号村跨越式发展规划》等多项规划，参与编制完成《昌黎县现代农业发展总体规划》和《河北省渤海粮仓科技示范工程行动方案》。其中，与蔚县政府政府合作完成的《河北省环首都扶贫攻坚蔚县示范区建设规划》，是河北第一个聘请高层次专家通过论证的扶贫攻坚示范区建设规划。

三、以服务产业发展、推进成果转化为重点，深入实施科技服务

围绕促进农业增效、农民增收、扶贫攻坚、发展现代农业等重大问题，依托"期刊+网络+声像+数据平台+信息技术产品+基地"六位一体的科技服务体系，配合实施3个"百千万工程"任务，全力服务"三农"、深入开展科技服务。

（一）围绕全省农业主导和特色产业，开展农业信息技术示范与展示

以生产管理智能化需求为重点，通过实施省农开办"设施蔬菜智能化节水灌溉技术集成与示范"、"设施蔬菜节水提质增效智能化调控管理技术示范"、"小麦玉米微灌节水智能化管理技术示范"和省山办"精品枣园建设与示范"等重点项目，依托蔬菜优质高效示范基地，巩固藁城市基地，发展赵县、饶阳等现代农业信息技术示范基地，新建饶阳设施蔬菜和小麦玉米智能化调控管理技术示范方和南宫冬小麦夏玉米节水高产技术集成示范方，结合集成技术，展示节水与智能管理示范。

（二）多途径开展农业科技信息服务

1. 声像服务

利用多媒体信息技术，制作完成高质量的农业技术课件，持续开展省内省际合作：与省委组织部合作开办"河北省农村党员干部远程教育平台"《专家谈农事》栏目，三年来累计制作农业科教片200期。与西藏自治区农牧科学院合作，多次派遣技术人员赴藏开展技术指导和课件制作，累计制作课件60部。制作渤海粮仓项目视频新闻信息、专家讲座、科教推广片等25集（条），近300分钟，拍摄视频素材2 000多分钟。配合省农科院重要工作为院及各研究所提供摄像服务，年均百次，制作纪录片近80部。

2. 网络、电子图书馆与查新检索

网络服务完成全院园区网络运行环境监测、设备维护和网站改版维护工作。电子图书馆负责CNKI数据库和CAB等外文文摘数据库新增数据购置及更新，利用本馆资源为院所科研人员提供专题服务。

具备农业部查新检索定点单位资质、获得国家级查新审核员上岗证书，承接课题咨询、引文检索、科技查新、立项检索、定题服务等工作。"十二五"期间，完成查新项目600余项，完成立项信息检索服务150余项，利用国外数据库为科技人员提供文摘信息检索近2万篇条。

(三) 期刊稳步发展

《华北农学报》为全国首家跨省、市、区多单位联办的农业学术刊物，由河北、北京、天津、山西、河南、内蒙古六省市区农科院、农学会联合主办，河北省农林科学院主管，其办刊宗旨为"促进学术交流，推动农业科技进步"。创刊以来多次荣获国家及省部级期刊奖。围绕打造"精品期刊"，工作做深做细，"精雕细刻"每一细节，在学术期刊农学排行榜（2013—2014）中由第17位提高到第8，影响因子、被引频次等评价指标稳步提高，争取到财政专项购置投稿系统，进一步规范了审稿流程。2015年日均全文下载量近5 000篇，最高日下载量突破8 000篇。

《河北农业科学》期刊始创于1992年，是由河北省农林科学院主办的综合性学术期刊（月刊）。全国统一刊号CN 13-1197/S，中国标准连续出版物号ISSN 1008-1631。本刊立足于农业，及时宣传报道农业科学研究成果，传递农业科学前沿信息，促进农业学术繁荣和成果转化，为广大农业战线的干部、技术人员以及技术型农民提供有效信息，提高信息利用率。本刊从培育作者群、打造特色专栏上入手，走访专家与一线科研人员，加强粟类作物特色专栏的建设力度，利用现代农业产业技术体系平台，拓展省内市级农科院优势、特色专业课题的合作，与北京世纪超星信息技术发展优先公司签订"学术期刊'域出版'合作协议"，并注册为"国际DOI中国注册与服务中心（学术期刊）"会员。

《现代农村科技》原名《河北农业科技》，创刊于1972年，由河北省农林科学院主办、全省近30家单位协办，2008年由月刊变为半月刊，是河北省最早创办的反映农业科技新成果、新技术、新经验的综合性期刊。刊物内容立足华北，面向全国。面对技术性期刊办刊的不利形势和现代多媒体的冲击，积极尝试发行新途径、开辟新栏目、扩充协作单位，以农村职业教育和农业科技示范户为突破口，与教育厅合作开辟了农村职业教育栏目，已成为部分县市成职教的订阅教材和部分农业科技指导员、示范户的科技读物，结合全院重点工作开辟渤海粮仓建设栏目，承担科技厅的科普项目，实现期刊对农村科技致富和农业科普及的引领作用。

（四）以规划编制为契机开展科技服务、促进成果转化

在主持编制规划过程中，结合当地农业发展基础，创新科技服务方式方法，多次邀请农科院粮油、果树、节水等领域专家赴保定易县南百泉村、邢台经济开发区、鹿泉市山尹村镇等地与龙头企业、生产大户研讨，为当地农业产业发展提供良种良法等科技支撑，促进我院成果落地转化，先后为其设计了现代农业科技示范、生态化休闲农园、农业科普教育基地等空间、功能布局，探索当地农业产业链发展思路和远景规划。

四、以开放办所为导向，增强对外合作交流的广度和深度

近年来，农信所依托现代农业创新团队和农业信息与经济创新团队，通过国家支撑计划、公益性行业科技专项等项目实质性合作，建立了产学研合作联盟，先后

与中国农业大学、中国农业科学院信息所、中国科学院遗传发育研究中心、中国水文水资源环境研究所、石家庄铁道学院、河南师范大学、山东农业科学院、河南农业科学院、河北农业大学、河北省气象科学研究所、河北省农技推广总站等11个大学、科研机构、推广部门建立了合作研究关系；与河北省国农灌溉公司、河北省博润科技有限公司、河北华威灌溉有限公司、河北方田科技有限公司等科技生产企业在智能灌溉产品研发方面建立了合作开发关系；与南非合作完成中南农业种质资源的交换、发掘与创新的合作研究——河北省小农户增收途径研究课题，并与南非福特海瑞大学建立了友好合作关系。从2012年开始，聘任中国农业大学康绍忠院士为现代农业团队特聘专家，开展实质性合作研究。

坚持以开放办所为导向，与国内外学术前沿接轨。组织科技人员参加了2014、2015年度中国农业展望大会、中国农学会科技情报分会年会、中国农业园艺学会蔬菜分会、京津冀一体化水资源论坛、河北省农业系统工程学会、耕作学会、农业部科技发展中心组织的农业科技创新管理能力提升等国内外学术交流；为推进京津冀农业联动发展，促进三地农业经济研究领域的合作，与北京市农科院农业综合发展研究所、天津市农科院农村经济与区划研究所合作开展京津冀农业研究，广泛开展技术、成果、项目、人才等交流与合作。

五、以人才培养为核心，开展科研团队建设

一是工程咨询团队建设。着力培养有能力、有水平、有干劲的咨询师人才，构建了层次合理、专业配套、创新活力和团结协作的工程咨询团队，现已培养注册咨询工程师4名，在读备考人员5名，咨询团队的创新能力不断提升，人才梯队日臻完善。

二是借助大项目培养科研队伍。农业经济、农业信息以及现代农业等研究方向的科技人员已全面参与到"京津冀种植业高效用水可持续发展关键技术研究与示范"、"河北省渤海粮仓建设工程"等大项目中来，在产业经济评价、农业多媒体制作、GIS应用等方面积累了丰富的经验，稳定了科研人员队伍，锻炼、培养了一批中青年科技人员。

三是培养了一批"立地"型科技服务专家，转化自研知识型成果，深入生产一线开展服务，多人获科技服务、科技扶贫先进个人荣誉称号。

四是课题研究向青年人才侧重，给青年科研人员提供足够的施展才能的空间。大项目大课题配备青年科研骨干作为第二主持人，所里有自主权的课题力争向青年人才倾斜，带动青年人才参与科学研究的全过程。近年来，已有多名青年科研人员由后台走向前台，承担大项目的第二主持或独立申请主持课题。

五是打造良好环境，培养学术氛围。研究所举办所暨创新团队学术交流年会，由青年科技人员分别就各自的研究领域进行了学术交流汇报，激发了科研人员科技创新的动力和热情，形成了集体创新的凝聚力。

六、近年来主要获奖成果

序号	成果名称	授奖类别	奖励等级
1	肉鸡球虫病综合防控体系推广应用	2008—2010年度全国农牧渔业丰收奖（农业技术推广成果奖）	二等奖
2	抗枯、黄萎病品种冀棉616配套技术推广	2011—2013年度全国农牧渔业丰收奖（农业技术推广成果奖）	二等奖
3	蔬菜节水灌溉技术应用推广	2011—2013年度全国农牧渔业丰收奖（农业技术推广成果奖）	三等奖
4	蔬菜全覆盖栽培根层灌溉节水关键技术及配套设备集成研究与示范	河北省科技进步奖	二等奖
5	华北灌溉农田减蒸降耗增效技术集成与示范	河北省科技进步奖	一等奖
6	蔬菜节水关键技术集成与推广	河北省科技进步奖	三等奖
7	河北省粮食综合生产能力研究	社会科学奖	一等奖
8	燕山山区科技引领农业发展方式转变的典型示范	河北省山区创业奖集体奖	一等奖
9	农业科技创新对河北省农业经济增长的作用	河北省农林科学院科学技术奖	三等奖
10	华北作物布局灌溉耗水与区域水资源承载力适应性研究	2010年度十大地质科技成果	
11	河北省滨海平原农业资源评价与合理利用研究	河北第十四届社会科学优秀成果奖2012-2013	二等奖
12	冷凉区蔬菜三节一增集成技术研究与应用	河北省山区创业奖	三等奖
13	河北省"两山一低"谷子产业发展战略研究	河北省山区创业奖	三等奖
14	石家庄市科学技术十一五规划实施效果评价及十二五规划编制研究	科学技术奖	二等奖
15	冷凉区域蔬菜"三节一增"高效技术应用	河北省农林科学院科技成果奖	三等奖
16	冬小麦硒素吸收积累特性及其富硒技术的研究	河北省农林科学院科技成果奖	三等奖

续表

序号	成果名称	授奖类别	奖励等级
17	河北省谷子产业现状调查及发展战略研究	河北省农林科学院科技成果奖	三等奖
18	蔬菜节水关键技术及配套设备集成研究与示范	成果鉴定	国际先进
19	设施蔬菜节水减病技术推广	成果鉴定	国际先进
20	石家庄市蔬菜质量跟踪与安全管理体系研究	成果鉴定	国内领先
21	石家庄市优势农业主导产业推动县域经济发展研究	成果鉴定	国内领先
22	河北省谷子产业现状调查及发展战略研究	成果鉴定	国内领先
23	蔬菜节水灌溉集成技术标准	成果鉴定	国内领先

七、"十三五"总体发展思路

（一）加强科技创新

建成在全省具有较大影响的农作物生产现代农业关键技术智能化创新中心，农业科技信息化服务平台、种植业技术经济分析中心和农业工程咨询中心等，促进全所综合科技实力在全国同行位次有明显提升。

（二）加深科技服务

重点依托农业科技信息服务分中心、工程咨询团队、网络平台、期刊、现代农业技术示范展示基地等开展科技服务工作，显著提升农信所的社会服务影响力。

力争在全省建成一个具有较大规模的技术信息化服务平台，同时围绕重点学科在省内建立现代农业技术应用示范展示基地（点）1~2个。

（三）促进成果转化

结合科技创新与科技服务工作，加强专利权、著作权等科技成果知识产权保护意识，促进具有实用价值的科技成果转化，促进科技与经济的结合，提高经济效益、社会效益和保护环境、合理利用资源。

（四）深化团队建设

强化人才培养和引进的管理工作，深化科研团队建设。一是围绕重点学点培养具有社会影响力的中青年科技人才3~4名。二是稳定科研人员队有科技人员培养、培训制度，提高科研人员整体业务能力和素质。

适应新常态，不断创新突破

(山东省农业科学院科技信息研究所)

一、基本情况

(一) 职能和任务

山东省农业科学院科技信息研究所是开展农业信息技术研究和提供公共信息服务的省级公益一类科研机构，独立法人，主管部门为山东省农业科学院，主要从事科技信息收集整理、研究工作，开展农业信息技术和网络技术研究，建设管理农业科技信息平台，面向社会开展信息咨询和文献查新服务。

(二) 机构与人员

设管理机构3个，包括综合办公室、财务科、科研管理科。专业研究室8个，其中，公共信息服务类5个，包括期刊编辑研究室、科技查新检索研究室、网络管理中心、多媒体声像研究室、院图书馆（文献资源中心）；农业信息研究类3个，包括⋯⋯研究室、农产品监测预警研究室、精准农业研究室。现有在职职工52人，⋯⋯工44人、代管人员2人、外聘6人，具有正高级职称9人、副高级职称15人，5人具有博士学位。

⋯⋯学院创新大楼，面积约3 000平方米。投资500余万元建设了⋯⋯实验室，其中，山东省农业物联网工程实验室获得山东省⋯⋯信息学科发展提供了坚实的科研条件支撑。建有先进的网⋯⋯内外网络运维。是科技部农村信息化示范基地、农业⋯⋯农业科学院黄淮海数字农业研究中心、国家农业科学⋯⋯山东省农村信息化产业技术创新战略示范联盟、山⋯⋯省委组织部确定的山东省农村党员干部现代远⋯⋯批准的硕士研究生联合培养基地。

1959年2月山东省人民委员会批复成立

的图书资料情报室（隶属院办公室）。历经20年，1979年6月山东省革命委员会计划委员会批准建立山东省农业科学院情报资料研究所，下设办公室、编辑室、资料室和图书馆，1984年增设情报室。1992年8月，山东省编制委员会、山东省科学技术委员会批准将山东省农业科学院情报资料研究所更名为山东省农业科学院科技情报研究所。2003年6月，更名为山东省农业科学院科技信息工程技术研究中心。2013年6月，省编委批复更名为山东省农业科学院科技信息研究所。

三、业务方向

目前，所承担的工作主要分为两部分，一是传统的公共服务，二是农业信息研发。随着事业不断发展，工作重点逐渐从单一的公共科研服务向公共服务与农业信息研究并重转变，科研和服务创新能力不断提升。

（一）公共服务

主要开展公共科研服务，服务内容包括网络、图书、期刊出版、科技查新、多媒体声像等。根据工作需要设置了网络管理中心、期刊编辑研究室、科技查新检索研究室、多媒体声像研究室、图书馆（文献资源中心）等机构。近年来，不断创新服务方式，丰富服务内容，提高服务能力，为保障科研强院提供了有力支撑。

（二）农业信息研究

农业信息工程学科作为新兴学科，经历了从无到有不断发展壮大的过程，尤其是"十二五"以来，科研创新能力得到明显提升。承担的科研项目数量、经费实现跨越式增长，建设了农业信息工程实验室，组建了具有较强创新能力的科研团队。设立了农业物联网研究室、农产品监测预警研究室、精准农业研究室。

四、重点领域

围绕公共科研服务和农业信息学科建设，重点在以下几个领域开展工作。

（一）公共信息服务能力建设

1. 农业科技文献资源共享服务

创建农业科技文献资源共享服务中心、科技查新数字业务平台，开展科技文献资源共享与传递、科技查新咨询等工作，为全院科研工作再上台阶提供文献支撑。开展科技期刊学术影响力的评价体系、全媒体时代科技期刊编辑出版的体制机制创新及提升期刊质量措施等研究。

2. 网络运营管理服务

针对农业科研机构特点，研究建立建立信息系统安全等级保护制度，并根据科研需要，动态管理硬件设备，增强各类信息系统及软硬件的可用性，实现网络服务的可持续性发展。

3. 农业多媒体制作与传播服务

收集、整合多种农业科技视频资源，开发农业多媒体数据库；开展农业动漫制作技术、虚拟现实技术研究，开发虚拟远程培训系统。

（二）农业信息工程学科建设

1. 农业物联网技术与应用模式研究

主要开展农业信息感知、农业数据传输以及农业智能决策等方面的关键技术研究、软硬件系统研发和产业化应用模式探索。重点围绕大田种植、设施园艺、畜禽养殖、水产养殖、农产品物流等五个领域，进行农业物联网相关理论、方法与技术的深入研究和创新突破。

2. 农业监测预警与风险评估研究

主要开展农业信息监测、分析与预警等领域的基础理论、方法与技术创新研究工作。重点围绕主要农产品生产、消费、市场等环节的信息监测、信息分析、信息采集设备与终端分析处理系统等领域进行研发，构建农产品信息监测预警系统，实现农产品信息监测分析的标准化、及时化和精准化，促进农业信息分析与预警工作的智能化，为政府部门适时提供科学决策依据，为农业从业者提供预警信息服务。

3. 精准农业研究

主要开展精准农业信息获取与解析、管理决策与处方生成、智能装备与精准作业等关键技术研究、软硬件系统研发与集成应用，并示范推广。重点围绕精准种植、精准园艺、精准养殖、精准加工和精准灌溉等五个领域，开展农情智能检测、采集与处理，智能化农作，精准化加工的技术集成创新研究。

4. 数据资源整合与服务平台及模式研究

主要开展农业农村信息服务关键技术研发、系统集成、平台建设、模式探索等研究，重点研究基于大数据、云服务、移动互联等技术的数据资源整合共享、个性化与精准化信息服务，研发实用性应用系统和平台，进行规模化推广应用；研究提供农业农村信息化整体解决方案，开展信息咨询服务，探索农业农村信息化发展机制和模式。

五、科研进展与成果

（一）总体进展

先后承担国家863、科技支撑、星火计划及山东省自主创新、科技攻关等国家和省级各类科研项目近百项，取得了一批研究成果。科研创新条件平台建设取得重要突破，建设了农业信息工程实验室、省农业物联网工程实验室。农业信息研究方向进一步丰富，人才配置日趋合理，科研创新能力不断提升。作为理事长单位牵头成立了山东省农村信息化产业技术创新战略示范联盟，进一步确立了本所在全省农村农业信息化研究应用领域的领军地位，搭建了联合全省农村农业信息化领域的科研单位、政府、企业等合作交流的重要平台，为促进农村农业信息化研究发展提供了载体。

（二）主要成果

经过几十年特别是近几年的积累，在农业农村信息化研究应用领域先后获得各类科技奖励30余项，获得专利、计算机软件著作权、地方标准等各类知识产权60

余项。"十二五"以来取得的几项重要成果简要介绍如下。

1. 山东省农村农业信息化综合服务平台

作为主要单位参与了由国家科技部、工信部、中组部联合推进的山东省国家农村农业信息化示范省建设工作,承担了示范省核心内容——山东省农村农业信息化综合服务平台的建设和运营工作,取得显著成效。已经成为整合全省资源、开展技术研发与应用、高效服务三农的不可或缺的重要平台。2013年11月27日,中共中央总书记、国家主席、中央军委主席习近平现场视察平台建设情况,给予充分肯定。"山东省农村农业信息化综合服务平台在省农科院投入运行"被评为2013年度山东省十大农业科技新闻。

2. 12396绿色之声对农直播间

科技部、工信部共同推进12396公益服务热线,山东是首批试点省份,于2008年在本所建设了省级呼叫服务中心并正式开通热线服务,在服务三农方面发挥了重要作用。2013年,进一步创新服务模式,与山东广播电视台、齐鲁网联合打造了"12396绿色之声"对农直播间,改变了传统电话"一对一"模式,通过新闻媒体直播,将农业专家解答的问题直接传递到千家万户,实现了"一对N"服务。12396绿色之声对农直播间架起了新时期农民与专家、农民与市场、农民与政府互动沟通的直通桥,形成了联合推进农村信息服务的工作机制,对推动山东省农业农村信息化工作具有重要意义。"12396绿色之声对农直播间在山东省农业科学院开播"被评为2014年度山东省十大农业科技新闻。

3. 山东省农业物联网工程实验室

2014年山东省发改委批复建设"山东省农业物联网工程实验室"以来,重点开展了农业物联网领域关键技术和产品研发,建立了与科研单位、大学、IT企业、农业龙头企业、农村合作组织等联合研发与推广工作机制,显著提升了创新能力。主要面向山东省优势农业产业需求,研发了适用于设施蔬菜、畜禽、水产等的系列化农业物联网系统和产品数十种,进行了较大规模示范应用,为促进山东省优势农业产业提质增效发挥了重要支撑作用。

六、公益服务

(一)山东省农业科学院图书馆

现有书库350平米,采用密集架结构,收藏各类纸质文献18万册,建有馆藏书目数据库8万余条。承担着全院科技文献资源建设及服务工作,是全院科技创新基础平台的重要支撑。结合强院建设提升工程,购置了中外文全文数据库,引进读秀、百链等具有全文传递功能的数据服务,基本形成了以农业、生物学科为主、涵盖全院所有学科的中外文电子数据库平台,基本满足院科研人员需求。

(二)科技查新与检索服务

建有科技查新检索研究室,是农业部确定的全国第一批农业科技查新检索单位、山东省科技厅确定的省级科技查新咨询单位。面向全省科研机构、农业院校、企业等研究人员开展科研立项、成果鉴定及申报奖励的查新咨询服务工作，出具的查新报告具有权威性、公正性、客观性，查新报告质量多次受到上级主管部门的表扬。

（三）网络管理与服务

建有网络管理中心，承担全院网络建设和运行维护工作。全院网络始建于2000年，随着全院基础设施建设的不断发展，院网络平台也不断发展壮大。院局域网实现千兆以太主干连接、千兆到桌面。目前，正在投资建设院办公内网，进一步提升科研、办公网络安全水平。

（四）多媒体声像服务

为院重大活动和科研、推广、服务工作保存了大量珍贵的视音频资料。同时承担农业科技片、专题片、广告片等各种电视专题片拍摄制作工作。是科技部课件资源提供方，制作了大量优秀农业多媒体课件，及时准确报道农业科技新成果、新技术，促进了科技成果的转化，为农业科技宣传与推广做出了贡献。

七、期刊出版

开展科技期刊对提高科研创新能力的作用研究。负责编辑出版综合性农业科技期刊《山东农业科学》，创刊于1963年10月，是全国省级农业科学类期刊创刊最早的刊物之一。创刊50多年来，始终坚持"报道农业科技成果，传播农业科学技术，促进农业科技交流，推动农业科技进步"的办刊宗旨。经过几代人的共同努力，办刊质量不断提高，刊物影响因子逐年提升，影响力由小到大，办刊水平达到了国内同行业一流水平。影响因子连续位列全国省级农业科学类期刊的前三位，核心版影响因子一直位列省级农业科学类核心期刊前两位。

1987、1996、2000、2004、2006、2008、2012年分别获得山东省优秀期刊；2001年获得中国期刊方阵双百期刊；2002、2004、2008年连续获得第三届、第四届和第五届全国农业优秀期刊一等奖；2012年获华东地区优秀期刊；2007年以来，一直被评选为中国科技核心期刊。

八、国内外合作

坚持"走出去，请进来"，不断加强与国内外各类科研机构的深入交流与合作。先后选派科研人员赴美国、加拿大、韩国、德国、荷兰等国家开展国际合作交流，邀请国外专家来所进行学术交流，与国外科研机构建立了长期合作关系。注重加强与中国农业科学院、中国农业大学等国家级科研机构与团队的合作，联合共建实验室，联合承担重大科研项目，建立了紧密的合作研究机制。与山东省各市农科院开展了多层次合作。同时，加强了与农业龙头企业、合作社、家庭农场等的对接与交流，针对其实际需求开展研究，并利用信息化手段开展专业化服务，有效推进了成果转化。

九、发展设想

"十三五"期间,将深入贯彻落实习近平总书记视察重要指示精神,紧紧围绕农业领域创新驱动战略和"四化同步"的科技需求,立足山东,加强合作交流和协同创新,力争打造国内一流的农业信息工程学科和科研公共服务平台,建成"优势突出、特色鲜明、国内一流"的省级强所。重点在以下几方面开展工作。

(一)提升科研创新能力

根据国家、省重大科技部署和现代农业发展技术需求,启动实施农业信息工程学科建设提升计划,进一步巩固和打造优势学研究方向。调整优化学科布局,加强各相关专业领域的集成与融合,完善学科内部人员结构,按照"学科—项目—平台—团队"一体化模式,有针对性地强化完善学科薄弱环节,优化研究方向布局。

坚持开放办所方略,构建"外引、上接、横联、下合"的协同创新体系。"外引"国际先进理念、先进成果、先进技术,着力提升引进消化吸收再创新能力。"上接"国家级科研教学单位,深入对接承担重大科研课题的国家创新团队,提高研究水平;"横联"省内农业高校和科研院所,围绕重大关键共性问题开展协同攻关,加强与院内各优势学科的对接;"下合"各地分院、农业龙头企业和新型农业经营组织等,提高科技创新针对性,促进成果落地转化。

(二)加强基础条件建设

以农业信息工程实验室为基础,不断提升科研实验条件。深化与国家级科研机构合作,共建联合实验室;深化与农业企业合作,共建研发中心。

科技服务平台建设。加强科技文献资源共享平台建设,做好数据库引进完善及利用,为科研创新提供文献资源信息服务。建设完善省级农村农业信息化综合服务平台,面向"三农"开展科技信息服务,推广农业科研成果。

加强与农业龙头企业、园区等合作,建设农业信息化试验示范基地,进行农业信息技术研究成果的中试和示范应用,发挥示范引领作用,加速农业信息技术的推广应用。加强与家庭农场、种养大户、合作社等基层农业组织对接,建设基层信息服务站点,开展公益性科技信息服务,使其成为技术成果宣传推广的重要桥梁。

(三)加快打造核心竞争力

围绕学科发展需要,有重点地面向海内外引进高层次人才及高水平创新团队,重点引进农业信息工程学科领域学科带头人、青年拔尖人才等,通过高层次人才的引领和带动作用,全面提升自主创新能力和核心竞争力。创新管理体制模式,以创新团队管理为中心,以科研骨干为主体、以科研辅助人员为补充,组建结构合理、分工明确、团结协作、运转高效、竞争力强的优秀创新团队。完善考评体系,提高学科团队的自主创新活力和整体运行效率。定期选拔青年骨干到国内外权威科研机构访学研修,提升科研创新能力与专业技术水平,加快优秀青年人才的成长步伐,为高层次人才队伍建设做好人才储备。扩大科研创新流动层规模,提高流动层创新水平,形成一支出入有序、富有活力的科研创新流动层群体,成为科研创新工作的有效补充力量。

继往开来　开拓创新

河南省农业科学院农业经济与信息研究所基本情况与发展设想

（河南省农业科学院农业经济与信息研究所）

河南省农业科学院农业经济与信息研究所（简称"农经信息所"），隶属于河南省农业科学院，于2000年3月由农业科技信息研究所和农业经济农业区划研究所合并而成。在院党委的正确领导下，农经信息所始终坚持以服务"三农"为己任，以科技创新为中心，以出大成果、出大效益、出高水平人才为目标，走"服务科研并重，开拓和谐创新"发展之路。

一、科研力量

农经信息所现有职工145人，其中，离休5人、退休59人、在岗人员81人（其中，全额事业编制55人、聘用26人）。在编人员中专业技术人员49人，其中，研究员10人、副研究员13人。内设农业信息化技术室、农业经济室、《河南农业科学》编辑部、科技查新与声像网络中心、农业科技信息分析室、图书馆、办公室等。河南省信息协会农业信息分会、河南省农学会农业信息技术专业委员会等挂靠本所。

（一）农业信息化技术研究室

农业信息化技术研究室于2007年由原农业信息技术研究室（1999年成立）和区划研究室（农业遥感中心，2003年成立）整合而成，农业遥感中心、农业信息化技术重点实验室挂靠本室。研究室主要任务是针对我省农业和农村信息化建设的重大需求，重点围绕作物生长模型、农业遥感技术与地理信息系统、决策支持系统、农业物联网等4大方向，进行科技创新、技术平台构建，为我省乃至全国农业农村信息化建设提供有力的技术支撑。

现有在职科研人员22人，其中，研究员4人、副研究员2人、博士8人；农业信息化技术方向硕士研究生导师1人。先后购置了植物冠层数字化分析仪、Cropscan多光谱辐射仪、DVB-S平台遥感图像广播接收子系统、物联网监控平台、智能灌溉系统、ERDAS IMAGINE 2011遥感图像处理软件、低空无人机遥感平台等软硬件科研设施，并在河南省农业科学院现代农业科技试验示范基地建立了30亩精准农业试验基地。

研究室先后承担了国家"863"计划、国家自然科学基金、国家科技支撑计划、国家"十五"重大科技专项、国家对地观测重大科技专项、国家农业遥感中心遥感监测、国家科技成果转化、河南省杰出青年科学基金、河南省杰出人才创新基金、河南省重大科技专项、河南省科技重点攻关等省部级以上项目50余项，在农业系统过程模拟及数字化关键技术、遥感技术在农业中的应用、农村与农业信息化战略与服务、农业智能决策支持系统研发等方面形成了特色和优势。"十一五"以来，共获得河南省科技进步二等奖5项，三等奖2项；在《中国农业科学》、《农业工程学报》等核心期刊发表学术论文70余篇；获得软件著作权登记5项。

（二）农业经济研究室

农业经济研究室于2007年由原农业经济研究室和技术经济研究室整合而成，农业项目咨询评估中心挂靠本室。

主要从事农业技术经济、农村产业经济、农业现代化、区域经济发展、土地资源经济等方面的研究工作，先后获省部级科研成果20多项，发表论文260余篇，编著书籍12本。现有职工26人，其中研究员2人、副研究员5人，博士4人。

"十五"以来，主要开展了河南省农业产业发展科技创新支撑体系建设、河南现代农业发展、农业产业化进程中农民利益保障、农业科技创新和科技进步、成果转化和科技园区发展等问题的系统研究。主持完成了国家"十五"重大科技专项"食品安全关键技术应用的综合示范研究"以及省部级重点科技攻关项目等20余项科研项目。当前正对河南新型农业现代化发展、农业产业集群建设、新型农业经营体系构建等问题进行研究。

挂靠在农业经济研究室的"河南省农业科学院农业项目咨询评估中心"是根据农业发展和培育壮大科技咨询产业的需要，于2002年成立的具有工程咨询甲级执业资质的咨询服务机构。

（三）《河南农业科学》编辑部

《河南农业科学》编辑部主要承担《河南农业科学》的编辑出版和《华北农学报》河南稿件的编辑加工任务。《河南农业科学》是河南省农业科学院主办的综合性农业科技期刊，1972年创刊，原名《河南农林科技》，1986年改为现名。目前为月刊，每期160页。主要报道农作物遗传育种和栽培、农业资源与环境、植物保护、园林园艺、畜牧兽医、农产品精深加工和食品安全、可持续农业、农业工程与农业信息技术等方面的新成果、新技术、新进展、新工艺、新理论。

2011年《河南农业科学》实现了CNKI优先数字出版，面向全球4 000万用户即时发行传播。目前期刊用户分布北美、澳洲、西欧、日本、韩国、东南亚等16个国家和地区，个人读者分布13个国家和地区，国外高端用户机构有哈佛大学、普林斯顿大学、法国国防部，日本、韩国、新加坡国家图书馆等。

（四）科技查新与声像网络中心

科技查新与声像网络中心承担着农业科技查新、院多媒体技术服务及院网络服务三方面的任务。

自1995年被国家农业部评审认定为第一批重点农业科技查新检索单位以来，农业科技查新、情报检索工作取得了较为突出的成绩，完成查新项目数量总体逐年稳步上升。专业的科技查新队伍竭诚为全省涉农机构、团体及个人提供科研立项、成果鉴定、成果验收、项目评估、成果转化、申报奖励、新产品鉴定等各类查新及文献检索服务。

现代媒体传播中心始建于1983年。主要承担河南省农业科学院重大活动、科研项目以及交流互访等任务的录制报道工作；为河南省农科院各处室、研究团体提供影像等多媒体技术服务；搜集和保存农业科研、文化等影像资料、多媒体文档等。30年间，媒体中心整理保存河南农业相关历史、科技资料近万分钟；"十二五"以来，先后参与河南省党员远程教育教学资源库建设、《农事早知道》栏目网络直播、河南省农科院重大活动报道、宣传片制作、河南农业科研成果申报等服务，共计制作农业类技术指导、成果应用等专题片百余部。

网络中心自1996年建成以来，主要任务是保障河南省农业科学院局域网的网络运行安全、应用系统的网络数据安全、服务器的运行维护。目前，院局域网以千兆光纤冗余双链路为主干，对外连接有3条百兆光纤，分别通过中国联通、电子政务外网联入互联网，联网用户数量为1 000多个。整个局域网稳定、安全、高速，能充分满足全院科研管理工作需要。网络中心拥有先进的网络设备、丰富的网络资源及较强的技术开发能力，除了为全院提供互联网接入、web服务、大容量电子邮件服务、数据库服务、FTP、OA办公等应用服务，还对外提供服务器托管、虚拟空间租用、局域网组建、网页制作、软件开发和优质的网络管理及维护服务。

（五）农业科技信息分析室

农业科技信息分析室成立于2007年，承担《种业导刊》、《农业科技决策信息》的编辑出版，并开展种业科技热点与前沿问题的报道，种业科技信息资源建设、种业竞争情报采集，并以此为基础开展种业科技信息分析研究。

（六）农业图书馆

河南省农业科学院图书馆始建于1948年，其前身为河南省开封农业试验场图书资料室，是河南省最大的农业科技文献与信息服务机构。现有藏书（包括资料）29万余册，中外文现刊600余种，电子图书9万余册。1996年4月，全国农业系统首家农业科技文献光盘网络在河南省农业科学院图书馆成立，通过该网络可以检索到图书馆收藏的各种电子文献。该网络的建成标志着我院图书馆向现代化图书馆的转变的开始。图书馆的文献信息资源经过长期的建设与发展，形成了以农业、生物为主体的多类型、多载体的馆藏体系。目前，图书馆已经形成了比较完善的服务体系，可以为用户提供多种信息服务。

馆内现设中、外文期刊阅览室、典藏流通部等为开架半开架服务，并向社会开放，院内外读者只需办理阅览证或借书证，便可借阅所需资料。图书馆有CNKI中国知网数据库总库、维普中文科技期刊全文数据库、万方中国科技成果数据库、数字图书；Science Direct 数据库、Springer Link 全文期刊库、CAB 文摘数据库、万方外文文摘数据库等多个中外文数据库，供用户查询检索。

（七）办公室

办公室是所党总支和行政的综合办事机构，主要工作职能包括根据研究所在不同时期的中心任务，积极发挥参谋、协调、服务的作用，贯彻落实各项工作；协助所领导处理日常事务，协调研究所各科室的工作；承担研究所重要会议的组织工作；负责日常接待、信访和秘书服务工作；负责全所公文处理和档案工作的管理工作；负责研究所对外宣传工作等。

二、发展历程

农经信息所其前身可追溯至 1959 年成立的农业科技情报室，乃至 1958 年成立的农业经济系。

1958 年 3 月，河南省人民委员会批准，河南省农业试验场改称为河南省农业科学研究所，时设农业经济系；之后，院、所称谓反复变更，农经系时设时撤，直至 1980 年 6 月设立河南省农林科学院自然资源调查和农业区划研究所，1984 年更名为河南省农业科学院农业经济农业区划研究所。

1959 年 12 月，河南省人委批准，河南省农科所更名为河南省农科院，时设农业科技情报室；之后，院、所名称几经变更，情报室时有时无，直至 1965 年变更为河南省农科院情报研究所；1970 年 1 月，变更为河南省农林技术服务站情报组；1971 年改称为河南省农科所情报研究室；1974 年 6 月，改称为河南省农林科学院科学技术情报研究所；1980 年 6 月改为情报研究所；1982 年易名为科技情报研究所；1984 年变更为河南省农科院科技情报研究所；1996 年 1 月，改为农业科技信息研究所。

2000 年 3 月，农业经济农业区划研究所（建于 1980 年）与农业科技信息研究所（原名科技情报研究所，建于 1974 年）合并，成立农业经济信息研究所。

2006 年 12 月，更名为农业经济与信息研究中心。2012 年农业经济与信息研究中心正式更名为农业经济与信息研究所至今。

三、主要成绩

近年来，农经信息所不断创新理念、解放思想，贯彻执行"服务立所、科研强所、产业富所、人才兴所"的发展思路。现就我所科研服务、科学研究、产业发展、人才培养、和谐建设等方面情况，介绍如下。

（一）服务手段有效增强　服务水平明显提升

认真做好科研服务工作是"立所之本"，我所的科研服务工作主要包括图书文献、期刊出版、科技查新、声像传媒与信息网络等。

近年来，我所农业图书馆服务手段更加先进，服务能力有效增强，服务水平明显提升。主要体现在4个转变：①馆藏文献由纸质文献向电子出版物和纸质出版物并存转变；②服务手段由手工操作向通过微机进行信息化管理与服务转变；③由单纯文献借阅服务向信息咨询服务为主导的多元化服务转变；④资源利用由单纯为省院服务向全省农业科研系统资源共享转变。

目前，农经信息所承担有"三刊一参"的期刊出版工作。①《河南农业科学》：坚持正确的办刊方向，持续提高选题质量和标准化、规范化程度，国内影响力和知名度大幅提升、影响因子显著提高，已成为河南省乃至全国农业学术交流和成果展示的重要平台。2000年以来，《河南农业科学》连续4次被评为"全国中文核心期刊"，连续被评为"中国科技核心期刊"、"中国农业核心期刊"，先后被遴选为"中国科学引文数据库（CSCD）"来源期刊、RCCSE中国核心学术期刊（A^-），同时还被CAB Abstracts数据库收录。2001年进入"中国期刊方阵"，被评为双效期刊。②《种业导刊》：坚持"服务种业"的办刊理念，积极宣传"种业"、推广"种业"，坚持以服务种子产业和种子企业为宗旨，宣传国家种业政策法规，报道种子产业发展方向和种子科技信息与技术。通过树立精品栏目意识、提高办刊质量、创建"种业在线"等工作，影响力明显提升，在中国科技信息研究所2014年发布的《中国科技期刊引证报告》中，《种业导刊》的影响因子为0.768。③《农业科技决策信息》根据决策层用户的信息需求，突出反映农业科技与经济发展中出现的新技术、新动态、新问题、新思想、新举措，重点报道各级领导及专家关于农业科技与经济发展的指导性意见、国内外农业科技与经济发展动态信息，发挥信息在决策和管理中的启迪、指导、参考和借鉴作用。强调报道主题的宏观性、权威性，以赠阅方式发放至省内各级科技、农业行政主管领导，农业推广、科研、教育系统专家，以及农业开发、扶贫等部门。累计发行450多期，80多万份。其中，原分管农业的刘满仓副省长曾对办刊形式与内容给予充分肯定，并对刊发的"关于加快河南省农业发展方式转变的思考"一文做出批示。

科技查新工作为科研立项和科技成果的鉴定、评估、验收、转化、奖励等提供客观依据，为科技人员进行研究开发提供可靠而丰富的信息；2008年开始，能够检索到更加全面的专业学科文献资源，进一步拓宽了查新课题的学科范围。近年来，每年的查新业务量均在220项以上，出具的查新报告能够满足客户申报各个级别（各系统、地市、省、部、国家等）的农业科技成果奖励、项目评估、项目申请等需求。中心通过设备更新，改善服务条件，服务技能有了较大提高，一方面为院重大政治、科研、外事活动等提供优质服务，另一方面积极做好对院重点课题的跟踪服务，是院科研管理、技术开发、示范推广和办公自动化等工作不可缺少的重要平台之一。

（二）科学研究硕果累累　科技产业快速发展

"十五"以前，农经信息所的科研工作主要是农业经济与区划研究，当时农业信息化技术研究刚刚起步，主要开展作物模拟模型研究及农业信息化建设方面的软科学研究。目前，已形成农业信息化技术研究和农业经济研究两大学科，主要开展农业信息化理论和农业信息技术应用研究、农业宏观经济政策和农业技术经济研究，为各级领导和有关部门提供决策参考，促进农业和农村经济发展。

"十一五"共完成科研课题106项，其中，国家重大专项、863计划项目、国家科技支撑重大项目、国家软科学重大项目等国家级课题10余项；共获得各类科研成果奖28项，其中，省级科技进步二等奖7项、三等奖2项；在《中国农业科学》等国内知名期刊上公开发表论文160余篇，出版专著4部，获得软件著作权5项；先后建立了河南省农业科学院"农业项目咨询评估中心"、"农业遥感中心"、"农业信息化技术重点实验室"等科研平台。

"十二五"以来，借助"国家农村信息化示范省建设"迎来了农业信息学科发展的春天，我们及时抓住这一前所未有的重要历史机遇，积极参与信息化示范省建设顶层设计和实施工作，成效显著，共完成科研课题66项，其中，国家重大专项、国家重大基金项目等4项；共获得各类科研成果奖34项，其中，省级科技进步二等奖3项、三等奖4项，河南省农科系统科技成果一等奖4项、二等奖3项，省科技情报成果一等奖4项、二等奖2项；在《中国农业科学》等国内知名期刊上公开发表论文110余篇，出版专著2部，获得软件著作权9项。

经过多年探索和发展，农业经济与信息学科找到了一条"为领导决策参考、为企业决策服务"的科研成果转化之路，科技咨询产业迈出坚实步伐并实现快速发展。在领导决策服务方面，近年来为省委、省政府起草规划、意见、建议等20余项，如《河南省国家农村信息化示范省建设方案》、《国家粮食战略工程河南核心区建设规划刚要》、《河南省省委、省政府关于进一步推进农业产业化经营的意见》等。在为地方政府制定发展规划和为企业投资咨询服务方面，开展具有科研性质的县级规划30余项，内容涉及"三化"协调发展试验示范区建设、国家农业科技园区等；企业投资咨询服务主要完成了国家农业综合开发财政投资参股经营项目、国家农业综合开发产业化经营项目等，共完成企业投资咨询项目300多项。2013年咨询收入约700多万元，较2013年增长30%以上。新近改制成立的河南省天下粮仓信息技术有限公司，2014年正式运营，在农业物联网技术开发与经营方面，已形成技术研发团队13人，2014年实现收入100余万元。

（三）人才培养成绩斐然　和谐建设成效显著

根据"人才兴所"的发展思路，农经信息所持续实施引进人才和培养人才相结合的人才队伍建设规划。着眼于全所职工学历提升和素质提高，在注重高学历人才引进的同时，采取一系列措施加强对在职人员的培养，如：鼓励在职人员继续深造、设立所青年科研基金、提拔任用年轻科室副职、支持科技人员参加学术交流等，人才培养成绩斐然。现有研究员10人（其中二级1人、三级3人）、副研究员13人，博士20人、硕士16人，"新世纪百千万人才工程国家级人选"1名、享受国务院政府特贴专家2名、河南省学术技术带头人3名、河南省农业科学院学术技术带头人

3名。

近年来，农经信息所和谐建设方面做了一系列扎实有效和富有创新性的工作：一是实施凝聚工程。构建和谐建设主体，健全精神文明建设的组织框架和领导体制，通过和谐家园载体来承载集体主义精神、以人为本理念和为人民服务宗旨，营造和谐文化氛围。青年团先后组织了"青年成长与我所发展"、"沟通你我协作向前"等活动，妇委会先后开展了"关爱身心健康净化心灵空间"等系列活动。二是实施敬老工程。对有特殊困难的老同志开展工、青、妇、党组织与困难职工"一帮一结对帮扶"活动；积极组织老干部"常回家看看"和在职职工"常到家看看"活动。近年来，农经信息所职工积极参加省直工委、院、所举办的各种活动，所党总支、工会、妇委会多次被评为院"五好党支部"、院先进工会和院先进妇委会；在省级文明单位创建中，连续3年被评为"文明单位创建先进集体"。

四、"十三五"发展设想

继续坚持"服务立所、科研强所、产业富所、人才兴所"的发展战略，进一步加强学科建设、平台创建和团队建设，全面推进全所各项工作。

（一）加强学科建设

在现有农业信息与农业经济两大学科基础上，调整学科布局、凝练科研方向。

（二）加强平台创建

抓好河南省创意农业工程中心、河南省智慧农业工程中心和河南省农业数据中心等平台创建工作。

（三）加强团队建设

创新机制，做好现有20名博士的培养使用工作，结合学科调整，加强团队建设。

（四）加强党风廉政建设

一是抓好党风廉政建设责任制，二是持续推进反腐倡廉建设，三是加强作风建设。

安徽省农业科学院农经与信息所发展历程及未来展望

(安徽省农业科学院农业经济与信息研究所)

一、基本任务

(一) 职能和任务

安徽省农业科学院农业经济与信息研究所是2013年10月经安徽省机构编制委员会办公室批准,由原安徽省农业科学院情报研究所更名而成,属省级农业经济与科技信息研究机构和服务中心。主要从事现代农业、农村经济、区域农业、农业科技发展战略、农业发展规划等领域的研究工作;同时开展现代农业数字化、智能化、农情与灾害遥感监测方面的研发;承担农业科技信息收集、加工、利用工作;编辑出版农业科技刊物;图书文献利用与农业信息服务等工作。

(二) 机构设置

农业经济与信息研究所下设7个部门:农业经济与政策研究室、农业信息技术研究室、农业信息分析研究室、农业数据与网络服务中心、《安徽农业科学》编辑部、《现代农业科技》编辑部和办公室。

(三) 人才结构

2014年通过学科调整并入农业经济与政策研究室后,人才队伍不断壮大,人才结构得到优化,现有在职正式职工53人,其中,研究员5人,副研究员11人,助理研究员23人;博士3人,硕士12人,学士(大学本科)21人(表1)。

表1　2015年安徽省农科院经信所科室及人员构成情况

科室	人数	职称构成				学历构成			
		高级职称	中级职称	初级职称	其他	博士	硕士	学士	其他
农业经济与政策研究室	5	1	3	1			1	4	
农业信息技术研究室	7	1	5	1			3	3	1
农业信息分析研究室	8	4	2	1	1	2	1	2	3

续表

科室	人数	职称构成				学历构成			
		高级职称	中级职称	初级职称	其他	博士	硕士	学士	其他
农业数据与网络服务中心	6	1	2	1	2		1	2	3
《安徽农业科学》编辑部	11	4	5		2		2	6	3
《现代农业科技》编辑部	7	2	2		3		1	2	4
办公室	6	1	3	1	1			3	3
所领导	3	3						3	
合计	53	16	23	5	9	3	12	21	17

二、发展历程

（一）历史沿革

安徽省农业科学院情报研究所原名安徽省农林科学院科技情报研究所，于1976年10月成立。主要任务是：通过情报资料、图书期刊的整理、交流、编辑、出版等工作，为安徽省农业生产和农业经济发展以及农业科学研究提供情报服务。从1976年至1994年，在机构设置上，分为情报资料室、图书馆、编辑室3个科室。1994年以后，机构设置变化较大，在职能上，从一个单纯服务性单位，发展成为以信息资源建设为核心，以期刊图书、声像多媒体、信息研究为支撑的科研型单位。

1995年7月19日，根据安徽省人民政府办公厅（皖政办[1995]53号）文件，安徽省农业科学院科技情报研究所更名为安徽省农业科学院情报研究所。2013年10月，根据安徽省机构编制委员会办公室（皖编办[2013]140号）文件"安徽省农业科学院情报研究所"更名为"安徽省农业科学院农业经济与信息研究所"。2014年1月，调整机构设置，设立7个科室：农业经济与政策研究室、农业信息技术研究室、农业信息分析研究室、农业数据与网络服务中心、《安徽农业科学》编辑部、《现代农业科技》编辑部和办公室。

（二）职工队伍

在20世纪80~90年代，所员工人数较少，老一辈专家学者逐年离退，至1992年，仅有在职员工26人。20世纪90年代以后，不断引进不同专业背景的青年人才，壮大职工队伍，同时培养壮大高级科研人才队伍。更名为"农业经济与信息研究所"后，增加了农经方面的研究人才，学科人员配置更为合理（图1）。

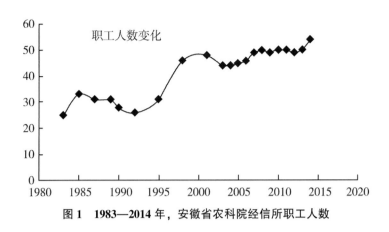

图1 1983—2014年，安徽省农科院经信所职工人数

三、期刊出版

（一）《安徽农业科学》

《安徽农业科学》杂志是安徽省农业科学院主办的综合性农业科技学术期刊，创刊于1961年1月，由《安徽农业科学简报》和《安徽农学院学报》合并而成。创刊之初由安徽省农业科学院和安徽农学院共同主办，国内外公开发行。1963年起改为双月刊，同年7月改由安徽省农业科学院单独主办。1964年第4期，时任全国人大常委会副委员长、中国科学院院长郭沫若为刊名题字。这一阶段共发行29期。1966年6月，因"文化大革命"被迫停刊。1979年下半年经安徽省委宣传部批准复刊，并改为季刊。1979年至1980年内部发行，主要是赠阅。1981年至1983年编辑部自办发行，1984年起改为邮局发行。20世纪90年代以后，中国相当数量的学术期刊特别是省级学术期刊，面临由政府拨款办刊向自筹资金、自负盈亏、自我发展向市场化办刊之路的转型。学术性科技期刊尤其是综合类学术期刊，由于涉及面广，读者面窄，发行量少，经济效益差，引发了学术性科技期刊的生存危机。在这种背景下，1998年编辑部着手改革，从期刊办刊理念、市场定位、发展战略、运行机制、管理措施、编印质量、队伍建设几个方面进行。3年后效果显现，《安徽农业科学》的来稿质量、编辑质量、印制质量大为改善，在国内的学术地位提高。

1999年改为双月刊，2005年改为月刊，2006年改为半月刊，2007年改为旬刊。《安徽农业科学》早先主要刊登安徽的农业应用研究文章，1998年起逐步刊登全国范围的农、林、牧、副、渔业基础理论、应用研究及农业经济研究、农史研究等与农业有关的论文，设有农业基础科学与方法，植物生理·生化，农业生物技术，农艺，园艺·园林·林业，土壤肥料，植物保护，动物科学，资源环境和农业经济等栏目。已开通了微博、微信，完成了国际DOI注册，网络传播意识和途径走在同类期刊前列。据《中国学术期刊评价研究报告》（2013—2014）的数据，2013年总被引频次23 429，继续在463种农业科学期刊中排第1位；影响因子0.468，在地方农业科学期刊中居于前列。据《中国学术期刊评价研究报告》（2013—2014）的数据，在217种农学类刊物中综合排名第6位。

1995年、1998年分别获安徽省优秀科技期刊三等奖，2005年获安徽省优秀科技期刊一等奖，2005年获第五届全国农业期刊金犁奖学术类一等，2009年获获安徽省优秀期刊、第4届华东地区优秀期刊。

（二）《现代农业科技》

《现代农业科技》杂志，创刊名《农林科学实验》，1972年1月创刊。月刊，32开本，30页，定位为农业科普类期刊。由当时安徽省农林科学研究所主办，国内外公开发行。1995年，根据当时农业生产与农村经济发展的需要，更名为《安徽农业》，月刊，16开本。改版后，由之前的版面零广告逐渐发展为版面"刊满"状态。盈利模式由之前单一靠发行途径拓展为"发行+广告"新模式。2005年，《安徽农业》更名为《现代农业科技》。《安徽农业》杂志社更名为《现代农业科技》杂志社，定位为农业技术研究性期刊，由月刊改为半月刊。做好发行、广告征集等工作的同时，征集论文等工作。杂志被清华同方、万方数据库、重庆维普等国内知名网站全文收录。2006年，由科普期刊完全转变为技术研究性期刊，在全国率先成功转型。2008年，被中国出版科学研究所评为2008年度中文期刊网络传播国内分类阅读科普科技类期刊第4名。2009年，调整栏目，增设农业基础科学、农业工程学、食品科学、农业经济学、林业科学5个栏目，每篇论文均附参考文献。被中国出版科学研究所、龙源期刊网评为2009年度中文期刊网络传播海外阅读TOP100栏目，并在"万方数据—数字化期刊群"全文上网，被《中国核心期刊（遴选）数据库》收录。据万方数据2014年《中国科技期刊引证报告（扩刊版）》统计，本刊总被引频次10 952、影响因子0.338、引用刊数1 210、学科扩散指标13.15。影响因子在中国农业技术研究类期刊中排名第3。地区分布数为31，机构分布数为3 511，已成为覆盖面最广的中国农业科技期刊。

1995年、1997年、2000年分别获安徽省优秀科技期刊三等奖，2004年获全国农业科普类期刊三等奖。

四、科研进展

（一）农业信息资源建设

自1994年以来，经信所注重农业信息资源建设，已积累了农业知识文字5 000多万字，图片8万多幅，数据声像资料6万多分钟，三维农业模型2 000多个，农业知识语音资料2万多分钟，自建多媒体数据库20多个。与安徽经纬农业科技信息有限公司、安徽吴楚传媒股份有限公司等单位合作，先后向CCTV-7、CETV、国家科技部、省委组织部及多家出版社输送音像制品达2 500多部，涵盖了农作物、畜牧、水产、蔬菜、果树、中草药及农民工职业技能培训等多方面的内容。如"农业病虫草害图文基础数据库"网络系统，内容翔实，资料准确，信息资源及信息系统均具有自主知识产权，系统容量居国内领先。该软件系统图文并茂，现收录国内农业生产中较常见的 3 949 种病虫草害的数据资源，文本资料 400 余万字，配有病虫草害的高清特征图片 12 000 余张，本数据库为国内规模最大的植保数据信息平台之一，在国内大部分区域均适用。

（二）科研项目进展

1985—2014 年先后主持或参加各级科研项目近 90 项，项目数量和质量都在逐年提高（图 2，表 2）。

1985—2006 年每年 1~4 项，从 2009 年起科研项目在质和量上都有了较大的突破，在继续完成自选项目的基础上，先后获得了科技部农业成果转化资金项目 1 项、科技部科技支撑计划项目子课题 1 项和安徽省信息产业发展专项 1 项、院重点及新学科培养项目 1 项、安徽省科技创新公共服务平台项目 1 项等。2012 年除接转上一年延续项目 6 项外，新增各类科研项目 10 项。2014 年在农业经济方面的研究有了较大的发展，本所全年在研项目达 26 项。2015 年新增科研项目 9 个。

2011—2013 年先后建立 3 个创新团队：农业信息技术研发及服务创新团队、区域农业与农村发展科技创新团队、安徽省农业灾害风险分析研究科技创新团队。团队的建设为人才培养和项目孵化起到了较大的推动作用。

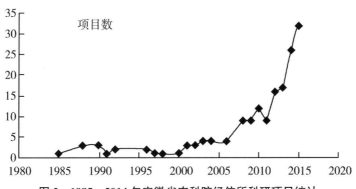

图 2　1985—2014 年安徽省农科院经信所科研项目统计

表 2　1985—2014 年安徽省农科院经信所科研项目来源统计

年份	项目数	国家部委级	省级	院级	所级	备注
1985	1					
1988	3	1	1	1		
1990	3	2	1			
1991	1			1		
1992	2				2	

续表

年份	项目数	项目来源				备注
		国家部委级	省级	院级	所级	
1996	2		1	1		
1997—1998	1			1		
2000	1		1			
2001—2002	3		2	1		
2003	4	1	2	2		
2004	4	2		2		
2006	4		2	1	1	
2008	9		1	1	7	
2009	9	3	2	1	3	
2010	12	3	2	1	6	
2011	9	4	4	1		
2012	16	9	4	3		国家新闻出版署"十二五"重点出版项目4项
2013	17	5	3	7	2	
2014	26	6	5	14	1	

五、科研成果

（一）论文论著

1976—2014年，累计发表研究论文1 380余篇。与北京出版社、中国三峡出版社、中国农业出版社、中国林业出版社、科学普及出版社、中国致公出版社、安徽科技出版社等单位合作，组织编纂了《现代科技综述大辞典》、《农药大典》、《植保大典》、《农民致富一招鲜丛书》、《农民增收百项关键技术丛书》、《植物病虫害原色图鉴》等图书，先后出版图书430余部。

（二）获得奖项

经信所先后获得各类奖项13项，其中省科技进步奖5项，中华农业科技奖科普奖1项，电子音像奖3项，省优秀科普作品奖3项，行业科技成果奖1项（表3）。

表3　安徽省农业科学院经信所历年获奖成果

序号	成果名称	获奖年度	获奖情况	本单位主要完成人及排序
1	安徽农业三十年总结	1985	安徽省农牧业技术改进四等奖	彭菊元、陈铠、曾昭庸等
2	专题片《佛子陵水库》	1988	安徽省二等奖	李长福等

续表

序号	成果名称	获奖年度	获奖情况	本单位主要完成人及排序
3	决定三十烷醇效应的几个主要因素情报调研	1989	安徽省科技进步三等奖	高成、郭书普、许俊保等
4	《沼气池建池、管理与维修》	2003	第八届"全国优秀科技音像制品奖"二等奖	朱永和等
5	农业科技管理信息数据库的研制与开发应用	2003	安徽省科学技术奖三等奖	罗芸等
6	多媒体植物保护信息资源建设与应用	2004	安徽省科技进步三等奖	朱永和、郭书普、王洪江、陈磊、罗守进等
7	《农民致富一招鲜》科普系列图书	2006	安徽省科学技术奖三等奖	朱永和、李立虎、王洪江、罗守进、徐桂珍、陈诗平等
8	《农技服务进村入户》系列光盘	2006	第二届安徽省电子音像奖一等奖	朱永和、李立虎等
9	《农民致富关键技术问答丛书》	2009	中华农业科技奖科普奖	朱永和、郭书普、罗守进、吕凯、陈磊等
10	《农村防雷避险》	2011	安徽省优秀科普作品奖	吕凯、陈磊等
11	《无籽西瓜无籽的奥秘》	2011	安徽省优秀科普作品奖	吕凯、陈磊等
12	《物联网——改变农业、农民、农村的新力量》	2013	安徽省优秀科普作品奖	郭书普、肖扬书、张立平、董伟、方钰等
13	"新三农"科技与知识全媒体资源建设的研究	2014	华东地区科技情报成果二等奖	罗守进、朱淼、陈磊、朱永和、吕凯等

六、公益服务

(一) 信息网络服务

近年来，经信所借助与安徽电信合作的信息田园栏目开展服务"三农"工作，2013年信息田园业务为安徽省378 051名农户提供信息化服务，平台发送农业快讯、大田作物、畜牧养殖等18类信息2万余条。与此同时，利用本所开发的农业网络信息系统，如农业病虫草害知识服务系统（htpp://zb.cnak.net）、农业知网（http://www.cnak.net），在因特网提供农业生产及植保知识服务。此外，还与院科研处、院园艺所合作，为安徽农业科技创新网（http://www.ahast.org.cn）、安徽果树网（http://www.ahfruit.com）服务安徽"三农"提供了技术及网络支持。2013年提供农业物联网科普培训，共发放农业物联网科普教材550余本。

2014年经信所为各类培训班讲授农业物联网技术，培训基层农技员300多人（次），发放农业物联网科普图书300余本。同时，在全省范围推广应用种子物联网技术成果，与天益青、隆平、徽商、丰宝、嘉农等种子企业达成合作意向，在4种作物（小麦、水稻、玉米、大豆）的10多个品种上开展了种子物联网技术试点应用，220余万个不同种子商品包装袋上喷印了种子身份电子代码，本项技术可低成本高效率解决困扰种子市场的溯源、防伪、监管等难题，受到种子企业和农户的欢迎。此外，继续与安徽电信的信息田园栏目合作，全年共发送涉农类短信120万条，在种植、养殖、农业资源、农业气象等方面提供预警、技术等信息服务。

（二）音像服务

经信所音像服务工作起步于20世纪80年代初，先后向中央电视台七套"农广天地"栏目组、中国教育电视台、中央组织部远程教育栏目、金盾音像出版社等多家单位输送音像制品达1 500多部，涵盖了农作物、畜牧、水产、蔬菜、果树、中草药以及农民工进城职业技能培训等多方面的内容，积累农业视频素材1 500小时。其中，《沼气灯沼气灶常见故障排除》、《淡水白鲳养殖技术》列中央电视台CCTV-7"农广天地"栏目2006年度收视率第3名。《中华扇子文化》电子出版物在"中华杯"多媒体大赛中获特别推荐奖。

2013年，经信所与安徽经纬农业科技公司合作编制了《物联感知，智能养鱼》等科普片，用于科技部远程教育。2014年，参与院科技服务"双百行动"。为太湖县电视台无偿提供农业科教视频课件近1T，向当地农户免费提供科技光盘2 200多张。

（三）国内外合作

2000年以来，多次派员去兄弟院所参观学习，并迎接国内20多个兄弟院所来本所传经送宝。先后与北京农林科学院信息所、贵州农科院信息所、湖南农科院信息所等国内同行开展农业信息资源建设和期刊编辑等方面的合作。2013年参加农业部农业信息服务技术重点实验室的开放课题研究项目。

2008年派员去美国SCI文献中心交流合作事宜。2010年邀请CABI（国际农业生物科学中心）的张巧巧博士就《农业科技期刊国际化管理理念的引进》探讨合作事宜。2011年邀请CABI（国际农业生物科学中心）的Anthony R. Pittaway就《植物智慧（Plant wise）知识库共建》中的农业知识服务系统的数据结构、数据组织/元数据标准、信息标引、数据搜索等技术研究等进行了合作。

七、未来展望

（一）总体目标

强化顶层设计，立足现有基础，结合农业经济和农业信息学科发展需要，通过资源整合和原有板块优化，由传统的"服务型"研究所向"科学研究与公益服务并重"的现代科研院所转变，实现重塑再造、转型升级，大幅度提高科技创新和服务"三农"的能力和水平。

（二）科技创新

培养或引进高层次学科带头人，提高科研人员的整体素质和创新能力。加强科研平台条件和创新团队建设，多渠道争取科研项目，努力提升项目的层次和可持续性。重点做好农业经济与政策，植物保护信息资源建设及应用，专业农业信息系统开发与应用，农业物联网理论与技术，种子物联网理论与实践，数字农业，3S技术，农业风险分析，农业灾害风险评价及预警预测和农业多媒体资源建设等领域的科研工作。

（三）服务"三农"

通过创新思路，开门办刊，充分整合内外学术资源，提升《安徽农业科学》的稿件质量、编校质量；配合我国政府文化走出去发展战略，扩大《安徽农业科学》国际化传播途径，提升《安徽农业科学》的国际影响力；充分利用现代化的网络传播平台，继续强化《安徽农业科学》的网络传播力度，保持《安徽农业科学》网络传播手段走在国内同类期刊前列。力争年度影响因子达到同类期刊第一方阵水平（0.60以上），总被引频次保持同类期刊第一，H指标位居同类期刊前5名。提高《现代农业科技》的编校质量和学术水平，经济效益与社会效益并重，力争年度影响因子、总被引频次、H指标等各项指标达到同类期刊前3名。

建设并运营、维护好院局域网。继续与安徽电信合作，搭建农业信息服务平台、办好信息田园栏目；继续开展音像服务，提升业务水平与服务质量。拓展农业经济咨询与服务、产业经济、"互联网+农业"等新的研究或服务领域。

江苏省农业科学院农业经济与信息研究所回顾与发展

(江苏省农业科学院农业经济与信息研究所)

农业经济与信息研究所（以下简称经信所）是江苏省农业科学院13个公益性研究所之一。经过数十年的发展、演变，从最初以图书文献信息服务为起点，逐步发展到已拥有农业软科学研究和农业信息技术研究两大学科体系的专业研究所。

一、历史沿革

农业经济与信息研究所是由宏观农业研究、农业政策研究、农业科技发展研究、农村远程教育研究等4个公益性研究项目组及院图书馆、科技查新与信息分析研究室等相关公共服务平台于2010年3月组建而成。为了进一步完善管理组织架构，加强研究队伍建设，强化研究产出大项目、大成果，重点打造专业特色，2014年12月，根据学科研究方向，将原小而散的研究项目组通过整合，以研究室为管理单元，成立3个研究室即农业经济与科技发展研究室、信息农业与农业气象研究室、农业遥感研究室和一个公共服务平台即江苏省农业科学院信息服务中心。

农业经济与信息研究所前身可追溯到1934年国民政府在南京建立的中央农业实验所图书资料室，历经图书资料科、图书馆（编译组）、情报资料研究室、科技情报研究室等历史时期，1984年1月定名农业科技情报研究所。2005年7月，更名为农业信息研究所。2010年3月，更名为农业经济与信息研究所。

二、机构设置和人员

（一）机构设置

3个研究室：农业经济与科技发展研究室、信息农业与农业气象研究室、农业遥感研究室。

2个专职管理机构：办公室、科研管理科。

1个公共服务平台：江苏省农业科学院信息服务中心。

1个基地：江苏农业科技创新研究基地。

2个中心：南京农业遥感分中心、江苏省农业科学院农业宏观研究中心。

（二）人员情况

全所在职职工53人，其中研究员8人，副研究员16人、博士19人、博士后进站1人。南非KwaZulu大学博士生导师1人、南京农业大学、西北农林科技大学、扬州大学、南京信息工程大学等高校兼职硕士研究生导师3人，培养博士后2名、硕士研究生17人。共有Journal of Integrative Agriculture、Asian Journal of Crop Science、《中国农业科学》、《作物学报》等编委会委员2人，中国农业工程学会情报信息专业委员会委员、中国农学会科技情报分会常务理事、中国农学会图书馆分会常务理事、中国农学会计算机农业应用分会常务理事、副秘书长、国际信息处理联合会先进农业信息处理专业委员会委员各1人、中国农学会农业气象分会理事2人、江苏省遥感与GIS学会常务理事、江苏省系统工程学会常务理事、江苏省科技情报学会常务理理、江苏省会计学会常务理事、江苏省会计学会管理会计委员会委员、江苏省农业工程学会农业信息化专业委员会委员各1人、江苏省农业科学院学术委员会常务委员1人、江苏省农业科学院博士后科研工作站合作导师2人。

三、学科建设

（一）农业软科学研究（农业经济与科技发展研究室）

2014年12月，由原农业政策研究、农业技术经济、农业科技发展3个研究项目组组成。包括农业政策、农村区域发展、农业科技发展、农业科技推广与服务4个研究方向。现有在编职工11人。主要从事现代农业和区域农业发展、农村经济、财政支农政策、农业科技发展战略、农业发展规划等研究。

目前，该研究室承担多项国家级、省部级农业软科学课题的研究工作，研究内容涉及江苏现代农业发展及农业现代化研究、江苏省农业科技自主创新战略研究、江苏省新型农业经营主体培育研究、循环农业与生态农业相关政策研究、农业科技管理和知识产权研究、江苏特色农业产业体系经济学研究等多个方向。承担多项横向委托的区域农业发展规划编制工作，为江苏各市、县（区）、乡镇以及各类农业园区发展编制不同类型的规划，指导江苏区域现代农业发展。

同时，该室负责《农业科技信息参考》期刊的约稿、撰写及编辑工作。该期刊是由江苏省科技厅、江苏省农科院、江苏省农业资源开发局共同主办的一份内部科技信息服务资料。2000年创办，每周一期，全年50期，目前，已刊发724期。送阅对象主要为江苏省委、省政府、省人大、省政协、省级机关涉农部门等相关领导、地方市、县（市）党委、政府分管农业负责人等参阅。

2011年，由省社科联批准被授予"江苏农业科技创新研究基地"称号，是江苏经济社会发展提供智力支持的26家决策咨询研究基地之一。

（二）农业信息技术研究

主要从事现代农业数字化、智能化及工程化控制、农情与灾害遥感监测等研究，智能农业产品研发和"三农"信息服务等。包括信息农业与农业气象研究室、农业遥感研究室2个研究室。

1. 信息农业与农业气象研究室

该研究室现有在编职工10人，是国内最早开展作物模拟和全球气候变化影响评价研究，目前主要包括信息农业、农业气象以及农村信息化3个研究方向。

2004年以来，共承担国家、部省级项目60多项，其中，主持国家863课题2项、子课题2项、国家自然科学基金项目5项、国家公益性行业专项专题5项、国家星火计划项目2项、江苏省科技支撑计划课题2项、江苏省自然科学基金课题1项、江苏省农业科技自主创新资金项目10项等。获农业部科技进步奖2项、省级科技进步奖2项、计算机软件著作权12项、实用新型专利4项、申请发明专利5项，在省级以上学术刊物及国际国内学术会议论文集共发表学术论文250余篇，其中，SCI/EI/ISTP收录20篇，出版专著2部，其中，《农业模型学》列为"十二五"国家重点出版物出版规划项目。共主办25期《数字农业与农业气象通讯》内部交流电子网刊。

（1）信息农业研究：近年来，主要集中在作物生产信息化技术研究与应用、感知与生长模型结合、作物病虫害无人化精确防控等方面，近10年来，承担国家、部省级项目37项，主要包括"十一五"国家863课题与子课题、"十二五"国家863子课题、国家自然科学基金项目、国家公益性行业专项专题、江苏省农业科技自主创新资金、江苏省科技支撑计划课题等；开展了功能—结构水稻、油菜模型、基于模型的低成本设施栽培智能化网络测控、基于无人机的低成本作物病虫害识别与精准施药、基于无线传感网与光谱的小麦、油菜生长季干旱监测预警与调控、基于感知与生长模型融合的油菜作物肥、水、病虫管理决策等技术研究；开发了油菜生产智慧化决策支持系统、便携式农业信息智能化网络终端系统、手持式病虫识别智能终端、基于无人机的作物病虫害智能识别与精确防控系统等系统和设备；在 *Journal of Integrative Agriculture*、*Sensor Letters*、*IFIP Advances in Information and Communication Technology*、《中国农业科学》、《作物学报》、《麦类作物学报》、《中国农业气象》、《江苏农业学报》等省级以上学术刊物及国际国内学术会议论文集共发表学术论文110余篇，其中，SCI/EI/ISTP收录15篇，获知识产权20项。2004年以来，油菜生产信息化技术在江苏省南通、南京、泰州及盐城、湖北省武穴市、江陵、红安、四川省绵阳市、安徽省芜湖县、山东省聊城市等地累计应用推广1 027.90万亩，累计增收节支7亿多元，节约肥料利用率5~10个百分点，增产5%~10%，降低生产成本10%，增效20%，并有效地改善品质，减少环境污染，受到专家学者、农技推广人员及农户的广泛好评。

（2）农业气象研究：主要开展了农作物重大气象灾害（高温、干旱、低温、涝渍害等）防控关键技术、作物气象灾害指标体系研究与应用、气候变化对主要作物生产的影响评价及对策研究，并将作物生长模型与稻、麦、油菜作物气象灾害影响评估相结合，通过定量作物气象灾害影响，为主要作物气象灾害精细化评估提供了新方法。主持国家863计划1项、公益性行业科研专项2项、国家自然科学基金1项、江苏省科技支撑计划1项、江苏省农业科技自主创新项目多项并参与主持国家863计划、国家攻关计划子课题等多项。有关研究先后在Japan Agr. Meteo、美国环保署（US EPA）、美国农学会（US ASA）、菲律宾国际水稻研究所（IRRI）、国际地圈生物圈计划（IGBP）的出版物以及《中国农业科学》《作物学报》《江苏农业学报》等国内外刊物上发表相关研究论文100余篇。获得国家奖1项（水稻种植区划），农业部科技进步奖2项（气候变化）和省科技进步奖1项。目前研究侧重长江中下游地区主要农作物涝渍灾害监测、预警及评估、一季稻生长指标体系、水稻高温热害预警等研究。

（3）农村信息化研究：自2003年作为国家科技部在全国实施星火科技远程培训项目的首批试点单位以来，以现代信息技术为手段，以农民和各类乡村劳动者为对象，以多媒体课件为教学资源，以培训农民为目标，组建了江苏农村现代远程培训系统平台和一批农村基层远程培训基地；建设形成了具有江苏特色的农业实用技术多媒体课件资源库；同时在实践中培养形成了一批具有较高综合素质的远程教育技术骨干人才。先后承担科技部、省科技厅、省发改委、省经信委等部门下达的研究项目40多项，构建了从信息资源中心直达农村基层的信息智能化服务通道，建设了具有江苏特色、技术先进、功能完善的现代农业信息服务体系，研制了简易型按键触摸式信息终端，相关研究成果荣获北京市科学技术二等奖、中国商业联合会科学技术奖一等奖、江苏省"十五"重大科技成果展优秀成果奖、2006年东盟博览会暨中国星火计划20年成果展优秀成果奖、2006年欧洲农业技术展优秀成果奖等。获授权专利2项，登记国家软件著作权6项，发表核心期刊论文30余篇。引进、制作各类农业多媒体课件数千种，通过数字化处理建成现代农业技术知识电子书库，含1 000余册，20余万页。研制的"农村信息一点通"触摸屏一体机先后在苏南、苏中和苏北地区25个县部署安装，服务农民500余万人次，为解决农业生产中的各类实际问题发挥了重要作用。

2. 农业遥感研究室

1983年成立，现有在编职工11人。该研究室是国家遥感中心农业应用部下设的3个分中心之一，也是原农业部区划司下属的"南京农业遥感分中心"。主要从事农业资源与环境遥感监测研究、农情遥感监测研究、农业灾害遥感监测及评估研究、农业遥感技术集成及应用等4个研究方向。

20世纪80年代主持了"七五"攻关专题"我国南方稻区水稻长势监测及估产"、江苏省科委下达的"宜兴市开展土地利用现状详查的方法和精度研究"、"利用TM卫星资料进行里下河地区湖荡滩地调查"。

90年代相继承担了"八五"攻关专题、国家自然基金项目、国际合作项目、农业部项目和承担国家农业园区项目。

进入21世纪以来承担农业部项目、江苏省高技术项目、参加龙计划国际合作项目、国家农业园区项目、参加组建江苏省网点县农业资源与经济信息监测系统、国家 863 计划项目、农业部行业科研专项、国家支撑项目、农业部行业科研专项、江苏省农业三新工程项目、江苏省农业自主创新项目、国家自然科学基金项目、国际合作项目以及国防科工委高分专项。

研究室在主要作物种植面积及长势的遥感监测、遥感估产和环境遥感等应用领域，先后完成了"太湖平原水稻遥感估产"、"水稻群体叶色的光谱诊断及其在高产栽培中的应用"、"长江三角洲地区的耕地动态遥感监测"、"农业综合开发项目系统评价与决策"等多项国家及省部级科研项目，并获得各类奖项 10 余项，其中包括：国家土地管理局科技进步奖 4 项、省政府科技进步奖 3 项、国家教委奖 1 项、其他省级奖 2 项。

四、公共服务平台建设

2014 年 12 月，为加强对院内各类信息服务资源的整合与优化，为推动院学科建设、科研管理、科技创新、成果转化等工作提供强有力的信息、网络和多媒体服务支撑，成立院信息服务中心。由图书馆、网络中心、多媒体制作中心 3 个部门组建而成，现有在编职工 13 人。主要负责院图书馆管理、科技查新服务、院网络建设与维护、院门户网站建设与维护、多媒体材料制作、摄影摄像服务等工作。

（一）图书馆（含科技查新与信息分析室）

院图书馆建于 1934 年，原为中央农业实验所图书馆，是全国 17 个重点农业图书馆之一。现有在编职工 8 人，旨在满足科技人员的信息需求，切实有效地为学术科研、自主创新、学科建设、管理决策等工作提供信息和智力支撑。主要职责：馆藏文献资源建设与管理，信息资源加工与分析，信息检索与科技查新，用户信息素养培训和提升等。

图书馆现有馆藏书刊 30 多万卷（册）。其中，馆藏中外文图书 14 万多册，中外文期刊 13 万多卷（册），另有 4 万多份各类资料。现有中国知网（CNKI）、重庆维普（VIP）、万方、读秀、百链、台湾华艺、Science Direct（Elsevier）、Springer Link、Wiley、CABI 等 10 余种中外文数据库，建设成了中文全学科覆盖，外文农业、生物等学科覆盖的特色鲜明、综合实用的馆藏文献资源体系。

科技查新与信息分析室是经国家农业部和江苏省科技厅认定的具有从事科技查新资质的机构，并与具有科技部一级和教育部查新资质（国家级查新资质）的单位实现了共建共享，能够承接农业科技人员各种资质要求的科技查新任务。主要开展农业科技查新、信息分析与信息咨询工作，为农业科技人员科研项目立项、课题进展、研究生开题、专利申请、成果鉴定与报奖等提供一站式信息服务。

目前，图书馆工作已从服务科研人员的科技文献资源需求、科技查新等拓展到了通过文献计量等进行数据挖掘，为科研人员提供机构科研竞争力、学科领域发展趋势、产业发展布局、技术发展趋势分析等深层次服务。

（二）网络中心

网络中心成立于1997年。现有职工4人，其中，在编职工2人，旨在加强全院信息化规划与建设，搭建信息化服务平台，推进科技创新、行政办公、后勤服务的网络化、数字化，为全院信息化建设与应用提供服务和技术支撑。主要负责院局域网及信息化的建设、管理、维护、服务和软件开发工作。具体承担：网络设备及网络布线技术方案制定；主干网络的基础建设及院网服务器、交换机及网络设备的日常运行维护、管理与优化；院局域网IP地址的管理；网络故障排查、终端及用户服务；院互联网出口链路及设备的管理与维护等工作。

江苏省农业科学院局域网建设始于1997年，是全国较早接入互联网的科研单位之一。目前院局域网主干采用光纤通道将院本部各研究所和楼群连接到核心节点，院内主干传输速率为1 000M和100M，出口通过电信400M光缆接入国际互联网。通过VPN建设，院各农区所和六合、溧水基地能够顺利共享院办公系统和图书馆数据库等院内网资源。

网络中心自成立以来，自主建设了江苏省农业科学院门户网站、院本部研究所与机关处室的部门网站、职工社保查询、院科研管理系统等网站和信息系统，负责了院办公自动化系统、邮件服务系统的规划、协调、实施、维护和管理，为院本部相关科研和管理工作开展了服务器托管、系统运行维护服务。同时还参与建设了江苏农业信息网、江苏农村科技服务超市及江苏农业物联网平台，在农业信息技术研发和服务方面进行了积极的探索。

目前，网络中心工作已从日常网络运行维护拓展到了院信息化基础设施建设的总体规划和院系统信息一体化的整体布局，拓展到了相关功能性网站的设计和开发等。

（三）多媒体制作中心

多媒体制作中心现有在编职工3人，由原分散在后勤服务部门和科研项目组的图文摄影及影视制作力量整合而成。拥有高清前期影视、图像采集及后期非线性编辑输出设备。主要承担院多媒体影视资源制作和图文设计、摄影工作。多媒体制作中心的工作旨在利用现代传媒技术，满足院事业发展对多媒体信息服务的需求，宣传全院科研成果、创新团队，传承院科技文化，依托现代信息技术，综合各类涉农多媒体信息资源，探索为江苏省农业、农村及现代农民提供个性化的涉农信息服务新模式。

目前，多媒体制作中心工作已从服务日常宣传和会议，延伸到了服务职能部门相关工作的开展，延伸到了服务重大科研专项的申报、验收、报奖，延伸到了重大科研项目科研全过程的跟踪服务。

五、国际合作与交流

经信所目前与美国Georgia大学、Oregon州立大学、澳大利亚Queensland大学、德国 Göttingen 大学、法国国际农业发展研究中心（ICARD）、国家农业研究所（INRA）、南非 KwaZulu 大学、台湾逢甲大学、比利时弗兰芒技术研究院（VITO）、意大利米兰大学（University of Milan）、荷兰瓦赫宁根大学（Wageningen-UR）、美国南佛罗里达大学（University of south Florida）等国（境）外同行保持密切交流合作并建立了良好的合作关系。同时加入全国农业物联网产业技术创新战略联盟，未来将在农业模型与物联网、云计算、农业大数据的结合研究、农业物联网应用研究、基于模型的农业气象灾害预测预警、模型与遥感耦合、农村信息服务研究与应用等方面，为江苏乃至全国的农业现代化贡献力量。2015 年美国访学 1 人。

六、未来发展方向

（一）定位

将经信所打造成在全国有影响、有特色，在省内有作为、有贡献，拥有农业软科学研究、农业信息技术研究、农业信息资源建设与服务，人才结构合理、团队素质较高的专业研究所。

（二）目标

坚持科学发展观，强化思想引领和共识凝聚，以改革的精神有效地推进学科建设、平台建设和团队建设，大力加强科技创新、成果转化和科技服务等各项工作，形成科学研究、精品成果、队伍建设和学科发展一体化的良性互动发展模式。力争通过几年的努力，建成一个农业宏观研究见长、管理学科特色鲜明的研究基地；培养造就一支德才兼备、思想敏锐、结构合理、具有高度责任感和优良学术道德的人才队伍；产生一批在省内外具有重要影响的成果；推出一批在省内外有影响、有特色的学术品牌。

以学科建设为龙头　走特色发展道路加快教学研究型学院建设进程

(南京农业大学信息科学技术学院)

南京农业大学信息科学技术学院于2001年成立。1981年，为了适应计算机技术的发展，培养学生计算机技术与素质，学校设立了计算中心。1985年，为了适应农业学校和科研单位事业发展的需要，培养既懂农业科技知识又懂图书情报知识的复合型人才，学校设立了农业图书情报专业；1987年，设立图书情报系；1993年，图书情报系更名为信息管理系。2001年，将当时属于理学院的信息管理系和计算中心合并成立信息学院。

2001年12月27日，南京农业大学发出了党字［2001］第78号文件和校字［2001］第460号文件，宣布信息科学技术学院成立。首任领导班子：高荣华任学院党总支书记兼院长；程正芳任学院党总支副书记；梁敬东任学院副院长。现任领导班子：梁敬东任学院党委书记；黄水清任学院院长；白振田任学院党委副书记；徐焕良、何琳任学院副院长。

一、学科建设

2000年，情报学硕士点设立。2002年9月情报学作为校级重点学科进行建设，2006年11月情报学进入校级第二轮重点学科建设。2003年建立了图书馆学硕士点。2005年建立了计算机应用技术硕士点。2006年农业推广硕士农业信息化专业开始招生在职研究生，2010年全日制农业信息学专业学位开始招生。2011年，图书情报与档案管理和计算机科学与技术一级学科硕士点建成。2012年10月，成功申报信息资源管理二级学科博士点。2014年5月，成功申报图书情报专业学位硕士点。

二、师资队伍

学院现有在职教职工52名，其中，专职教师40名。教授7名、副教授24名，硕士生导师30名。具有研究生学历的教师占90%，其中，45岁以下的青年教师占70%。学院历来重视师资队伍的建设，通过人才引进、公开招聘、现有教师的培训，迅速扩大了师资队伍，基本形成一支基础理论扎实、实践能力强、知识结构合理的教学、科研队伍。2002 年黄水清被列为江苏省"青蓝工程"优秀青年骨干教师；2006 年郑德俊被列为江苏省"青蓝工程"优秀青年骨干教师；2012 年何琳被列为江苏省"青蓝工程"优秀青年骨干教师。2013 年黄水清被列为省"333"人才工程二层培养人选；何琳被列为省"333"人才工程三层培养人选。2005 年刘磊被评为校级第一期"优秀中青年学术带头人"；黄水清、叶锡君被评为校级"优秀青年教师"。2009 年刘磊、黄水清被评为校级第二期"优秀中青年学术带头人"；叶锡君、姜海燕、郑德俊、任守纲、何琳、梁敬东、徐焕良被评为校级"优秀青年教师"。2006 年 9 月叶锡君被学校评为师德先进个人；2012 年，何琳、杨波被评为校级"钟山学术新秀"；2013 年，王东波被评为校级"钟山学术新秀"。

三、本科教育

学院现有信息管理与信息系统、计算机科学与技术、网络工程 3 个本科专业。

信息管理与信息系统专业：是由 1986 年秋开始招生的农业图书情报专业发展而来的；1993 年秋，农业图书情报专业更名了信息学；1999 年秋，信息学专业更名为信息管理与信息系统专业。2003 年 6 月，该专业作为校级特色专业建设，同年 12 月，信息管理与信息系统专业作为省级特色专业进行建设，并与 2005 年 12 月通过了江苏省教育厅的验收。至今已培养毕业生近 2 000 人。

计算机科学与技术专业：是由 1994 年秋开始招生的计算机应用专业（大专）发展而来的，2000 年 9 月，计算机应用专业大专停止招生（共培养毕业生 400 名），计算机科学与技术专业本科开始招生。2004 年 5 月，计算机科学与技术专业通过了江苏省教育厅学士学位授予权的评审。2006 年 10 月，计算机科学与技术专业作为校级特色专业建设。目前，已培养毕业生 1 017 名，其中，蔡鹏彬同学在全国大学生数学建模大赛上获得一等奖。2007 年"农业院校非计算机专业信息技术教育模式改革与实践"获江苏省教育厅教学成果二等奖。

网络工程专业：2007 年，增设了网络工程本科专业，并于秋季招生。2011 年 4 月，网络工程专业通过了江苏省教育厅学士学位授予权的评审。2011 年 6 月份，目前，已培养毕业生 266 名。2013 年 7 月，江苏省卓越工程师（软件类）教育培养计划试点专业申报成功。

四、研究生教育

学院现有一个信息资源管理二级学科博士点招生；一个图书、情报与档案一级学科硕士点，下设图书馆学、情报学 2 个二级学科硕士点招生；一个计算机科学与技术一级学科硕士点招生；农业信息化与图书情报 2 个专业学位硕士点招生。

情报学硕士点 2002 年开始招生，目前共有导师 8 名，已培养毕业生 67 名，其中，张红芹、闫雪的学位论文被评为校级优秀学位论文。

图书馆学硕士点 2004 年开始招生，目前共有导师 8 名，已培养毕业生 75 名，其中，穆丽娜、冯英华、邵伟波的学位论文被评为校级优秀学位论文。

计算机应用技术硕士点2007年开始招生，2011年改为计算机科学与技术一级学科硕士点招生，目前，共有导师8名，已培养毕业生57名，其中，张灏的学位论文被评为校级优秀学位论文。

全日制农业信息学专业学位2010年开始招生，目前，共有导师22名，已培养毕业生43名。在职专业学位2004年开始招生，目前，已培养毕业生23名，在读研究生37名。

图书情报专业学位2015年开始招生，目前，共有导师12名，已招学生10名。

在研究生教育过程中，为了结合社会对人才的需要，符合学校的发展规划，我们及时调整培训方案，修正课程体系，使各专业培训的毕业生符合社会需求，历届毕业生就业率均为100%。

五、科学研究

信息科学技术学院拥有一支基础理论扎实、实践能力强、知识结构合理的教学、科研队伍。在科研方面，先后主持国家级、省部级科研项目多项：国家自然科学基金4项；国家社科基金项目12项，其中，重点项目2项；国家软科学研究计划项目1项；国家高技术研究发展规划（863）1项；国家科技部项目4项，教育部人文社科规划基金项目6项；江苏省教育厅高校哲学社科研究项目4项，其中，重大与重点项目1项；江苏省软科学1项，江苏省科技支撑计划5项，江苏省社会科学基金项目5项，江苏省自然科学基金项目1项，省社科联社科应用项目3项。2009年开始通过主持或参与一系列农业信息化、农业信息资源配置方向的国家社科基金、江苏省社科基金及南京农业大学新农村发展重大社科项目，对江苏省农业信息化发展现状、区域农业信息化水平差异、农村信息资源配置效率、农村信息资源配置的满意度、农村信息服务以及农村信息用户的信息需求和信息行为进行了多角度的研究。在这过程中，先后在长三角和江苏省农村多个地区开展了数次进村入户的大规模问卷调查和访谈，获得了研究所需的第一手资料。

在成果方面，"中国分类主题词表"获国家优秀信息成果二等奖及国家社会科学基金项目优秀成果二等奖，"江苏科技信息网络中心研建"2001年获省科技进步二等奖。此外，获江苏省哲学社会科学优秀成果奖一等奖1项（第二完成单位），江苏省哲学社会科学优秀成果奖二等奖1项，江苏省哲学社会科学优秀成果奖三等奖4项，江苏省高校哲学社会科学研究优秀成果奖三等奖3项。"汉语PRECIS的理论与实践"于2004年获中国图书馆学会第二届图书馆学情报学优秀成果著作类三等奖。"科技文献检索网络课件"、"基于分类目录的元搜索引擎模型的提出与实现"于2002年分获省教育厅好课件奖、江苏省情报学会二等奖；并获计算机软件著作权19项。

近20年来，主编或参编专著和教材20多部，较有影响的有：国家"十一五"规划教材《大学信息技术基础》《大学信息技术基础实验指导》；农业部"十二五"规划教材《Visual Basic程序设计教程》《Visual Basic程序设计实验教程》《大学信息技术基础》《大学信息技术基础实验》；21世纪教材《新编Visual Basic程序设计教程》；"十五"规划教材《多媒体技术及应用》《计算机网络技术与应用》。出版的专著有：《汉语主题词表（第5卷）》《中国分类主题词表》《文献分类法主题法导论》《汉语PRECIS的理论与实践》《中国图书馆分类法农业专业分类表》《索引技术和索引标准》《中国分类主题词表标引手册》《农林文献检索与利用》《经济信息学》《情报检索语言实用教程》《信息检索理论与技术》《C#程序设计教程》《数字图书馆信息安全管理》等。其中《文献分类法主题法导论》获教育部全国普通学校优秀教材二等奖。

六、实验室建设

1981年，为了适应计算机技术的发展，培养计算机人才，学校设立了计算中心。学院成立时，计算中心成为了学院的实验教学中心。实验室与条件建设是学院教学和科研的重要保障。2000年前，计算中心仅有2个公共教学机房和1个硬件实验室，计算机120多台。2002年信息学院成立后，实验室建设步伐明显加快。为了加强实验室的建设和管理，学院于2006年成立了"计算机与信息技术实验教学中心"。经过多年的建设，中心现有公共教学实验室、硬件实验室、多媒体实验室、网络实验室、信息组织与加工实验室、信息检索实验室、软件实训平台、开源实验室、综合布线实验室等多个功能实验室，实验室面积达到1 200平方米。目前实验中心拥有计算机、工作站、服务器、网络设备、SAN存储设备1 500台套，设备总值1 200万元以上。2007年实验中心被批准为"省级基础实验教学示范中心"建设点，现已建成以学生为本，教育及管理理念先进，教学体系科学，教材系统，实验设施完备，人员结构合理，特色鲜明的计算机与信息技术实验教学中心。2009年，经验收合格，中心成为江苏省高等学校实验教学示范中心。

中心管理模式先进，实行开放式、网络化管理，服务对象为全校各专业的本科生和研究生，受益面广泛，每年直接受益的学生近一万人次。学生可自主开展新实验和综合性、设计性实验，对增强学生的实践能力、培养学生创新能力，为社会培养数量更多、质量更高的具有信息技术才能的各类专业型、复合型人才起到了重要作用。

七、学院展望

今后信息科学技术学院的发展思路是以学科建设为龙头，提升科研实力，改善师资队伍结构，加强平台与条件建设，提高人才培养质量。计算机、信息技术的飞速发展，社会对计算机、信息人才的需求，南京农业大学在农学、生物学科的发展优势，学校对教学、科研的加大投入，都是学院发展的机遇。今后学院将从加强师资队伍建设，完善学科梯队；提升学科建设水平；加强科研工作的管理与激励，提升科研实力；抓好教学和教学研究工作；加强党建和学生工作；做好思想政治工作，改善全院教职工的工作条件等方面开展工作，相信信息科学技术学院会有一个快速的发展！会有一个更美好的明天！

浙江省农业科学院农村发展研究所发展历程与设想

（浙江省农业科学院农村发展研究所）

一、研究所的职责任务与机构概况

（一）职责任务

1. 农业软科学研究

农业软科学研究是一项科学地指导和规划农业生产，实现农业现代化的基础性工作，具有战略性、宏观性、综合性、基础性等特性。本所主要开展农业与农村发展、农业自然资源调查、评价、保护与利用，农业区域经济和农业区域布局等农业软科学研究，为农业农村发展提供有效的决策参考。

职责主要包括：一是开展农业资源调查、监测、评价与管理；二是开展农业区域划分及农业生产力布局、农业结构调整研究；三是开展农业软科学研究成果应用；四是对农业发展战略及农业资源、农业、农村社会经济发展中的重点、热点、难点问题开展研究。

目前，研究所主要开展农业自然资源调查和农业区划、各类农业园区规划、土地利用总体规划、农业综合开发规划、村镇规划、生态规划、现代农业综合体研究、创意与休闲农业研究、智慧农业研究、农业项目可行性研究、农业资源可持续评估等农业软科学研究与咨询工作。

2. 农业科技信息服务

主要依托本所农业科技服务资源，努力做优科技期刊、影视传媒、农民培训等公共服务，全面提升我所的学术期刊影响力和服务"三农"的能力。

职责主要包括：编辑出版浙江省农业科学院主编的3本农业期刊；开展农业科教栏目、农业科教影视节目及农村现代远程教育课件等制作与拍摄；开展农村实用人才与新型职业农民及农技人员知识更新与素质提升培训。

（二）机构设置与基本概况

1. 机构设置

浙江省农业科学院于1979年10月成立农业自然资源和农业区划研究所，于1980年2月成立浙江省农业科学院情报研究所。浙江省农业科学院农村发展研究所的前身是浙江省农科院农村发展与信息研究所，2002年11月，因院学科结构调整，由原农业自然资源和农业区划研究所与原情报研究所合并组建农村发展与信息研究所，同时保留"浙江省农业科学院农业自然资源和农业区划研究所"牌子。

农村发展与信息研究所时设"三中心一基地一室"，即农业区划（农业软科学）研究中心、信息中心（含网络中心、图书馆、声像中心）、期刊编辑出版中心、科技教育培训基地和办公室。2007年，院将作核所农业模型研究室调整到本所，归并到本所信息中心。2010年，浙江省农业科学院为进一步加强数字农业技术研究与农村信息化平台建设，新建数字农业研究所，将信息中心整体划归数字农业研究所，与此同时，本所改名为农村发展研究所。农村发展研究所下设"四中心一室一馆"，即农业区划（农业软科学）研究中心、期刊编辑出版中心、农业影视传媒中心、农业科技教育培训中心、办公室与图书馆。2014年5月，图书馆的职能整体从本所划出，调整到院科技保障中心。

2. 基本概况

全所现有在职职工37人，其中，正高职称7人、副高11人、中级11人，博士10人、硕士7人。设有农业区划（农业软科学）研究中心、期刊编辑出版中心、农业影视传媒中心、农业科技教育培训中心和所办公室；建有软科学研究实验室、浙江省区划资料室。持有国家工程咨询乙级证书。自2002年以来，承担各类科研项目763项，其中，省级以上项目204项，获省科学技术成果二等奖3项、三等奖5项；计算机软件著作权23项；鉴定成果24项。在省级以上刊物发表论文220篇，出版专著18部，编著3部。

二、软科学研究与主要成就

（一）30年软科学研究工作与主要成就

农业自然资源调查和农业区划是科学地规划和指导农业生产的一项重要基础工作。在1978年全国科学大会后，农业自然资源调查和农业区划被列为全国科学技术大会重点科研项目的第一项。1979年浙江省全面部署这项工作，当年10月，浙江省农科院建立了农业自然资源与农业区划研究所，主要开展农业区划、农业自然资源调查和开发利用、农业和农村经济发展等农业软科学研究，并设有全省自然资源和农业区划数据库。1979—2009年的30年间，通过研究共获得科研成果54项，有24项成果分别获国家区划委员会、农业部和浙江省科技成果奖励，主编或参与编写的专著30部。

在农业区划与农业自然资源开发利用研究方面：先后主持制定了《浙江省农业资源与综合农业区划》；建立农业区划数据库，编制《浙江省农业区划图集》，主持或参与编制各市（地）、县（市、区）级综合农业区划，承担浙江省多项重点专业农业区划工作，同时承担浙江省农村经济区划研究。开展相关市、县植被资源综合调查研究，开展浙江省耕地资源利用和治理保护研究，开展浙江省亚热带坡地资源调查与农业开发利用、丘陵山区农业资源深度开发、局地气候资源农业利用、农业资源信息动态监测等相关研究。

在农业与农村经济发展研究方面：先后开展杭嘉湖地区、金华地区农业发展战略研究，浙江省丘陵山区外向型农村经济发展战略研究，浙江省农村科技发展战略研究；编制浙江省农业区域综合开发总体规划和杭州湾、金衢地区及相关县级区域发展规划；开展浙江省粮食区域平衡研究、浙江省粮田适度规模经营研究、浙江省食物产需平衡研究和杭嘉湖平原农业生态综合开发研究；开展农业区域布局和农业结构调整及外向型农业开发研究等相关研究。

（二）2010年以来本所学科结构调整与主要成就

自2010年成立农村发展研究所以来，我所围绕标准化研究所建设的要求，对学科结构进行了较大的调整。

农业区域经济研究室研究方向：重点开展农业资源环境调查与评价、农业产业结构调整与空间布局、特色优势农产品区域布局与竞争力评价、农业功能区划等研究，为政府制定区域经济发展以及相关政策提供科学依据。

农村发展战略研究室研究方向：围绕农村经济发展战略、现代农业综合体发展战略、创意农业、智慧农业、农民生产行为与消费行为、农业合作组织、农产品市场流通体系和国际贸易等开展研究，为政府制定相关政策提供科学依据。

农业技术经济研究室研究方向：围绕农业技术经济理论与方法，重点在农业现代化综合评价、农业科研投资的绩效评价、农业技术进步作用的测度、农业科技推广机制评价、现代农业发展模式和山区发展路径等领域开展研究，为政府提供决策咨询。

农家乐休闲旅游研究室研究方向：围绕浙江省农村经济发展以及新农村建设，重点开展生态休闲农业经济、生态观光区策划、休闲农业、乡村旅游等领域开展研究，为各级政府决策及制定农业政策提供咨询。

在新学科培育方面：新建农民教育与发展战略研究学科，重点开展农村人力资本开发与新型职业农民培育、农民科技教育培训、农民现代化与农民发展评价等研究工作。

自2010年以来，承担各类科研项目378项，到位经费3 263万元，其中，省级以上项目109项；获省科学技术成果二等奖2项、三等奖2项；计算机软件著作权11项；鉴定成果13项。在省级以上刊物发表论文124篇，其中，SCI和EI论文各1篇，出版专著11部，编著1部。

三、科技服务与主要成效

（一）期刊编辑出版

浙江省农业科学院于1960年创办了技术性期刊《浙江农业科学》；1989年创办了学术性期刊《浙江农业学报》；1989年创办《农业开发与决策》（内刊）。

从创刊以来，《浙江农业科学》由《浙江农业科学》编辑部管理，《浙江农业学报》由《浙江农业学报》编辑部管理；从2006年开始，两刊由新成立的所期刊编辑出版中心负责编辑出版管理；2008年对《浙江农业学报》、《浙江农业科学》两个期刊资源有效整合，编辑、发行、编务统一调度，财务统一核算；2014年开始实行责任编辑互通，提高编辑效率。经过30余年的发展，期刊的学术水平与影响力不断提高，《浙江农业学报》成为全国中文核心期刊、中国科技核心期刊和中国科学引文数据库（CSCD）期刊；《浙江农业科学》入选中国期刊方阵双效期刊，浙江省期刊方阵，连续多届蝉联全国和浙江优秀期刊评比一等奖；《浙江农业学报》和《浙江农业科学》两刊的影响因子位居全国同类刊物前列。《农业开发与决策》经过改版和重新定位，已成为浙江省农业软科学研究和领导决策的重要指导刊物。

（二）农业影视传媒

农业影视传媒中心的前身是浙江省农科院声像中心，成立于1983年，原归口院科研处管理，1997年院声像中心从科研处划归情报研究所管理，2010年改名为农业影视传媒中心。

中心主要从事农业科教片、课题汇报片、中央七套和浙江电视台公共新农村频道农业节目、农村党员干部现代远程教育课件及企业形象宣传片、企业产品宣传片、电视广告片、三维动画制作等电视片的拍摄与制作及视频PPT的制作。30多年来，拍摄制作完成了近千部农业科教片和多部企、事业单位的宣传片；先后承担了中央七套与浙江省农办《科教兴农》栏目，《中国科技报道》，浙江电视台公共新农村频道《农村大讲堂》、《聚焦新农村》、《致富新天地》栏目的拍摄制作。2007年被省委组织部远程办确认为首批党员干部现代远程教育省级教学课件制作基地。

（三）科技教育培训

2000年，以情报研究所为主体，联合院科研处和人事处，组建院科技教育培训基地。

10多年来，培训基地按照省领导提出的"要把省农科院建设成为提高农技、乡镇干部农业科技知识水平的培训基地和培养有知识新型农民的学校"的要求，做好农村实用人才与新型职业农民培训工作。主要参与浙江省"千万农村劳动力素质培训工程"、"千万农民素质提升工程"以及基层农技人员知识更新培训工程。开展各类培训1 560余期，累计培训新型职业农民、农村实用人才与农技人员10万余人次。先后被认定为农业部现代农业技术培训基地，科技部"国家星火计划农民科技培训星火学校"，浙江农民大学省农科院校区，浙江省中高级农村"两创"实用人才培训机构，浙江省农民科技培训基地等。

四、未来发展思路与工作重点

（一）发展思路

以科学发展观为指导，按照标准化研究所建设要求，以"强学科建设、聚研究人才、创特色优势、优服务质量"为目标,加快体制机制创新、加快人才队伍建设、加快研究氛围营造,巩固提升农业区划优势学科,加快发展以农村发展战略研究和农业技术经济研究为特色的农业经济学科,培育拓展农业休闲观光学科与农民教育与发展学科,努力做优科技期刊、影视传媒、农民培训等公共服务,全面提升本所的学术影响力和服务"三农"的能力,力争成为省内有特色、有实力的软科学研究机构,为各级政府、农业部门、农业企业提供决策咨询服务。

(二) 工作重点

1. 农业软科学研究

紧紧围绕全省农业和农村社会经济发展中的热点、重点问题,以发展为第一要务,致力于凝练现行学科分工互补的特色,充分发挥软科学的战略性、前瞻性和综合性作用,进一步履行职责,适应新常态、拓展新思路、实现新发展,力争在提高农业软科学研究水平和科技创新能力方面有新的提升,努力开创区划工作新局面,在促进农业结构调整、实现农业转型升级、推进现代农业建设、全面建设"两美浙江"等方面发挥更大的作用。坚持以人为本、以农为重,以建设软科学人才队伍、提升软科学研究水平、多出高水平研究成果为所的中心工作,利用社会科学与自然科学、经济科学与技术科学及宏观与微观相结合的多学科综合的研究方法,在农业区划、农业经济、农村发展、科技政策、现代农业综合体、创意农业、休闲农业、智慧农业、农业现代化综合评价、新型职业农民培育等领域进行研究,发挥软科学研究的决策咨询作用,为各级政府、企业和社会团体做好咨询服务。努力建设成为具有较强科研实力、较高学术影响力、较强服务能力和经济实力的软科学研究中心。

2. 农业科技信息服务

一是积极打造精品期刊。坚持办刊质量和宗旨,着力提高《浙江农业学报》的学术性、《浙江农业科学》的技术性和《农业开发与决策》的指导性,努力提升杂志的整体水平和社会影响力,继续保持两刊影响因子名列国内同类刊物前列;努力搭建浙江农业数字化期刊出版平台,实现两刊网络优先即时出版,提升期刊出版平台与数字化办刊水平。

二是努力打造农业类媒体传播品牌。以承办《聚焦新农村》栏目为契机,以农业科教节目制作和我院科技成果的推广宣传为重点,着力提升农业科教片的制作水平和影响力;开展农业领域多媒体光盘技术的开发、新办栏目的企划宣传,不断拓展业务领域,建设成为有社会影响力的农业影视传媒制作中心。

三是积极参与浙江农民大学校区与农业部现代农业技术培训基地平台建设。以提高科技素质、生产技能和经营管理能力为核心,以培养高层次、高技能农村实用人才为重点,高起点、高质量地搞好各类农村实用人才与新型职业农民教育培训,为农民"创业创新"、增收致富、促进农村经济转型升级做出积极贡献。

附表1 研究所历任领导

浙江省农业科学院农村发展研究所历任领导

浙江省农业科学院区划研究所			浙江省农业科学院情报研究所		
姓名	职务	任期	姓名	职务	任期
方宪章	副所长	1979.11—1984.8	马岳	所长	1980.2—1981.9
桑文华	副所长	1984.8—1994.9	黄达晶	副所长	1981.4—1984.7
	党支部书记	1988.10—1994.9		所长	1988.9—1995.12
应汉清	党支部副书记	1979.11—1984.7		党支部副书记	1984.7—1986.9
赵忠贞	党支部副书记	1984.8—1988.9		党支部书记	1986.9—1995.12
丁贤劼	所长	1988.9—1999.3	曾志杰	党支部副书记	1981.9—1983.12
端木斌	副所长	1995.1—2002.5	徐明时	副所长	1984.7—1985.6
	党支部书记	1996.4—2002.5	顾月清	副所长	1984.7—1988.10
吴国庆	副所长	1999.3—2002.1	余兆海	副所长	1988.11—1995.5
徐红玳	副所长	2002.5—2002.11	林海	副所长	1994.6—1995.12
				所长	1995.12—2000.5
			毛伟海	副所长	1994.6—1997.3
			蔡鹭茵	所长	2000.5—2002.11
				党支部书记	1996.4—2002.11
			陈世明	副所长	2000.5—2002.12

浙江省农业科学院农村发展与信息研究所

姓名	职务	任期
蔡鹭茵	所长	2002.11—2007.7
	党支部书记	2002.11—2007.7
徐红玳	副所长	2002.11—2008.4
	党支部副书记	2002.11—2007.7
	所长	2008.4 至 2010.1
毛晓红	党支部书记	2007.7 至 2010.1
朱奇彪	副所长	2003.5 至 2010.1
郑可锋	副所长	2007.3—2010.1

续表

浙江省农业科学院农村发展研究所		
徐红玳	所长	2010.1 至今
毛晓红	党支部书记	2010.1 至今
朱奇彪	副所长	2010.1 至今

附表2 主要研究成果与获奖情况

序号	成果名称	奖项名称
1	浙江省农业自然资源和综合农业区划	全国农业区划委员会、农业部科技进步二等奖
2	农业环境与农业发展	浙江省科学技术奖二等奖
3	新时期浙江城乡一体化发展的战略思路与改革对策研究	浙江省科学技术奖二等奖
4	浙江农业农村改革发展研究与推广	浙江省科学技术奖二等奖
5	浙江省主要优势农产品生产潜力评估	浙江省科技进步三等奖
6	加入WTO后，浙江省农产品进出口战略研究	浙江省科技进步三等奖
7	农产品市场准入限制及其相应的技术和组织体系的构建对策	浙江省科学技术奖三等奖
8	新型农村公共财政体系构建的理论与实证研究	浙江省科学技术奖三等奖
9	农业龙头企业知识产权保护与发展对策研究	浙江省科学技术奖三等奖
10	城市化加速背景下的农业资源优化配置与农业转型升级战略研究	浙江省科学技术奖三等奖
11	农业现代化进程中资源持续高效利用与农业发展战略创新研究	浙江省科学技术奖三等奖
12	浙江省农业区域综合开发总体规划	部农业资源区划科学技术成果三等奖
13	浙江省简明农业区划报告	全国农业区划委员会科研成果三等奖

湖北省农业科学院农业经济技术研究所发展之路

（湖北省农业科学院农业经济技术研究所）

一、研究所概况

（一）职能和任务

湖北省农业科学院农业经济技术研究所（农业规划设计研究所）主要从事农村发展战略与政策、现代农业和区域农业发展、农业科技发展及产业化、农业技术经济和农业信息化等领域研究；组织承担农业园区规划、农业产业发展规划、农业项目可行性研究等咨询项目；为湖北省委、省政府及有关职能部门提供农业及农村经济发展的决策参考；承担国家农业数据库资源建设和全省农业科学技术查新检索服务，收集、整理、加工、利用、保藏各种农业科技图书及文献资料并提供网络信息共享平台；编辑出版《湖北农业科学》、《湖北畜牧兽医》、《农家顾问》等科技期刊，为湖北省"三农"提供科技信息服务。

（二）机构与人员

根据职能和工作需要，湖北省农业科学院农业经济技术研究所（农业规划设计研究所）下设1个管理机构、5个科研和服务机构，即综合办公室、农业经济研究室、农业信息化研究室、农业规划研究室、图书馆、科技期刊社。现有职工49人，其中在职职工28人，拥有博士学位的7人、硕士学位的9人，取得高级职称的10人。

二、发展历程

1986年8月，湖北省农业科学院科技情报研究所成立，原隶属院办公室的《湖北农业科学》编辑室（1981—1985年）、《农家顾问》编辑室（1983—1985年）及隶属院科研处的情报资料室（1982—1985年，1978—1981年隶属院办公室）均划转该所。1997年7月，更名为湖北省农业科学院科技信息研究所。2001年2月，与湖北省农业科学院农业测试中心合并，成立湖北省农业科学院农业测试与科技信息中心。2009年12月，更名为湖北省农业科学院农业质量标准与检测技术研究所，并加挂"湖北省农业科学院科技信息中心"。2013年11月，加挂的"湖北省农业科学科技信息中心"更名为"湖北省农业科学院农业经济技术研究所"。2014年7月，湖北省编办批复成立湖北省农业科学院农业经济技术研究所，并加挂"湖北省农业科学院农业规划设计研究所"。2015年1月，湖北省农业科学院农业经济技术研究所（农业规划设计研究所）正式独立运行。

三、业务方向

（一）农业规划设计

重点研究区域性农业区划，为市、县提供农业产业发展的规划设计服务，为企业提供农业投资咨询、农业项目可行性研究和农业园区规划设计服务等。

（二）农业信息化服务

重点研究农业信息标准及其获取、处理、传递和利用规律，研究开发为"涉农主体"服务的软件工具，形成农业大数据，为农业相关部门、企业提供农业信息采集、分析、利用的解决方案，为市、县及乡村提供农业信息化建设实施方。

（三）农业决策咨询

依托湖北省农业发展研究中心平台，利用科研成果、专家力量及相关信息资源，为农业相关部门提供农业及农村经济发展的决策咨询。

（四）农业科学技术查新检索服务

承担国家、省（部）、市及行业科研立项、成果鉴定、成果报奖、新产品开发预申报等查新咨询项目，专业覆盖种植业、林业、畜牧业、农产品加工业、渔业、农业经济等领域。

四、重点领域

（一）农业经济问题研究

本所农业经济研究团队近5年来先后主持或参与了国家自然科学基金（管理类）、农业部科技发展中心课题、湖北省重大调研课题、国家级科技思想库（湖北）研究课题、湖北省发改委委托课题、湖北省软科学研究课题、湖北省农业科技创新中心课题等各类课题共20余项。研究内容涉及重点农业产业经济、农业区域经济、农村发展战略、农村金融、农村保险、农业社会化服务、农业科技推广、农产品质量安全、新型农业经营主体、新生代农民工就业、农业科研高层次人才队伍建设等。

（二）农业信息化问题研究

本所农业信息化研究团队致力于农业大数据关键技术的研究，从农业大数据应用的角度出发，对农业基础信息分类标准与规范、大数据理论及其应用技术、云平台架构以及云计算技术和数据挖掘技术，农业信息的获取、处理、传递和利用规律等进行研究，并主持了亚洲开发银行技术援助项目——《新型农业技术推广和服务模式研究》，进行"农业产业信息公共服务平台"的开发设计。

继往开来　开拓创新

"农业产业信息公共服务平台"坚持"我为人人，人人为我"的设计理念，以满足农户和普通市民对涉农资讯、政策、知识、服务、产品的需求为原点，提出系统设计方案，并进行研发、测试。它在充分分析涉农主体需求和农业产业特点的基础上，站在农业产业全球化视角进行顶层设计，创造性地提出面向所有涉农用户的农业产业信息分类、处理和使用方法，实现了农业产业信息"块"与"链"的有机结合。同时，应用大数据、物联网等现代信息技术成果，吸收资讯网、政务网、交友网、电子商务网、ERP管理系统的功能点，创造性地集成一套极具农业应用特色的操作系统。

五、主要课题进展

（一）亚洲开发银行技术援助项目《新型农业技术推广和服务模式研究》子课题《农业产业信息公共服务平台》

1. 完成"农业产业信息公共服务平台 V1.0"研发工作，在电信 IDC 机房托管 10M 独享带宽服务器，用于平台的试运行。

2. 通过对各类物种信息数据库的信息收集工作，已完成相关信息编辑和上传工作。

（1）完成 3 498 个物种中文名称及对应拼音名称和拉丁名称收集和整理工作；

（2）完成 14 982 个物种俗名信息、6 887 条病害信息、5 014 条虫害信息的收集和整理工作；

（3）完成 8 893 个与物种相关的主要农产品名称的收集和整理工作；

（4）完成 3 498 个物种的简介信息收集、整理和编辑工作；

（5）完成 1 900 张物种各个不同生长时期照片的收集工作（每个物种 3~4 个时期）。

3. 在湖北省随州市曾都区洛阳镇（18 个村/社区）、兴山县古夫镇和黄粱镇（20 个村/社区）、洪湖市大沙湖农场（10 个村/社区）、咸宁市向阳湖农场（12 个村/社区）等地开展试点工作，共收集整理农户基础信息 15 241 户。

4. 顺利通过平台验收、亚洲开发银行的中期验收和湖北省科技厅的科技成果鉴定，并成功申请到计算机软件著作权。

（二）湖北省科技支撑计划软科学研究项目《基于产学研协同的湖北省农业企业技术创新研究》

该项目主要对湖北省农业企业技术创新特征、现有模式进行分析、总结。运用博弈分析方法、结构方程模型对农业企业技术协同创新动力机制、运行机制以及利益分配机制的作用机理及实现途径进行分析,并运用相关模型,对农业企业技术协同创新绩效及影响因素进行评价,并在此基础上,提出完善湖北省农业企业技术协同创新的实施路径和政策建议。目前进行资料收集和调研的准备工作。

(三)《襄阳市农业"十三五"发展规划》及《湖北省大别山革命老区振兴发展农业专项规划》编制

该项目是本所成立以来承担的两个综合性农业工程咨询项目。该项目立项后,课题组成员赴襄阳市、黄冈市、孝感市、随州市等地进行了大量的前期调研、座谈,对国家农业产业政策进行了认真研究、分析,对襄阳市、大别山革命老区"十三五"农业发展框架进行了深入研究、讨论。目前,已完成两个《规划》初稿,包括现有基础与发展环境、指导思想与发展目标、产业布局、主要任务、重大项目、保障措施等6个部分。

六、科研成果

湖北省农业科学院农业经济技术研究所(农业规划设计研究所)近年来先后主持或参与了国家或省级各类课题共20余项,发表论文60余篇,完成研究报告20余份。其中,《家庭农场经营模式及服务体系建设研究》和《湖北新生代农民工就业意愿与就业能力提升对策》2项研究成果得到了湖北省领导的亲笔批示。

由农业信息化研究团队主持的亚洲开发银行技术援助项目——《新型农业技术推广和服务模式研究》,其子课题《农业产业信息公共服务平台》,在农业信息化开发应用方面填补了国内空白,达到国际先进水平。同时,依托该平台取得计算机软件著作权1个,被湖北省科技厅鉴定为在同类平台中达到国际领先水平。

由农业经济研究团队主持完成的农业产业规划、农业项目可行性研究等各类咨

询项目达 20 余项，先后承担了国家、省（部）、市及行业科研立项、成果鉴定、成果报奖、新产品开发与申报等查新咨询项目近千项，为各级政府部门和企业决策提供了重要的参考依据，为湖北省"三农"发展提供了有效咨询服务，创造了良好的社会效益。

七、公益服务

2008 年设立国家农业科学数据共享中心湖北服务分中心。2013 年与中国知网合作，创建湖北省农业科学院数字图书馆，向全院职工提供文献检索、下载服务。

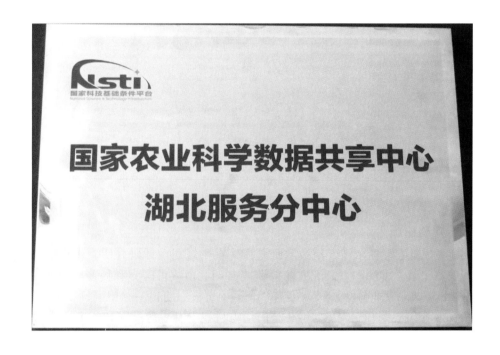

八、期刊出版

湖北省农业科学院农业经济技术研究所（农业规划设计研究所）下设的科技期刊社现编辑出版学术期刊《湖北农业科学》、《湖北畜牧兽医》和科普期刊《农家顾问》。其中《湖北农业科学》被认定为"全国中文核心期刊"、"中国科技核心期刊"和"中国农业核心期刊"，1997年获全国优秀科技期刊一等奖，1999年获首届国家期刊奖，2001年入选中国期刊方阵"双高（高学术水平、高知名度）"期刊行列，2003、2005年连续获得第二、第三届国家期刊奖（百种重点期刊），2010、2012、2014年连续3届获得湖北省优秀精品期刊奖。《农家顾问》1997年获全国优秀科技期刊三等奖，2001年入选中国期刊方阵"双效（社会效益、经济效益）"期刊行列。2007—2014年连续8年入选国家新闻出版总署农家书屋工程重点推荐报刊目录。《湖北畜牧兽医》2003年被评为国家首届《CAJ-CD规范》执行优秀期刊，2006年、2008年连续荣获全国畜牧兽医优秀期刊一等奖。

九、国内外合作以及未来发展方向

湖北省农业科学院农业经济技术研究所（农业规划设计研究所）自2015年1月开始正式独立运行以来，积极开展了合作共建工作：一是与农业部农业部规划设计研究院建立了战略合作关系，实现优势资源共享；二是我所成为农业部全产业链农业信息分析预警试点依托单位；三是与湖北省委财经办联合组建"湖北省农村发展研究中心"，利用科研成果、专家力量及全省"三农"数据库信息资源，为省委、省政府提供决策咨询服务；四是与湖北省农广校就合作编印"新型职业农民培育工程"教材项目达成合作意向；五是与北京农信通科技有限责任公司就农业信息化领域开展深度合作事宜进行了沟通与交流。

对于未来，本所确立了研究型与服务型并行的总体发展思路，力争构建"一软三硬"的学科格局。"一软"：以农业经济研究室为主体，开展农业产业经济、农业区域经济、农村发展战略、农村金融、农村保险、农业社会化服务、农产品质量安全、农业科技发展等方面的科学研究工作。"三硬"：以农业区划研究室为主体，研究地区农业区划问题，为市、县提供规划设计服务，为企业提供投资咨询、园区规划设计服务；以农业信息化研究室为主体，研究农业信息的获取、处理、传递和利用规律，开发为"涉农主体"服务的软件工具，形成农业大数据，为政府决策提供权威数据支撑；以科技期刊社为主体，发挥刊群资源优势，研究涉农行业部门、企业、专家的特殊需求，提出符合实际的服务模式并为之提供个性化服务。

同时，积极做好统筹谋划工作，进一步明确"十三五"时期的发展方向。一是以亚行技援项目验收为契机，继续推进与亚行的深度合作，为今后开展广泛的国际合作打下基础。二是积极拓展合作渠道，加强与农业部规划设计研究院、中国农业科学院信息所等国家队的沟通和联系，布局本所学科发展，借力提升本所创新发展能力。三是积极推进与湖北省委财经办、省农业厅及其部门合作，借力提升本所为政府的服务能力。四是积极推进"湘鄂赣皖农业信息技术创新联盟"建设，着力解决区域农业信息化重大战略与共性技术标准和地方农业信息化发展重大关键性技术问题，发挥"互联网+"的融合、引领作用，促进区域农业经济的发展。五是进一步加强与涉农企业的合作，开展科技服务，为湖北"三农"发展提供支撑。

科技创新与信息服务并举
开拓信息所新局面

(湖南省农业信息与工程研究所)

一、发展历程

湖南省农业信息与工程研究所源于1988年成立的湖南省农科院科技情报研究所，2011年经省编办批准更名为湖南省农业信息与工程研究所，现有综合办公室、科技与财务管理科、农业信息研究室、农业工程研究室、图书馆、杂志社和网络信息中心7个科室。主要为全院的农业科技创新工作提供图书文献资源、期刊编辑、网络信息安全与维护、有线电视维护等服务，开展农业信息技术、农业信息分析与预警、农业物联网、南方设施农业、乡村旅游与综合规划等研究。2014年获得省旅游局批准的旅游规划丙级资质。

本所现有编制46个，全部为全额拨款编制。现有职工57人，其中，在职39人，退休18人。另外还有长期临时聘用3人。在职人员中，专业技术人员和干部35人，包括研究员3人、副高职称16人、博士2人、硕士15人，有院级创新（培育）团队1个。

建所以来，先后承担国家科技支撑计划、农业部及湖南省重点课题10余项，全所共取得科研成果10项，有9项成果获得省部级奖励，其中，省科技进步二等奖3项，省农业丰收奖二等奖1项；鉴定成果4项；获得软件著作权6项；发表科研论文98篇、SCI论文3篇；承办全国性会议1次。

二、工作成绩

(一) 科研方面

湖南省农业信息工程研究所在院党委的正确领导下，狠抓科技创新，做优科技服务，强化内部管理，认真做好科研、服务和管理工作，圆满地完成了历年各项目标管理任务。

1. 加强科研工作，农业科技创新能力逐年提高

本所围绕科技创新发展，稳定学科基础、开辟新型学科，初步形成了软硬结合的学科发展格局，提升了创新能力。截至2014年底在研课题14项，合同经费181.6

万元，到位经费 92.2 万元。其中新上科研课题 12 项，到位经费 61.2 万元。在研项目中有省部级项目 6 项、长沙市及其他项目 8 项，纵向项目 6 项，横向项目 8 项。

2. 科技创新团队建设有新成效

按照所学科发展规划，加强了农业物联网、农业监测预警、南方设施园艺等团队建设，农业物联网技术团队入选院级创新（培育）团队。重点加强了农业物联网技术研究，以传感网络构建与改良、物联网设备设计与研发、农业物联网模型设计与构建、RFID 技术研究与实现等关键技术突破为重点，加强系统与技术集成，创新农业物联网应用模式，降低农业物联网应用成本，解决农业物联网应用瓶颈；加强空间地理信息技术农业应用研究，开展空间地理信息技术应用于土地资源利用的关键技术研究。

近年来，团队研发了智能手机终端控制软件，开展了草莓、铁皮石斛、生菜等作物设施栽培农艺技术研究并取得新进展，参加了全国农业物联网技术观摩、全国农业物联网与大数据学术交流，并在会上作专题学术报告和技术展示。

3. 农业信息分析预警研究有新进展

重点加强了水稻、棉花、油菜、蔬菜、柑橘、茶叶、生猪、淡水产品等大宗农产品生产与流通等信息采集标准、预警方法论及预警方法、模型和系统研究；加强农产品价格波动规律研究，重点研究粮食、蔬菜市场价格波动分析方法与预警模型、系统等关键技术。构建了实用农产品价格分析、预警系统 1 个，以农产品价格分析预警为方向，以价格波动分析预警技术为切入点，以集成多类分析预警技术分析系统为突破口，与各市州农产品市场保持了良好的合作关系，为研究项目的数据支撑、实施落地打下了较好的基础，形成了可持续的项目延伸式研发。获得了农业部农业信息服务技术重点实验室的项目支持，并注重信息技术与渠道资源的有效对接，初步形成了"信息技术在应用中完善、在完善中推广"的合作模式。

4. 基地建设有新加强

加强与浏阳市红秀农业科技有限公司的合作，科技服务基地的显示度进一步提升，农业部信息中心、省科技厅、省农业厅以及浏阳市科技局、农业局、经信局等部门领导先后到基地视察指导，给予了较高评价，进一步发挥了基地的示范作用。

（二）科技服务方面

1. 提升服务水平，科技服务能力逐年提高

多年来，本所紧紧围绕全院的科技创新工作，狠抓了网络信息服务、图书情报、期刊出版等服务工作，完成了网络中心新机房、图书馆新阅览室的建设，科技服务能力得到明显提升。2014 年底共实现服务收入 184.8 万元，其中，期刊出版 103.22 万元，网络服务和信息咨询 46 万元，物业 35.58 万元。

组建了信息咨询服务团队，有 1 名同志当选为省科技特派员，2 名同志当选为市科技特派员，8 名同志入选"三区人才"，12 名同志参加"湖南省万名科技人员服务现代农业"（百片千园工程），充分发挥了科研单位的技术和资源优势，共组织开展

96次科技服务活动，在浏阳市镇头镇开展了设施蔬菜、物联网关键技术应用等方面的科技帮扶和咨询服务开展工作，受到了科技示范户的欢迎和好评。

2. 网络信息服务条件进一步加强

网络信息中心承担院局域网、网站及有线电视的管理与维护及信息化服务，院局域网于2004年11月建成并运行，形成了实验大楼主机房到院办公大楼、后勤中心、老图书馆楼的双千兆，到加工所、茶叶所、蔬菜所及核航所等4个不同方向的4条百兆骨干线路，覆盖全院各个研究所和家属区的1 500余个终端点。2014年8月院投入180万建成面积近400平方米的局域网新主机房，下设3个汇聚层，60余个小型分机房。网络新机房建有配电间、网络监控室、网络办公室、维修间、电子阅览室、远程视频会议室、信息港网站办公室等配套区域，配有专用精密空调、气体灭火系统、环境监控系统、不间断电源、双路供电等高可靠性保障设施和核心交换机、防火墙、联想服务器、网络管理控制平台等，实现了较高的安全性和良好的环境条件，大幅度提高了设备运行和数据存储的可靠性。

农业科技信息港于2000年搭建并运行，该网站以承担本院面向社会的公益性科技信息服务功能为主，兼顾全院对外宣传。内网于2004年11月搭建并运行，主要为全院科技人员提供信息共享交流、文献资源检索等服务。院新门户网站于2014年1月1日正式运行，且网站及服务器均为自主管理，全方位加大宣传湖南省农业科学院力度。

3. 图书馆条件进一步改善

湖南省农业科学院图书馆始建于1956年，文献信息资源经过长期的建设与发展，形成了以生物科学，农业科学、食品工业及环境科学为主体，兼有社会科学及管理科学等多种学科、多类型、多载体的馆藏体系。现有藏书刊16万多册，其中外文图书10万多册，中外文期刊3万多册，科技资料3万多份；中文科技期刊1300种，外文期刊360种及中外文现刊200余种。湖南农业科技信息港建立，大力推进了电子文献资源建设。多年来，通过自建、自购、共建共享等多种途径和方式引进了维普数据库、博硕士学位论文数据库、中国知网、博看人文社科期刊数据库、智立方、超星数字图书馆、院图书馆馆藏书目数据库等10多种中外文数据库。与长沙市图书馆、湖南科技文献资源网实现资源共享。

2014年新的图书馆阅览室成功建成，使得图书馆阅览室、电子阅览室、图书期刊阅览陈列布局、阅读环境和馆藏条件得到极大改善。电子文献资源阅读量比重每年持续加大。电子期刊数据库阅读人次达168 878次，浏览下载文献870 566篇。

4. 期刊出版稳步发展

湖南农业科学杂志社出版两本刊物，《湖南农业科学》和 *Agricultural Science & Technology*。

《湖南农业科学》创刊于1971年，刊物坚持服务"三农"的办刊宗旨，立足湖南，面向全国，深受广大作者、读者欢迎和社会各界好评。刊物先后被《中国期刊网》、《中国学术期刊（光盘版）》、《中国核心期刊（遴选）数据库》、《中文科技期刊数据库》、《中国生物学文摘》、《中国生物学文献数据库》、《中国科技论文统计与分析数据库》、《中国农林文献数据库》、《中国农业文摘》CSTPCE（中国科技论文与引文数据库）核心期刊、CSCD（中国科学引文数据库）扩展库期刊等国内多家著名数据库收录，是《中国学术期刊综合评价数据库》、《中国科学引文数据库》来源期刊，"万方数据库—数字化期刊群"全文上网期刊。

Agricultural Science & Technology 是我国第一家农业科技综合类英文期刊。1999年建刊，刊物一直致力于向国内外宣传国内先进的农业科学技术、科研成果及产品；报道国内农业科研领域的最新进展；介绍国内特色资源、农业生产与经济发展状况以及湖南省与国际的农业学术交流和贸易情况，是目前国内刊登文章数量最多的英文农业期刊。刊物现已被国际权威检索工具美国 EBSCO 数据库、美国化学文摘 CA、CABI Full Text 等数据库以及国内中国期刊网、万方和维普三大数据库全文收录。据2014年版《中国期刊引证报告》（扩刊版）数据，*Agricultural Science & Technology* 影响因子为 0.617，总被引频次 1 025 次，其影响因子、总被引频次等被引和来源指标都在我国农业科学技术类英文期刊中名列前茅，甚至超过了被 SCI 收录的 *Journal of Integrative Agriculture* 和 *An International Journal Pedosphere*，居农业科学技术类英文期刊之首，刊物的学术水准、期刊影响力都得到众多学者的一致肯定。

三、未来发展

本所将以科学发展观为指导，认真贯彻落实党的"十八大"、十八届三中、四中全会精神，为实现科技创新与信息服务并举的发展目标，围绕智能农业、农机装备和农业科技情报3个重点方向，突出科技创新，做优科技服务，加强人才培养，按照互联网思维，提高科技创新能力、科技服务能力和科技储备能力。

（一）制定好"十三五"规划的编制

本所将按照"立足本省、服务产业、信息驱动、转型发展"的要求，在充分调研的基础上，科学编制"十三五"发展规划。通过规划的编制，明确本所在智能农业领域的研究重点是：着力开展从田园到餐桌的农业物联网的技术创新和产品开发，开展农情监测和信息分析预警研究，构建农业物联网技术研发平台。在农业科技情报领域的重点是：着力开展农业竞争情报、农业科技政策、美丽乡村建设政策研究，重点研发自有农业信息资源，构建农业科技信息智库。在农机装备领域的重点是：着力开展智能化农机装备研究，重点进行适应丘岗山地地区的轻便、实用、智能型农机的技术集成与产品研发。

（二）抓好科技创新工作

1. 加强科研平台建设

科研平台是确保科研工作可持续发展的支撑，综合了解兄弟省市农业信息所平台建设的现状，结合本所实际，重点在农业物联网工程技术研究中心、农业科技情报竞争中心、数字农业图书馆、智能农机等方面努力,争取有所突破。积极深化与相关科研机构、高校和企业的合作,组建跨学科、跨单位、跨区域的创新团队。联合相关电子设备研发和生产企业,对研发出的物联网设备产品化,加速成果推广应用,并实现产业化。强化系统集成能力,通过农业物联网相关设备配套软件研发和系统集成,设计并构建全省农业物联网公共应用服务平台。以高水平团队为核心,形成较强的农业物联网关键技术、设备与系统研发能力,力争打造全省农业物联网技术研发与应用中心。

2. 抓好项目申报

做好项目信息的收集、汇总、分析和跟踪工作,充分运用资源,多向行业内的专家汇报沟通,争取在新一轮项目布局中设置一些农业信息、农业工程、经济评价的研究内容。加强农业信息分析、农业科技情报的研究,争取形成一批可供决策参考的成果,发挥信息智库作用。用好旅游规划资质,抢抓新一轮驻村扶贫和"十三五"规划等机遇,力争在乡村旅游、美丽乡村建设的研究和规划咨询领域有所突破。加强与行业部门的合作,依托行业管理部门的渠道和信息资源优势,建立全省主要农产品市场信息数据库,从而打造全省农产品市场监测预警平台。

3. 加强创新团队建设

整合资源、集中力量,以浏阳基地、高桥基地为重点,积极申报长沙市科技平台,力争农业物联网创新团队建设有明显成效。加强人才队伍建设。结合学科规划,加大人才的引进和培养力度,重点是引进农业信息技术、农业机械、信息分析、技术经济等学科领域的带头人,尤其是既懂信息技术又懂农业技术的"两栖"人才,形成一支学科结构合理的人才队伍。

(三) 做好科技服务工作

1. 网络信息服务

以院门户网、湖南农业科技信息港为平台,切实加强网站完善、更新和维护,重点做好院门户网站处所子网建设和湖南农业科技信息港的改版升级工作,为干部职工做好网络信息服务员,为院所科技创新当好宣传员,为农业科技成果展示当好传播员。

一是搭建 OA 办公自动化系统并稳定其运行,以院局域网网络平台为基础,结合网络应用技术,通过院资金支持,建立 OA 办公自动化平台,实现无纸化办公、资源共享,提高工作效率与管理水平。

二是优化网络安全系统与网络应用平台,以安全策略为核心,从管理、技术和运维等方面入手,通过"计划、实施、检查、整改"的持续改进,实现网络安全管理"看得见、用得好、管得住"的目标,以数据库应用为核心,提供网络应用平台,将院相应数据库通过网络,满足科研工作的实际需求。

三是探索所—院独特的农业"e-Science"(科研活动信息化)技术研究,以网络技术与网络平台为核心,探讨符合我所-院科研信息化规律的"e-Science"理论,通过与所各学科领域的交叉合作，共同推进学科领域"e-Science"的实施与应用。

2. 图书文献服务

图书馆作为农业文献信息收藏、加工、分析的科技图书文献中心，承担着为农业科研人员的科研立项、科学研究、推广研究及课题验收、鉴定等提供信息服务的重任，随着图书馆事业的不断发展，图书馆将成为农业科技创新体系的重要组成部分。

图书馆已由单纯纸质文献发展成集纸本文献、电子文献、网络数据库文献为一体，随着网络信息环境变革的不断加快，用户对图书馆的信息需求也正发生着巨大的变化，院图书馆必须加强图书文献资源、馆藏资源和自有资源的建设，启动湖南农业数字图书馆建设，提高服务的数字化水平。开展文献资源网上传输服务，积极争取科技文献查新服务平台。数字图书馆建设是未来发展的方向。通过图书馆门户网站与读者交流、沟通，是图书馆实现资源共享、开展信息服务的重要手段。

3. 期刊编辑服务

以《湖南农业科学》、*Agricultural Science & Technology* 为平台，努力提高办刊水平，为农业科研工作做好宣传。《湖南农业科学》为地方性的农业类综合科技期刊，以不断提高刊物质量为目标，突出湖南农业科研和生产的特色，培养高素质的编校队伍，打造权威的湖南农业科研交流平台。*Agricultural Science & Technology* 发展定位为高端、精品科技期刊，不断提高影响因子，争取被国内外重要数据库收录，并不断提高国际影响力。

江西省农业科学院
农业信息学科建设 30 年回顾与展望

(江西省农业科学院农业经济与信息研究所)

一、30 年发展历程

30 年前，正好是 1985 年，江西省农业科学院一个新所诞生——在原情报资料室的基础上组建了江西省农业科学院科技情报研究所，随后江西省编委批准正式成为独立科研所。建所之初，职工人数约 25 人，业务方向包括图书资料、软科学研究、期刊出版、农业声像等。

江西省农业科学院科技情报研究所成立初期，虽然没有什么科研积累，然而十分重视计算机等先进技术，与时俱进的劲头很足。时任所领导缪坚人非常重视科技情报，由于他英文功底好，善于从国外文献中发掘情报。1983 年他通过外文文献，获知螺旋藻的经济价值和当时国外的开发情况，并通过外文文献提供的线索与丹麦科学家 B.O. 依加姆博士取得联系，B.O. 依加姆博士将他介绍给印度中央食品技术研究所所长 L.V. 文卡拉门博士，L.V. 文卡拉门博士直接从印度寄来了螺旋藻藻种和近 6 年的研究资料，使江西省农业科学院科技情报研究所直接得到了国际的技术情报和实物情报，缪坚人也因此成为我国从国外引进螺旋藻的第一人。随后，缪坚人一方面培养藻种，一方面在《科技情报》和《农业现代化研究》等期刊上发表文章，在国内对螺旋藻进行宣传，并申报了研究课题"国外螺旋藻开发利用生物技术情报调研"。一次在参加农牧渔业部会议的时候，缪坚人向国家农牧渔业部科技司成果处戚长敬同志介绍了这一资源情报，后引起了何康部长和国内藻类专家的重视，最终缪坚人所长还参加了全国多个单位协作的"七五"攻关项目——螺旋藻蛋白质开发利用，为国内开发利用螺旋藻做出了不可磨灭的贡献。

20 世纪 90 年代初，江西省农业科学院科技情报研究所对计算机在农业的应用相当重视，1991 年花 5 万元购买了全院首台 386 电脑，尔后又购置了 4 台较便宜的 PC 机。购买了 2 台大 1/2 的索尼摄像机。之后数年立项的课题有计算机水稻（两系法）专业数据库的建立（1990）、江西省农业文献计算机检索系统研究（1994）、江西省农业科技成果数据库管理系统研究（1997）等。1996 年，江西省农业科学院科技情报研究所开展的科技查新业务，获得了江西省农业科技查新的认定，成为全省首家农业科技查新单位。20世纪90年代，特别是"南巡讲话"之后，全国科研单位进入开发创收大潮，江西经济落后，情报行业的待遇较低，因此流失了一批人才。工作重点主要搞一些省级的软科学课题研究、创办了新的刊物《江西农业学报》、同时也搞了大量的与情报服务不相关的创收活动，比如，卖水稻良种等。

进入21世纪后，逐步走向正规，随着互联网的发展，信息服务内容和手段也发生了变化，江西省农业科学院科技情报研究所承接了江西省农业科学院网站，购买了中国知网、维普的电子文献数据库，承办的期刊容量也不断扩大。特别是到2008年，根据形势的发展和业务的需要，将"江西省农业科学院科技情报研究所"更名为"江西省农业科学院农业信息研究所"，引进了荷兰瓦格林根大学毕业的海归博士和武汉大学、武汉理工大学、南京信息工程学院等院校的多名硕士，人才队伍建设出现了质的飞跃，组建了农业信息技术科研团队。"十二五"期间，新上立项如雨后春笋，除本省科技厅的立项外，还主持了国家科技支撑计划"区域特色农产品质量安全全程追溯系统的研究与应用"、"农村信息资源采集标准规范研究与农业信息资源数据库建设"等国家级课题。

在省院合作的大背景下，江西省农业科学院农业信息研究所与中国农业科学院农业信息研究所开展密切合作，实施靠大联强、借梯登高的策略。2010年江西省农业科学院与中国农业科学院农业信息研究所签订了《中国农业科学院农业信息研究所、江西省农业科学院农业信息领域合作协议书》，在农业信息课题研究、农业信息文献的共享等方面开展积极的、有实效性的合作，并与北京市农林科学院农业科技信息研究所、安徽省农业科学院科技情报研究所等单位也开展紧密合作，其中一项合作的研究成果获得江西省科技进步三等奖。

2013年江西省农业科学院进行了内设单位调整，将农业信息研究所与农业经济研究所合并为"江西省农业科学院农业经济与信息所"，研究领域也变为农业信息与农业经济两大块。目前，全所现有职工35人，具有正高技术职务4人，博士4人，硕士14人。研究所下设5个研究室（农业信息技术、农业科技情报、农业生态经济、农村经济、农业技术经济），《江西农业科学》期刊编辑部、图书馆、网络中心。

江西省农业科学院农业信息研究所在过去30年的发展历程中，在历届所长或主持工作领导的努力下不断发展壮大，他们在所工作的过程中都做出了贡献，这些领导有：聂纯清、缪坚人、向善荣、程永千、杨升俊、龙丘陵、张巴克、邓仁根等。

江西省农业科学院农业经济与信息研究所作为江西农业科研的重要力量，尤其是担负为全省农业提供信息服务，承担着全省农业及与经济建设发展密切相关的重大科研项目的艰巨任务，已成为江西省农业科研的重要基地之一。

二、30年取得的主要成绩

（一）积极开展软科学研究，为地方发展作参谋

江西省农业科学院农业信息研究所自建所以来，紧紧围绕江西省委、省政府重

大战略的部署和实施，针对江西省农业发展的战略性、前瞻性问题进行的、能为领导科学决策提供有效服务的软科学研究。通过广辟情报来源、加强文献工作、深入调查研究、掌握国内外农业科技成就新动向，有针对性地、及时地收集情报资料和分析研究资料，然后是有效地利用情报资料。20世纪80~90年代江西省农业科学院科技情报研究所主持的课题"国外螺旋藻开发利用生物技术情报调研"、"江西省科技兴农发展纲要及其配套政策研究"、"江西省星火计划发展战略研究"等分别获得江西省科技进步三等奖。2011年江西省农业科学院农业信息研究所主持的江西省科协决策咨询项目"关于建立江西省农产品质量安全追溯体系的对策研究"研究报告主要内容，在江西省科协的"决策咨询专报"上刊发后，获朱虹副省长重视，他作出专门批示，为此省科协专门对本所奖励。而且研究成果也在中国科协主办的"调研动态"刊物上发表。

（二）为全院乃至全省提供了良好的农业信息文献服务

首先是院图书馆和院网站（www.jaas.com）为全院的科研工作者提供了良好的服务。30年前，电子文献还不普及的时候，本院图书馆保持了较丰富的纸质文献馆藏，分为中文图书、外文图书、报刊阅览、科研档案4个室。全馆图书资料达16万册之多，现刊300多种，基本满足当时科研人员的需要。进入20世纪90年代中后期，购买了中国知网、维普的电子文献数据库。2005年承接院网站，网站为及时有效地宣传报道本院在科研、人才培养、专业建设、文化建设、对外交流、为"三农"等方面的新动态、新成果起到了积极作用。同时，也通过网站为电子信息服务搭建了一个平台，满足了科研人员对电子文献的需求。由于经费短缺，长期租用他人服务器，直到2009年才建成了专用机房，目前，信息化服务硬件建设，已基本达到全国省级农科院的平均水平。

（三）打造的农业信息技术团队已茁壮成长

10年前，本所主要职能还是图书、情报服务、软课研究这么"老三样"。自2008年本所彻底改变了发展方式，确立了"科研与情报服务并重，科研优先"的战略，并专门新成立了"农业信息技术研究室"，由于是新成立的部门，很有特点：成员都是年青人，学历都是清一色的硕士或者博士，朝气蓬勃，干劲冲天。研究室成立第二年，就成功申报了两项国家科技支撑计划课题："区域特色农产品质量安全全程追溯系统的研究与应用"和"农村信息资源采集标准规范研究与农业信息资源数据库建设（子课题）"，近几年来，农业信息技术方面的省科技厅课题也有10多项，发表研究论文20多篇，获得2013年江西省科技进步三等奖1项，取得专利5项、软件著作权8项。

（四）期刊发展获得社会效益和经济效益双丰收

本所目前共有两本院主办主管的科技期刊《江西农业学报》和《农业灾害研究》。《江西农业学报》1989年创刊，坚持科技创新、为繁荣学术交流服务和立足江西面向全国的办刊方针，以内容新颖、注重原创的风格特色来刊发稿件。创刊20多年来，从半年刊、双月刊，再到现在月刊，一步一个脚印。2003年进入科技部"中国科技核心期刊"行列，2004年评为"第二届江西省优秀期刊学术质量奖"，2006年被中国农学会评为"第五届全国优秀农业期刊"，2008年评为"第三届江西省优秀期刊三等奖"，2013年被评为"第四届江西省优秀期刊二等奖"，2013年被评为"华东地区优秀期刊"。目前已被英国国际农业与生物科学研究中心数据库（CABI）、美国化学文摘、美国乌利希期刊指南等收录。不过，到现在为止，《江西农业学报》还未进入中文核心期刊。期刊每年创收90万元左右，为全所的主要创收部门。

（五）坚持对外合作结硕果

2010年，江西省人民政府与中国农业科学院开展科技合作洽谈与签约（实则为江西省农业科学院与中国农业科学院的合作，省政府介入主要是行政级别对等）。从那时起，本所与中国农业科学院信息所开始了较为密切合作。一是签订了《合作协议书》，确定了联合承担研发任务、为江西所培养专业人才、建立科技资源共享机制等，确立了正式的合作关系。二是中国农业科学院信息所专家与我们一道共同申报国家科技支撑计划项目，申报成功后北京的专家作为课题组成员一道参与课题的研究，技术上手把手的教我们，并且由本所多次派人到北京接受短期培训，顺利完成了课题的各项研究任务。三是人才培养，这是地方农科院最需要的东西。人才培养的载体还是科研项目，中国农业科学院让我们参与到他们的大项目当中，特别是涉及一些地方资源调查等的内容。另外，2015年3月27日在江西省农业科学院召开了国家农业科学数据中心2015年江西专题数据对接会，在本所设立国家农业科学数据中心江西农业数据服务分中心。2015年，本所的一位科研人员考上了中国农业科学院农业信息研究所的博士研究生。四是中国农业科学院农业信息研究所领导下来对我们进行指导。2014年10月，本所承办"第八届泛珠三角暨中南地区农业信息与经济学术交流会"，我们也知道中国农业科学院农业信息研究所的领导都很忙，但还是怯怯地邀请许世卫所长来会上作报告，没想到许所长满口答应。来昌上午报告完，下午就赶机回京，不辞辛劳，令我们十分感动。

三、未来发展设想

对于本所农业信息学科未来发展设想首先基于两点考虑，一是要立足于本所过去科研的积累和江西农业的省情，二是要紧密结合农业生产实际需求，为"三农"服务。"十三五"期间，重点开展两方面工作。

（一）构建江西特色的农业科技信息服务平台

建立江西省农业科技服务云平台，其中包括：农业科技咨询服务系统、农业知识产权交易系统、农业科学数据共享平台、文献资源共享平台、科研管理与知识服务系统。

组建覆盖全省范围的农业科技服务专家团队，建立江西地域特色鲜明的农业科技咨询服务网站，向农民普及农业科学知识；开展双向视频答疑、热线电话咨询、网上答疑等服务。

建立江西省农业知识产权数据库，包含归属于江西省各类单位的农业科技成果、专利、植物新品种、软件著作权等。建立适合江西省的重要农业知识产权数据库，从省外知识产权中筛选适合江西省地方条件的知识产权，并建立数据库。开发网络应用平台，实现农业知识产权的数据采集、评估、跨库检索和自动推送。

建立江西省农业科学数据共享平台，汇集各方资源，建设区域性农业数据资源中心，构建农业领域特色的大数据研究中心，通过分析应用平台，进行成果发布，服务于政府、科研机构、涉农企业、社会公众等。

建立文献资源共享平台，丰富中文文献资源，明显改善外文获取途径，体系内单位的文献需求满足率达到90%以上。

建立科研管理与知识服务系统，实现江西省农业科研协同创新体系内项目管理网络化、科研统计、知识服务自动化。

（二）农业信息技术研究

探索信息技术与农业科学的结合点，以物联网技术、数据库、多媒体、人工智能、网络通讯及多平台融合技术研发为核心内容，专注农业信息自动获取设备和温室大棚智能化控制设备的研究与开发。

1. 畜牧业生产智慧管理系统

致力于肉类食品在养殖、生产、运输、销售等环节的质量安全管理系统建设工作，特别是肉类食品的可追溯系统的建设，满足多主体的需求。①企业需求：通过畜禽的生命体征进行监测，指导生产，降低死亡率。②政府需求：政府部门可以实时掌握畜禽的存亡状况，进行疫情监控，指导畜禽产品质量安全追溯。③行业专家需求：获取畜禽生长过程的生命体征数据，特别是疾病和应激状态下的生命体征数据，为相关研究提供基础数据。

2. 水产业生产智慧管理系统

重点研究水产养殖水质和环境关键因子实时监测技术、水产养殖智能化和可视化无线传感网络监控系统、智能化管理系统，对水产养殖环境、水质、鱼类生长状况、药物使用、废水处理等问题进行了全方位的管理和监测。完成数据、图像实时采集、无线传输、数据分析，对生产基地进行远程监控，提高水产养殖效率，实现水产品质量追溯，推广应用健康养殖标准和模式，提高水产养殖精准化生产和智能化监控水平。

福建省农业经济与农业信息发展战略研究团队建设探讨

（福建省农业科学院农业经济与科技信息研究所）

一、研究所现况与特色分析

福建省农业科学院农业经济与科技信息研究所（以下简称农经所），是以农业经济研究和提供农业科技信息服务为主要任务的省级公益性科研机构。主要从事农业经济与农村发展、台湾农业与两岸农业合作、农业科技信息服务、农业信息分析等学科领域的科学研究。

农经所前身是成立于1978年的福建省农业科学院科技情报处，1979年3月成立福建省农业科学院科技情报研究所，2000年11月，经中共福建省委机构编制委员会办公室批准，加挂"福建省台湾农业研究中心"牌子，2004年9月福建省农业科学院宏观农业研究室整体并入，2005年7月更名为福建省农业科学院农业经济与科技信息研究所。目前，农经所下设办公室和科研管理室2个管理科室；台湾农业、农业政策、农村发展与规划等3个研究室；《福建农业学报》、《福建农业科技》、《台湾农业探索》等3个编辑部和1个图书馆。组织架构如下页图所示。

现有职工55人，其中，正高8人，副高7人，中级21人，省百千万人才人选1人，博士5人，硕士15人；另有退休人员25人。具体承担三大职责：

一是农业经济和农村发展研究。包括农业经济问题、农村生态环境和资源问题、农村贫困问题等软科学和政策创新研究；

二是台湾农业与两岸农业合作研究。包括台湾农业经济与农业政策、两岸农产品贸易、两岸农业合作政策等重大政策性问题研究；

三是科技信息与农业信息研究。包括农业信息分析、农业信息管理、农业科技信息服务等基础性社会公益研究。

农经所是我国大陆最早从事台湾农业及闽台合作研究的研究机构，在台湾农业、闽台农村区域研究具备较强的特色和一定的优势。建有福建省台湾文献中心农业库，现有台湾原版期刊110种，2万余册，是福建省最大的台湾原版图书期刊数据中心。主持和共同研究课题获国家、部省级以上各类科技奖励成果25项。

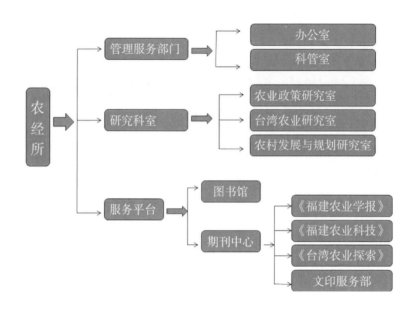

二、研究团队建设与运行机制

建设一个优秀的科技创新团队,是提高自主创新能力的基础保证。为提升院所的科技综合竞争能力,成立了"福建省农业经济与农业信息发展战略研究创新团队"。本团队以福建省社会经济发展的战略需求、现代农业科技发展的需要和我院学科建设的需要为导向;以整合资源、凝练重点科研方向、凝聚优秀创新人才、优化资源配置为出发点;遵循"尊重科学、发扬民主,提倡竞争、促进合作,依靠专家、择优遴选,激励创新、引领未来,跟踪发展、动态管理"的基本原则;以科学论证、统一规划、分步实施为工作机制;以福建省农业科学院农业经济与科技信息研究所为建设依托单位。团队以实现团队建设的公开化、规范化、科学化,有序管理、优化资源配置,和谐发展,凝聚创新人才,促进团队协作与创新为目标。

(一)建设理念

创新团队的建设以科学发展观为指导,围绕建设福建省现代农业发展的总体要求,培育台湾农业和闽台农村区域经济合作研究特色学术方向,整合本院软科学研究优势资源,凝练农业经济与管理研究方向,恪守"协作、包容、开拓、创新"的团队宗旨,加大人才队伍培养力度,建立长效研究机制,构建充满活力、团结协作、开拓创新的团队,逐步将团队建设成为具有海峡西岸区域优势与闽台农业合作研究特色的软科学创新力量,致力于为福建现代农业发展和农业科技创新发展提供决策参考和智力支撑。

(二)组织架构

本团队实行首席专家负责制,下设 3 个学术方向,团队设学术委员会与管理办公室。

本团队建设依托单位为福建省农业科学院农业经济与科技信息研究所，人员由福建省农科院农业经济与科技信息研究所和福建省农科院从事软科学研究的相关专家与科技人员组成，在学术自由的原则下自愿组建，并聘请院外知名专家、台湾专家参与学术合作研究。

为了加强本团队的协调管理，成立团队学术委员会，主任由首席专家担任，成员由责任专家和副高职称以上专家组成。主要职责：探讨提出团队的研究方向、发展目标、队伍建设目标、基地建设目标、人才培养目标，讨论提出团队每年获院资助经费的使用建议，审核团队开放基金与团队创新发展基金的申请，对团队内各项目组阶段性目标完成情况进行审查，负责团队人员的考核和评价，负责团队的学术交流和培训工作。

（三）人才建设

首席专家在确定团队研究发展方向、研究内容、研究目标、人才培养、学术交流、运行机制和经费配置等方面发挥重要作用，能很好地完成团队学术方向的建设指标任务，团队成员结构合理，促进团队有机整体、和谐、协调发展。致力打造一支过硬的学科团队，试行青年晨会制，加快年轻科技骨干培养，建设一支结构合理、科研水平高的团队，完成人才建设目标。在引进和培养硕士、博士研究生、职称晋升、下派科技人员挂职等方面有所发展，为团队奠定了良好的人才基础。

（四）条件建设

以福建省台湾文献中心（农业库）为台湾农业条件研究平台；福建农业科技信息网、科技期刊稿件远程管理系统为信息化研究与建设依托平台；在构建软科学研究资源共享平台、打造台湾文献特色资源平台、提升《台湾农业探索》办刊水平等方面有所建树，为大陆开展两岸农业合作提供重要条件平台。

（五）团队管理模式

团队管理按照"综合协调、集体决策、分工负责、按需设岗、动态管理"的原则，根据学科发展和创新研究需要，由有关科研人员自由组合，双向选择，以合同形式进行目标管理，由首席专家向所或院签订目标责任书，团队其他成员向首席专家签订目标责任书。

1. 首席专家负责制

团队所有成员由首席专家聘任，责任专家对首席专家负责，团队成员不能完成和履行职责，首席专家有权提前解除其聘任合同。

2. 责任专家负责制

责任专家可向院内外研究机构公开聘任团队成员，并报学术委员会和首席专家批准。研究骨干及团队成员对责任专家负责。责任专家应明确科技任务和指标，并在学术竞争机制下工作，既达到激励、凝聚的目的，又能实现人才流动。

3. 目标任务合同制

①由首席专家与责任专家签订团队学术方向责任书；团队管理实行目标动态跟

踪考核，加强研究进展检查和质量监控，竞争协作，滚动支持，联合攻关。②经学委会论证并制定出各学术方向的具体目标任务，实行目标量化管理，各学术方向研究目标、考核指标、经费分配按签订的责任书执行。

（六）管理机制

1. 团队建设过程管理

为了有效促进团队建设，实现团队预期目标，按照签订的责任书中的目标责任，实行建设跟踪发展、动态过程管理。

（1）民主管理：团队建设过程中充分发扬民主，重大决策听取团队成员意见和建议，由学委会进行商议，首席专家最终决策。学术委员会对各学术方向与责任专家工作绩效的评估报告，是首席专家对学术方向进动态调整、滚动支持的重要依据。

（2）会议纪要：团队内各级会议均形成会议纪要，作为团队建设过程管理的重要材料；相关人员均应准时到会，确因特殊情况不能参加者，需向首席专家请假。

（3）年度总结：年末团队成员按要求分别将学术方向工作报告责任专家提交，责任专家向首席专家综合汇报各学术方向建设成效。最后由学委会或聘请同行专家审核。

2. 团队建设资金管理

（1）设立学术研究基金：团队内各学术方向的责任专家，每年围绕团队建设的统一目标，提出本学术方向年度发展目标，研究思路，基础条件建设计划，每年计划完成的申报项目、成果专利，争取经费，发表论文指标、客座研究人员经费支持等，向团队提出经费申请。学术委员会就各学术方向提出的申请进行充分的讨论酝酿，提出经费分配的初步方案，并将团队总体年度指标分解到每一个学术团队（指标与经费分配比例挂钩），确定每一学术方向需完成的年度指标建议，报首席专家审查确定。实行年度报告制度，学术委员会重点审核年度指标特别是争取经费指标的完成情况。

（2）设立团队发展基金：团队获得院资助数额，首席专家预留30%，作为团队的公用发展经费，如召开学术会议，聘请团队顾问，邀请国内外同行专家讲学、交流和合作研究，对团队成员出国进行学术交流及人才培养等给予适当的补助，对年度指标完成好的学术方向给予经费追加奖励，设立研究基金等。发展基金优先资助由重点大学或科研院所加盟而来的青年人才和团队内部具有较好研究前景与发展潜力的青年科技人员。资助金额由学术委员会进行审核，对于获得资助的研究人员，团队提供一定额度的资金资助（金额1万~5万元），优先资助新毕业的博士开辟新的研究方向。

（3）实行资金动态管理：首席专家有权根据学委会对学术方向进展情况的评估报告，采取有限目标、动态调整、滚动支持的管理原则，来决定拨付经费，调整拨付金额。对年度进展良好，超额完成指标任务的学术方向，第二年加大资助力度。对没有完成指标的学术方向，第一年给予警告，并相应减少第二年的资助力度，连续3年无法完成指标，不能通过团队中期评估的学术方向，暂缓后期拨款，并及时进行调整或撤销，提出责任专家调整建议。各学术方向的经费使用，应严格按照院所有关财务规定执行。

3. 内部激励与约束机制

以绩效评估为动力，引进竞争激励机制，发挥和调动每个团队成员的积极性和个人潜力，保持核心成员的相对稳定性。

（1）建立岗位责任制：按照"按需设岗、双向选择、合同聘任、动态管理"的原则，以合同形式进行目标管理，由首席专家向所或院签订目标责任书，责任专家向首席专家签订目标责任书。责任专家享有本学术方向学术活动与研究经费的支配权，并配置相应的硬件环境和固定的学术骨干，必须对外争取一定数量的项目、发表一定数量和质量的论文。

（2）完善考核、评价机制：参照院人事处的绩效考核办法，针对软科学研究的特点，制定科学、合理、可操作性的量化考核指标，按个人业绩及每年承担的研究任务评出个人得分，并汇总为学术方向绩效考核成绩。

（3）强化考核管理公正性：由学委会和首席专家负责团队成员考核，按团队成员互评、考核测评、责任专家评分和首席专家评分相结合的考核方式对团队人员进行考核。团队成员对考核结果不满意的，可以按程序向所或院申诉。

（4）引进人性化评价机制：对于取得良好绩效的成员，优先向所在单位推荐年度考核优秀候选，并在人才培养、经费资助等方面给予倾斜。对于尚未获得社会公认的研究过程，要允许失败、宽容失败，重在对研究成果的质量和效果的评价考核，反对重数量轻质量、急功近利的考评，为年轻人才成长、施展才华提供条件和机会。

（5）突出业绩奖惩机制：对符合团队建设方向，获得省部级成果奖、在国家一级学报或软科学研究权威刊物发表论文的团队成员，根据经费条件由首席专家决定酌量支持经费，给予一定比例的配套奖励。

4. 学术交流、人才培养与引智机制

（1）健全学术交流研讨制：加强院内外学术交流合作，对外邀请同行专家进行学术讲座、召开学术会议、鼓励成员参加大型学术会议等形式；对内建立常态化的学术交流机制，定期进行团队的学术研讨活动，每两个月召开1次团队内部课题学术讨论会，每个月开展1次内部学术报告会，加强学术交流和思想碰撞，团队每年至少主办（或者协办）1次院厅学术研讨会议，资助期内组织召开一次全国性（或海峡两岸）学术研讨会。责任专家每年应参加3次省级以上学术活动，并至少1次在省级以上学术会议做报告。研究骨干每年应参加3次省、厅级以上学术活动，并有1次在院厅级会议上作学术报告。

（2）青年学术骨干培养机制：为年轻人承担各级科研项目创造机会，加强岗位锻炼，培养实用人才，并采取与国内、外有影响的高校与研究机构进行合作研究、访问学者、博士后和短期进修学习等方式，鼓励团队成员进入重点大学攻读博士学位，进行深造，提高团队成员的综合科研素质与研究水平。

（3）引智机制：坚持有利于学科融合、优势互补、促进人员培养、加强科研合作的原则，努力引进国内外，特别是台湾有一定知名度和发展潜力的知名学者，促进团队科技创新能力、开放协作能力的提高，努力培植创新研究团队的学术影响力。

5. 构建资源共享机制

（1）加强软科学研究数据库建设：促进团队成员已有的科技信息资源、新增科研设施条件的开放共享。各学术方向每年用于购置设备、信息资源的经费不低于项目总经费的20%，加强软科学研究数据库建设，以数字图书馆和台湾农业研究书库为基础，将现有的台湾农业研究、农业经济研究等资料、书刊进行综合整理，力争在团队建设期间建成省内一流的两岸农业合作与农业经济的软科学研究平台，推进创新团队的建设。

（2）科研协作网络平台：构建基于互联网的科研协作平台，通过团队科研系统信息化管理，建立基于互联网的团队交流方式、促进各学术方向之间的交流与探讨；建立基于音视频交互的远程协作平台，有效的开展跨部门的科研协作和学术交流，有效的解决因时空间隔对团队科研工作、交流协作带来的不便等。

（3）完善知识产权管理：团队成员申请获资助的项目、经费，以及研究获得的成果、知识产权等，其行政管理和所有权仍归创新团队成员所属的行政单位，不同单位人员合作申请的项目，行政管理属第一主持单位，其经费分配，成果、知识产权归属按合作申报项目的合同规定执行。

三、发展定位和方向

（一）发展定位

1. 服务政府决策（学科研究与政府决策结合）。
2. 服务两岸合作（学术成果与两岸政经结合）。
3. 服务"三农"问题（经济理论与"三农"实践结合）。
4. 服务农业技术要求（农经研究与自然科学结合）。

（二）发展方向

1. 提升研究视角

宏观经济社会问题的综合性研究。着重两岸的热点焦点问题、中央及省领导关注的问题，开展课题研究。

2. 提升课题层次

微观技术问题的经济性研究。加强软硬结合研究，着重本院发展重大问题、自然科学研究关注的问题，特别是技术经济评估，技术可行、经济合理，加强协作积极争取国家级重大课题。

3. 提升研究效果

社会技术服务的针对性研究。着重社会经济发展、三农发展关注的问题，结合实际,能够对具体工作直到实质性的指导作用,并得到相关部门的认同。

4. 提升研究能力

两岸学术机构及课题合作研究。着重纵向与中国农业科学院等国家级团队、横向与台湾及海西相关百强院所开展深度、长效合作,通过积极介入、主动融合快速提升自身的研究水平。

四、发展思路

团队研究围绕福建现代农业发展重大战略问题,突出区域农村经济发展和对台农业合作研究,初步达成了闽台农业合作的高级智库、软科学研究平台的构想,形成软科学研究长效机制;逐步构建较完备的台湾农业数据库,为我院科技创新和软科学建设提供信息平台,为政府提供决策参考服务;引进培养省级以上高级专家,选送青年优秀人才赴台湾高校进修访问,形成学科梯队。立足海西优势,以服务政府决策、服务两岸合作、服务"三农"需求为基本定位,通过团队成员的不懈努力,深化高级智库和研究平台建设。

(一)一个高级智库

通过凝聚学科研究方向、集聚优秀人才梯队、强化脑力激荡机制,逐步形成在省内居领先地位、有较高学术水平的农业经济与管理研究团队,逐步形成有海峡西岸区域特色的农业经济、农业信息、农业规划咨询、农业科技创新发展的高级智库。

(二)一个研究平台

以福建省台湾农业研究中心为基础,突出闽台农村经济政策、科技创新与技术转移模式、农业产销合作组织、现代新兴农业发展策略等四大方向的发展比较与两岸合作研究,构建居省内前列、在福建乃至全国有一定特色和影响的区域农业经济尤其是台湾农业问题的软科学研究平台。

五、发展目标

团队研究围绕福建现代农业发展战略问题,突出区域农村经济发展和对台农业合作研究,构建"福建省农业经济与农业信息发展战略研究创新团队",形成软科学战略研究长效机制,有效服务"三农";逐步构建大陆较完备的台湾农业数据库,为学科建设提供信息平台。力争通过不懈努力,团队研究重点与能力更加突出;台湾农业研究学术交流平台日趋活跃,能有效促进两岸农业学术交流的深化;软科学服务成效比较显著,能较好地为政府提供决策咨询,有效发挥重要的智库功能。

展望未来,团队全体专家和科技人员将恪守"协作、包容、开拓、创新"的宗旨,继续不懈努力,重视人才培养和学科建设,将本团队建设成为具有海峡西岸区域优势与闽台农业合作研究特色的一只软科学研究队伍,以期在福建省农业经济与农业信息发展战略研究方面取得更大业绩,致力于为福建现代农业发展和农业科技创新发展做出应有的贡献。

继往开来 开拓创新

改革创新驱动农业科技情报事业跨越发展
——广东省农业科学院农业经济与农村发展研究所30年发展回顾及展望

(广东省农业科学院农业经济与农村发展研究所)

广东省农业科学院农业经济与农村发展研究所于1980年从广东省农业科学院科技处情报室分离出来，成立情报所。1998年，转制为中介服务类事业单位。2012年，更名为广东省农业科学院农业经济与农村发展研究所，公益二类。2015年，依托广东省农业科学院彩田农业科技信息中心即"广东彩田"，全面启动科技成果转化平台，承接对外开发业务，实现事企分离。

回顾我所发展至今，经历了探索起步（1980—1997年）、改革发展（1998—2012年）、调整提升（2013至今）3个阶段。30年来，为探索发展新路，增强自我生存和发展能力，走出以往研究课题少、经费不足、人才队伍不齐的困境，经过几代人的不懈努力，本所在综合实力、体制改革、学科发展、社会服务等方面取得了较大成绩，整体水平上了一个新台阶。

一、综合实力稳中有升，位居前列

建所以来，本所坚持以服务农业和农村经济发展为宗旨，以深化科研体制改革为动力，以农业经济和农业信息化科研创新为主线，人才队伍建设初见成效，科技创新能力稳中有升，成果影响力日益增强，科研基础条件明显改善，所综合实力稳步提升。

（一）广纳贤才，助推人才建设上规模

探索起步阶段，特别是建所伊始，由于投入相对不足，加之自身公益性、服务性特点，造成人员负担过重，工作条件和人员待遇较差，青年人才流失现象十分严重，特别是急需引进的人才也因对其缺乏足够的吸引力而难以引进。全所科技人员仅10余人，且年龄结构偏老化，后备力量严重不足，科技活动人员数少且层次较低。

改革发展阶段，本所提倡"事业发展吸引人、优厚待遇留住人、岗位实践培养人、规章制度约束人"作为人力资源建设的基本方针，充分发挥了各方面人才的优势和长处，建立企业化的人才培养、引进、使用和激励机制，使人才队伍不断壮大。

逐步形成了一支年轻化、知识化、较稳定的专业队伍。全所科技人员 115 人，其中博士 5 人，硕士以上 41 人，高级职称 10 人，中级职称 46 人，包括享受国务院特殊津贴 1 人，广东省现代农业产业技术体系建设创新团队岗位专家 1 人。

调整提升阶段，本所针对行业和学科发展新常态，对队伍进行调整、充实、提高，并加大了对青年技术骨干的培养力度。事企分开以后，结合学科发展确定了事业单位编制 52 人，现有留在研究所专职从事科技创新的人员有 24 人，计划招聘 28 人；以硕士、博士为主，学科专业覆盖传统农业、农业经济、信息管理、媒体传播等。留在"彩田中心"从事科技开发的人员有近 80 人，专业涉及农业种植、畜禽养殖、水产、园林园艺、加工物流、土地治理、景观规划、工程设计等。

（二）创新驱动，助推科研上水平

探索起步阶段，本所长期属于广东农科院附属的服务机构，在计划经济年代，科研任务由上级下达，经费很少，多则才几千元一个课题，有的研究任务与生产需要脱节；且主要以单一传统期刊服务、信息服务为主。

改革发展阶段，在科研立项规模和金额上均实现了新突破。如承担了国家科技支撑计划项目"农产品数量安全智能分析与预警关键技术支撑系统及示范——畜产品消费需求量预测系统示范"，经费 363 万元。仅"十五"和"十一五"期间，所新增立项课题共 312 项，获资助项目经费总计 6 163 万元，其中，国家级项目 33 项，省部级项目 202 项。

调整提升阶段，"十二五"期间，本所新增立项科研课题共 177 项，获资助项目经费共计 4 884 万元。承担了一大批社会影响力大、行业显示度高的重大研究课题，如：广东省科技厅项目"省属科研机构改革创新——广东现代农业产业经济与流通监测预警平台"，经费 200 万元；广州市重点实验室项目"广州市农业产业经济与流通重点实验室"，经费 100 万元；省级现代农业产业发展建设专项"广东省现代农业发展规划与功能区划（2016—2025 年）"，经费 1 000 万元。

（三）注重积累，助推成果上档次

随着本所科技队伍的不断壮大，研究领域不断拓宽、研究水平不断提高，成果档次也不断提升。仅近 10 年来，本所获各类科技成果奖项 61 项，全所共发表论文 954 篇，其中，在国外刊物上发表 1 篇，国家级学报上发表 61 篇，被 EI、ISTP、SCI 收录 24 篇，出版专著 23 部，全所共有 41 个软件新产品获得国家软件知识版权登记证，完成广东省农业地方标准《种养业信息分类与代码》1 项，申请发明专利 8 项。尤其是在为政府决策提供参考方面有新的突破，承担省农业厅重大课题"广东省现代农业强省评价指标体系与建设思路研究"、省体改会课题"南海区体制改革工作调研报告"研究成果，得到时任中共广东省委书记汪洋同志的批示。

（四）夯实基础，助推科研条件上台阶

本所花大力气狠抓条件设施建设，利用自身积累和相关项目经费，重视工作环境建设，为所的发展创造良好的工作平台。经过 30 多年的努力，极大改善了科研开

发条件和所容所貌，增强了研究所的综合实力。

本所现拥有良好的科研基础与办公设备，先后投入600多万元，改造3 000多平方米的办公场地，构建了具备120多个信息接点的高速局域网；拥有数台高配置服务器，以及全套网络设施；现有科研设备300多台（套），资产额1 100多万元。建立了中国农业科技华南创新中心——数字农业公共研究平台和广州市农业产业经济与流通重点实验室，购置包括三维可视化工作站、三维数字化仪、数字植物系统、桌面地理信息系统平台、数据库服务器、网络存储设备、非线性编辑系统、地理信息采集系统平台等仪器设备100多台（套）。建立了多媒体演播中心，引进了成套的多媒体设备与软件，提升了农业动漫视频创意创作能力。建有全省信息存储量最丰富的农业综合信息数据库群、农业标准全文信息数据库和广东省生物种质资源数据库；构建了广东省专业的农业信息资源平台，为学科建设和发展提供丰富的信息积累与信息支持。

（五）面向市场，助推开发创收上效益

建所初期，所发展十分艰难，仅靠单一并有限的事业费维持生存，完全没有开发创收。改革发展阶段，本所深刻认识到，只有转变"等、靠、要"的思想，改革服务模式，提升服务手段，积极面对市场需求，才有出路。因此，积极探索开展了农业工程咨询业务，1997年，获得了国家工程咨询甲级资质，专业范围包括种植、养殖、加工，咨询方式包括规划、可研、评估，从而成为全国各省市农科院中首家从事农业工程咨询并获得国家资质的专业机构。

十几年来，本所先后承担国家、省、市级咨询项目1 400余项，咨询应用企业达350多家，每年项目数量超百个，开发创收达800万元以上。编制完成了一大批如《珠海市综合发展的生态农业发展总体规划》、《深圳市都市农业发展"十一五"规划》、《河源市畜牧业发展总体规划》、《广东海大集团股份有限公司上市项目可行性研究报告》、《云南神龙农业产业集团股份有限公司上市募投项目可行性研究报告》等社会影响力大、行业知名度高的项目。近年来，本所咨询业务范围已拓展到广西、四川、新疆、贵州、河南等地以及埃及、尼日利亚等国家，享有良好的社会声誉和广泛的影响力。10年来，完成的农业工程咨询项目设计项目投资额总计超过500亿元，其中来自中央和省的财政资金超过180亿元。

二、深化科技体制改革，制度建设显活力

（一）实行机构调整、人才分流

本所从建所初始就不断尝试和摸索符合自身实际和特色的发展之路。探索起步阶段，在农科院13个研究所中是最小的一个研究所，下设图书馆、《广东农业科学》编辑部、情报研究室等部门，在广东农业科学院各个学科为农业现代化提供新品种、新成果、新技术的行动中，仅仅只能发挥一些辅助作用。

改革发展阶段，根据《广东省人民政府印发广东省深化科技体制改革实施方案

的通知》（粤府1999（51）号）要求，进一步明确发展方向和目标，对省属科研机构重新分类和定位。本所被列为首批转制为企业法人的研究所之一，要面向市场开展中介、咨询、信息等科技服务，由科研事业型向科技经营型转变，实行企业运作，原有的经常性事业费从1998年开始分三年减拨，到2000年减至30%。基于此，本所实行一套人马、两块招牌、两种体制的运行模式。2000年以后，为了进一步适应研究所发展的需要，研究所加大了研究方向的调整，突出重点发展领域，通过人员调整和机构重组，对原彩田印刷厂和兽药贸易部进行歇业，筹建了咨询中心、媒体传播中心和农村发展研究室，并积极进行市场化探索。在体制上跳出事业单位的束缚，既占稳农业科技事业、农业信息化事业的阵地，努力争取政府财政的支持，又积极盘活资源，开拓市场，把科技优势及时转化为现实生产力。

调整提升阶段至今，2012年，本所定为公益二类研究所，为回归公益性，重新调整了学科方向，围绕打造省委、省政府涉农决策智囊的目标，重点打造两个平台，一是打造科技创新平台，通过农业产业经济、农业区域经济、农业信息、农业传媒、农村发展等5个学科领域，打造以农业经济为龙头的智力型学科体系，二是打造科技成果转化平台，依托"广东彩田"，承接对外开发业务，进行成果转化。通过机构调整，实现了人员分流和双向选择，专职开发人员和科研服务人员两条线。

（二）以制度建设激发活力

为避免干多干少一个样，打破研究所是公益服务单位，"吃皇粮"、"端铁饭碗"是天经地义的观念，本所制定和完善了《员工工资管理办法》，深化了我所工资和分配制度改革，建立起比较科学合理的分配体系，体现"按劳分配、多劳多得"的原则，发挥薪酬的激励作用；制定了《科研项目管理暂行办法》，进一步规范了我所科研项目管理，调动了科研人员的积极性与创造性，增强我所科技创新的能力与水平，加快优秀科技人才的培养；制定了《员工宿舍管理试行办法》，率先实行员工住房货币补贴，解决了所房源紧缺和员工的切身利益问题；制定《在职人员继续教育管理实施细则》，进一步规范和完善了继续教育的有关权利和义务，使继续教育的操作有章可循。从而不断提高员工的专业技术和管理技能水平，不断更新知识；制定了《科技创新奖励管理办法》，调动全所员工进行科技创新的积极性，从而不断提升研究所的综合实力和影响力。

三、面向市场和需求，学科与团队建设初见成效

探索起步阶段，特别是20世纪80年代到90年代初期，由于本所处于发展起步阶段，学科建设重点还不十分明确，主要承担一些上级委托的农业经济领域的调研课题研究，没有自己明确的主攻方向，主要以单一的信息服务和传统的媒体服务（主要是期刊）为主。

改革发展阶段，特别是2000年以后，本所以"科技创新、服务三农"为指导思想，主动适应农业发展新常态，面向市场和需求，调整研究方向，把握学科重点。

如"十五"期间，本所逐步建立了农业信息化和农村发展研究两个重点学科，具备了开展数字农业体系、信息资源建设、信息服务体系建设、农业现代化、农业信息标准化和农业咨询方法等分学科的研究，学科建设逐渐成熟和完善。"十一五"期间，打造了农业产业经济、农业区域经济、农业信息技术、农业信息管理、农业传媒与传播和安全农产品信息流通服务等6个主要学科，学科体系更加全面，与现实产业的结合更加密切，在全省"三农"服务领域中的优势和地位日益凸显。

调整提升阶段至今，特别是2012年本所定位为公益二类研究所以来，围绕打造省委、省政府涉农决策智囊的目标，秉承"智育农经、惠泽三农"的宗旨，打造以农业经济为龙头的智力型学科体系，全方位为政府、企业、农业专业合作组织提供决策参考、信息分享和科技推广等服务。

此阶段，本所重新布局、凝练和完善，新成立农村发展研究室，确立了农业产业经济、农业区域经济、农业信息、农业传媒、农村发展研究等5个学科团队，每个学科团队均由所内研究室团队+客座研究员组成；为进一步提升各学科影响力和竞争力，先后聘请了国务院发展研究中心资源与环境政策研究所副所长谷树中研究员、浙江大学农村经济发展与评价研究中心执行主任杨万江教授、中国农业科学院农业信息研究所钱平教授和中国农业大学高启杰教授为客座研究员，为我所的科技创新引入新的思路和方法，充实了科研团队，通过团队建设促进科研发展。

（一）产业经济研究

突出现实需求导向，强化对现代农业产业发展关键问题的研究，为突破全省农业农村改革发展中的体制机制障碍，提供可行方案和科学依据。

深入推进广东省水稻创新团队流通与经济岗位专家工作，加强与国家水稻体系产业经济岗位专家团队的交流与合作，强化对水稻产业链相关研究，深入肇庆、江门等地对水稻种植合作社、大户、稻米加工企业开展专题调研，对梅州市水稻品种进行了技术经济评价，将研究成果撰写成"运用科技支撑提升稻农种植效益"、"农业出路在于农民职业化经营规模化"等报道分别发表在《南方日报》、《南方农村报》，为广东省农业产业政策的制定提供重要参考；2008年以来，本所依托70多人组成的具有复合专业背景的农业产业经济核心研究团队、行业技术专家团队，构建了农业产业定点观测数据的基础框架，并连续多年动态跟踪了广东水稻、蔬菜、生猪等24个产业，连续编写7年的《广东省现代农业产业发展报告》，成为指导广东现代农业产业发展的蓝皮书。

主持完成的广州市决策咨询课题"广州各产业对GDP的贡献率研究"研究成果获广州市市长批示。此外，加强了对农村基层治理相关理论和政策研究，在前期完成对南海政经分离调研成果（曾获时任省委书记汪洋批示）基础上，对顺德农村综合改革进行了深入调研。还承担了省委农办"广东省扶贫开发立法调研"、"广东省富民强域行动计划"等课题研究。

（二）区域经济研究

重点开展了区域农业规划技术理论、规划编制评价体系、农业科技创新促进农民增收、农业投融资决策等方面的研究。构建集聚式服务平台，变单一农业技术推广为集成推广，集多品种、多技术、多信息、政策、资金、市场于一体；变单一科技服务为多元服务，集政府决策、农业规划、科技咨询推广、农业投融资、企业管理于一体；变单向、被动为双向、主动，与全省21地市100多县政府、1 000多家企业、合作社等双向互动，达到科技供需及时准确；变面对面推广为线上线下结合推广，实现无缝对接，绿色高效服务。

（三）农业信息研究

以数据"获取—分析—管理—服务"为主线，凝练形成农业物联网应用、农产品预警与溯源和农业信息分析与服务相结合的研究方向，致力于为广东省农业与农村信息化发展提供关键技术和平台支撑，推动现代农业生产智能化、经营网络化、服务便捷化。我所科研学科团队参与了《广东省农业信息化"十二五"规划》、《广东省农村信息化工程行动计划（2013—2015）》等农业与农村信息化政策性文件的起草编制任务，是广东省金农工程一期的重要参与单位；承担了国家科技支撑计划、省创新团队等重大项目。在农产品质量安全预警与溯源、农业本体、开放式访问技术、产供销信息管理技术、农业数据库等方面有较为深入的研究，开展的农产品安全追溯研究和实践居于同行业领先水平。

（四）农业传媒研究

围绕农业技术扩散、期刊核心竞争力两个研究方向，并针对农业技术推广品种、技术、媒介、机构和受众等开展深度和广度研究，创新了农业技术扩散理论与方法体系，优化了农业技术扩散流程，实现了多级联动的农业技术扩散个性化服务，学科特色逐渐形成，期刊质量不断提升。

承担完成的"农业技术扩散动力研究与应用"获得院科技奖二等奖。《广东农业科学》再次入选"中国农业核心期刊概览（2014）"，2013年影响因子为0.512、在76种农业科学总论期刊中排名第29。构建了较完善的投稿系统。

（五）农村发展研究

该学科主要针对新形式下广东省农村改革发展的新情况，开展集体经济、基层治理、土地流转、金融支农等方面的研究。该学科团队目前承担了省委农办农业适度规模经营、清远市农村集体经济组织研究、云浮市农业经营体制和粤北山区乡村基层治理等重大课题的研究。

四、行业地位凸显，科技服务影响力日益增大

探索起步阶段，本所整体科研水平、经济实力、自我发展能力等方面都明显偏弱，由于研究课题少，经费不足，职工奖金和福利相对较低，主要靠承担一些上级委托的农业经济领域的调研课题研究和院内服务为主要经济来源，严重影响了所情报业务的可持续发展。

改革发展阶段，本所积极面对市场需求，开展了农业工程咨询服务、农业信息

服务、农业传媒服务等，拓宽了情报服务领域，特别是加大了信息技术与农业结合及农业工程咨询走向市场的力度，在省内外获得了显著的声誉和影响力。编制的区域性农业发展规划，通过对不同区域农业规划应用效果的评价，总结农业的发展经验，能够为当地农业主管部门提供宏观发展决策，成为区域内农业发展的行动指南，能有效带动周边地区农业的发展进程。在信息服务方面，每年为省委组织部远教网、科技部等平台报送视频课件60多个、1800多分钟，拍摄制作特色产业宣传片10余部；依托金农工程、信息兴农工程、菜篮子工程等，为全省417家企业提供信息服务，其中国家级龙头企业9家，省级龙头企业122家，带动357万农户（占全省26.3%），对推动广东现代农业强省建设发挥了积极作用。

调整提升阶段，我所积极承担政府外包服务，深入参与全省农业农村发展的顶层设计，为省政府有关部门开展行业专项规划、重大调研、政策文件起草以及重大项目谋划提供科学依据和决策参考。2014年承担了省级现代农业产业发展建设专项"广东省现代农业发展规划与功能区划（2016—2025年）"。该规划按照"需求引导生产、定位县域精准指导、充分利用两种资源两个市场"的理念，收集全省121个县市区的农业基础数据、地理信息数据、社会经济数据、产业发展数据等构建基于县域的广东现代农业功能区划库，实现广东现代农业的"点、线、面"发展和"一张图"管理。该规划将打造成为引领广东现代农业发展的白皮书，成为广东农业、农民增收致富的指导性文件。

近30年的发展和积累，本所在业内知名度、影响力和地位大大提升。本所是广东省内农业咨询的权威单位，具有国家工程咨询甲级资质和农业科技查新资质。同时本所还是中国农学会科技情报分会副理事长单位、中国情报学会农业情报分会副理事长单位、中国农业咨询联盟副理事长单位、中国农业资源与区划学会常务理事单位、广东省农牧业信息学会副理事长单位、广东省信息化顾问专家单位、中国农学会计算机农业应用分会常务理事单位、中国绿色食品专家咨询委员会委员单位、广东省科技情报学会副理事长单位、广东省农村经济学会理事单位、中国农学会科技情报分会理事单位、广东省外向型学会理事单位、广东省农业现代化示范区专家组成员单位。

五、展望

本所今后10年科研发展的指导思想是：坚持"科技创新，服务三农"的发展目标，跟踪研究国内外农业科技、经济、信息化研究的学术进展和实践经验，以学科建设为重点，以人才团队建设为抓手，以大项目和大平台建设为依托，以全省农业农村发展的目标和需求为导向，努力打造成为政府涉农决策的高级智囊机构。

力争到"十三五"期末，各学科达到国内先进水平，部分学科达到国内领先水平，研究所综合实力达到国内同领域一流研究所水平。具体表现在：①科研创新方面：以应用基础研究为主，重点开展农产品数量安全监测预警、质量安全追溯技术应用研究，进一步提升研究方向创新能力，在各领域居于省内领先、国内有较大影响水平；②学科团队方面：通过培养与引进相结合，形成一支规模适中、结构合理的创新人才队伍，研究所专业技术人员硕士以上学历达到70%以上，博士达到20%以上，各学科带头人成为在省内有较大影响力的领域专家。③条件建设方面：在建成"广州市农业产业经济与流通重点实验室"的基础上，建设"广东现代农业产业经济与流通监测预警平台"，打造全省权威的农业经济研究基地和政府决策智囊机构。

依托信息资源优势，以现代信息技术助推现代农业发展

(广西农业科学院农业科技信息研究所)

一、基本情况

广西农业科学院农业科技信息研究所原名广西农业科学院科技情报研究所，前身为1935年在柳州沙塘建立的广西农事试验场图书室，1957年建立广西农科所资料室，1964年改为广西农科院资料室，1977年建立广西农科院科技情报研究室，1986年改为广西农科院科技情报研究所，2008年12月改为现名，2014年7月，与广西农科院农业经济研究所合署办公。本所是以农业信息技术、软科学研究及文献与信息服务为主要任务的公益性科研机构，主要开展农业信息技术、信息管理与服务、产业经济、东盟农业等学科研究，以及期刊出版、检索查新、规划咨询、科技培训等业务。具有国家发改委认定的工程咨询资质、国家农业部和自治区科技厅认定的检索查新资质及自治区农业厅认证的现代农业培训基地资格。现有职工52人，其中，专业技术人员33人；研究员4人、副研究员5人、助理研究员17人；研究生学历23人；国家现代农业产业技术体系广西创新团队产业经济岗位专家2人。

二、重点领域与学科团队

（一）重点领域

1. 农业信息技术研究

农业信息技术研究是本所近十年来重点开展的学科领域，主攻现代信息技术在广西农业中的应用研究，重点开展农业信息化、农村信息化和农业科研信息化相关领域的技术创新与集成研究。近五年来，通过项目带动，主持建立科技信息化示范县（村）近10个，建立了一套示范县（村）建设工作机制和管理制度，建立了县、乡（镇）、村、户（企业）四级科技信息服务平台和远程专家服务平台，为促进农业科技成果转化和专家服务"三农"提供了新途径；借助物联网技术、移动互联网技术、GPS、GIS技术等搭建了广西乡村旅游信息平台和广西安全农产品溯源信息公共服务平台；与中国科学院遥感与数字地球研究所就卫星遥感技术在广西甘蔗、速丰林等作物种植信息的提取和动态监测等方面应用开展合作，共同建立国产卫星遥

感大数据应用广西分中心；与华南农业大学等科研院所和高校合作开展植物病虫害远程诊断、远程技术支持等信息化项目研究，以协同创新的方式开拓农业信息技术研究新路径，取得了良好的成效。

2. 软科学研究

自1986年科技情报所建立伊始，本所即围绕"三农"问题和科技发展问题开展软科学课题研究。20世纪90年代，本所充分发挥自身信息分析与评估研究的优势，为政府部门提供研究报告和决策参考。进入21世纪，在农业科技、产业经济等领域研究产出一批高质量的软科学研究成果，并荣获多项省部级、地厅级奖励。2009年至今，本所主持或参与的项目获得广西社会科学优秀成果报告类二等奖1项、三等奖1项，地厅级科技进步奖一等奖5项、二等奖2项、三等奖2项。

3. 规划咨询服务

本所自1998年开展项目可行性研究和规划咨询服务，为政府部门和企业提供高质量、高水平的研究报告和规划成果。经过多年的积累，尤其是近三年的快速发展，本所规划咨询服务已成为广西区内较有影响力的品牌，业务覆盖产业规划、科技规划、园区规划及项目建议书、项目可行性研究等，业务范围不断拓展，影响力日益扩大，为提高广西项目建设和决策科学化水平做出了应有的贡献。

4. 东盟农业研究

基于广西的区位优势和发展需要，本所于2011年成立东盟农业研究室专注开展东盟农业研究，依托广西农科院国际科技合作基地、广西农科院国际技术转移中心等平台，与广西科技网络中心、广西东盟技术转移中心等联合实施东盟农业研究项目。目前，已开通中国—东盟特色农业产业信息网，建成中国—东盟科技合作与技术转移网络服务平台（农业）呼叫中心和远程培训中心，参与中越农业科技示范基地建设，协助开展中越双方科技人员互访及培训；开发完成的中越信息采集翻译检索工具、中越农业/经贸在线双语电子词典，在国内外尚无同类产品。正在制订的"中国—东盟技术转移供求信息采集规范"可作为我国与东盟国家间的技术转移供求信息采集技术标准，有利于技术转移和成果转化。

（二）学科团队

1. 农业信息技术研究学科团队

团队成员6人。其中，高级职称1人，中级职称4人，初级职称1人；研究生4人，大学本科2人；团队平均年龄36.0岁。研究方向：现代信息技术在农业信息化、农村信息化、科研信息化中的应用研究，农业智能分析技术研究与应用。

2. 产业经济研究学科团队

团队成员9人。其中，高级职称2人，中级职称5人，初级职称2人；研究生7人，大学本科2人；团队平均年龄36.5岁。研究方向：产业经济、农村宏观发展研究、农业科技与政策研究、规划咨询研究。

3. 信息管理与服务研究学科团队

团队成员10人。其中，高级职称3人，中级职称5人，初级职称2人；研究生

7人，大学本科及以下3人；团队平均年龄40.6岁。研究方向：农业信息资源开发与应用研究、农业农村信息化服务研究、决策咨询研究、知识产权研究、软科学研究。

4. 东盟农业研究学科团队

团队成员5人。其中，高级职称1人，中级职称3人，初级职称1人；研究生4人，大学本科1人；团队平均年龄37.4岁。研究方向：东盟各国农业信息收集保存、分析研究与应用，中国东盟农业科技合作研究。

5. 农业经济研究学科团队

团队成员3人。其中，高级职称2人，初级职称1人；研究生1人，大学本科2人；团队平均年龄41.0岁。研究方向：农业经济研究、农业工程咨询与设计、农业投资咨询、农业发展规划、经济信息技术研发及培训等。

三、科研成果

回顾80年，本所各项事业持续稳步健康发展。特别是2009年以来，逐步明确了"服务立所、科研强所"的发展方针，大力加强人才队伍和科研平台建设，各项事业大跨步前进，成为建所以来业务发展最快、科研成效最好、科技成果产出最多的时期。

2009年以来，本所共申报各类项目132项，共计获得立项60项，其中，国家级2项，省部级26项，地厅级25项，其他7项。全所通过项目结题验收评审37项，获自治区科技成果登记11项；发表科技论文70篇，其中，中文核心期刊26篇；参与编写著作2部。

2009年至今，本所主持或参与的项目获得广西社会科学优秀成果报告类二等奖1项、三等奖1项，地厅级科技进步奖一等奖5项、二等奖2项、三等奖1项。

四、科技服务

近年来，本所积极开展科技培训工作，加强基层科技人才培养，促进科技成果转化。近十年来，共组织举办各类农业技术培训班150多期，培训基层农技人员和技术骨干超过1 000人次，近10万农民受益，一大批先进技术、适用成果通过培训，得到了迅速推广。特别是发挥本所科技信息化平台优势，探索建立了"多媒体远程技术服务+传统科技下乡服务"相结合的新型模式，有力推动了广西现代农业发展和新农村建设。

五、期刊出版

（一）主办中文核心期刊《南方农业学报》

《南方农业学报》原名《广西农业科学》，于1940年创刊（双月刊），2009年由双月刊改为月刊2011年更名为《南方农业学报》。经过全所的不断努力，《南方农业学报》办刊质量不断提高，2012年起入选全国中文核心期刊，同时为中国科技核心期刊、中国科学引文数据库来源期刊、RCCSE中国核心学术期刊，被英国国际农业与生物科学研究中心（全文库）（CABI）、美国化学文摘（网络版）（CA）、波兰哥白尼索引（IC）、英国动物学记录（ZR）、美国乌利希期刊指南（Ulrich PD）、中国学术期刊文摘、中国生物学文摘、中国农业文摘、中国期刊全文数据库、中国学术期刊综合评价数据库、中国期刊网、中国学术期刊光盘版、中国科学文献计量评价数据库（ASPT）、《中国科技期刊影响因子年报》（CST-JIFR 2009）基础研究类统计源期刊等国内外知名数据库收录。

（二）联办中文核心期刊《西南农业学报》

是广西、四川、云南、贵州、西藏和重庆六省区市农科院合办的国内外公开发行的综合性农业学术期刊，我所负责编辑广西部分。《西南农业学报》为全国中文核心期刊、中国科技核心期刊（中国科技论文统计源期刊）、中国农业核心期刊、RCCSE中国核心学术期刊、中国科学引文数据库（CSCD）来源期刊、中国科学文献计量评价数据库（ASPT）来源期刊、中国期刊全文数据库（CJFD）全文来源期刊，并被英国国际农业与生物科学研究中心（全文库）（CABI）和美国斯蒂芬斯全文数据库（EBSCOhost）等国际检索数据库收录。

六、文献服务

（一）数字文献资源建设成效显著，数字化农业图书馆初具规模

广西农业科学院图书馆前身为20世纪30年代广西农事试验场图书室，是广西农业文献种类最多、规模最大的农业专业图书馆。馆藏图书、期刊资料约13.5万卷（册），其中，中文图书50 000册，外文图书5 000册；中文期刊897种（27 000卷（册）；外文期刊140种（10 000册）；内部资料43 000卷（份）及电子图书12 000册。地方农业文献保存完整，保存有20世纪三四十年代珍贵的地方农业文献资料，馆藏资源独具广西农业地方特色。

近10年来，图书馆大力推进数字文献资源建设，"广西农科院数字图书馆服务系统"、"农信通数据库管理系统"、"广西农业科技数据信息平台"、"广西科技信息呼叫中心农业百科知识库"、农业新品种信息库、生物质能数据库、中越农业双语词典及在线词典系统等自建数据库和数据信息平台陆续搭建完成；2012年和2013年相继建成广西农科院CNKI镜像服务系统和云机构馆，订购和引进中国学术期刊数据库、超星数字图书馆、超星读秀知识库、维普资讯中文期刊库、博看电子杂志、CABI文摘数据库、Springer电子期刊、NSTL外文传递等中外文献数据库一批，逐步建成具备一定规模和水平的数字化农业专业图书馆。

（二）具有农业部和自治区科技厅认证的检索查新资质

1993年11月，信息所即成为广西第三批科技信息检索查新机构；1995年7月，被农业部确定为第一批查新检索单位；1997年3月，清华大学光盘国家工程中心学术电子出版物编辑部、清华系统工程公司在信息所设立了"中国学术期刊农业文献检索咨询二级站"。

七、合作交流

（一）国内交流日趋深化

长期以来，信息所积极与国内相关单位开展技术交流和业务合作。作为中国农学会科技情报分会、中国农学会图书馆分会理事单位，信息所十分注重与全国农科院系统兄弟单位的交流与合作。2008年10月，协助中国农业科学院农业信息研究所在南宁成功举办"中国农学会科技情报分会第六次会员代表大会暨全国农业信息分析学术研讨会"。积极参加泛珠三角暨中南地区农业信息与经济学术交流会，与泛珠三角和中南地区等11省的农业科技情报研究机构就农业科技情报工作展开合作与交流。加入国家农业科学数据共享中心热作科学数据分中心，合作共建热作科学数据库，已取得阶段性成果。

（二）国际合作不断拓宽

2011年信息所建立东盟农业研究学科团队，系统开展东盟农业研究。2014年6月，广西农业科学院国际技术转移中心在本所挂牌成立，中心由院国际合作处指导，本所负责具体运作。依托该中心和广西农业科学院国际科技合作平台，信息所进一步扩大与越南、柬埔寨、老挝、泰国等东盟国家在项目研究、技术转移、科技培训等领域的交流与合作。

八、未来发展设想

（一）增强科技创新能力

1. 提高科研工作质量，培育优质科技成果

集中优势资源申报国家级项目和自治区级重大重点项目，优先支持学科团队申报符合重点发展方向的项目，大力扶持青年科技人员开展项目研究，强化项目实施，不断提高科研工作质量。重视优质科技成果的培育，在成果登记、论文发表、专利申请等方面实现质的提升。

2. 以科研团队项目带动学科发展

依托国家现代农业产业技术体系广西创新团队产业经济岗位专家项目和院科研团队项目，逐步完善"农业信息技术研究、产业经济研究、信息管理与服务研究、东盟农业研究、农业经济研究"五大学科团队的中长期发展规划，强化团队科技创新能力，不断提升本所重点学科的影响力。

3. 加快农业信息学科发展

搭建一批具有自主知识产权的、面向农业生产、农业科研和农村发展的信息化系统与平台，基本建立起面向农业科研信息化、农业生产信息化和农村服务信息化的农业信息学科体系，提升农业信息学科研究应用水平，不断促进信息技术与农业

科研、农业生产、农村发展的紧密融合，推动广西"三农"信息化稳步、健康发展。

4. 扩大软科学研究影响力

进一步深化研究领域，充分发挥国家现代农业产业技术体系广西创新团队产业经济岗位专家平台优势，力争培育具有重大影响力的优质成果；继续发挥智库作用，为决策部门做好决策咨询服务，不断扩大信息所软科学研究影响力。

（二）优化人才队伍结构

创新人才引进模式和人才工作机制。针对学科需求，引进高层次和适岗急需人才，使信息所人才结构更加优化，人才队伍日趋强化。细化绩效考核制度，调动科技人员的主动性和积极性，不断促进我所各项事业健康发展。

（三）强化科技服务成效

1. 强抓学报精品化建设

全面推进《南方农业学报》精品化、专业化、特色化、规范化建设；通过拓展稿源渠道遴选优质稿件，进一步提升期刊影响因子；在现有基础上积极申请加入国际权威检索数据库，不断扩大刊物影响力。继续做好《西南农业学报》的合办工作。

2. 深化数字文献资源建设，提升信息服务能力

加快数字图书馆建设步伐，拟新增多个外文数据库和中文农业标准、专利及统计相关文献资源数据库及港澳台文献数据库。以移动终端技术为依托，引进中国知网、读秀学术搜索等中外移动网络数据库，为用户随时随地提供智能化个性化的文献信息服务，让用户拥有一个"身边的图书馆"。

3. 提升规划编制与咨询服务水平

探索适合团队长期发展的管理模式，在高质量完成规划编制的基础上，不断提升团队的专业化服务水平，持续扩大本所的品牌影响力。

4. 强化科技服务"三农"工作

充分发挥党员专家服务队作用，鼓励农村科技特派员和贫困县科技特派员入企下乡，拓展"多媒体远程技术服务+传统下乡服务"相结合的"科技特派员+信息化服务平台+科研推广部门+企业+基地+农户"运作模式，创新结对共建和帮扶工作模式；积极参与广西现代农业核心示范区、农业科技园区、500万亩糖料蔗双高基地的信息化建设，应用信息化助推广西粮食、糖料蔗、水果、蔬菜、食用菌、罗非鱼、肉牛肉羊、生猪等10大种养产业以及富硒农业、有机循环农业、休闲农业3个新兴产业的发展。

5. 创新科技培训模式，扩大技术服务规模

依托广西现代农业技术培训（农科院）基地，落实上级部门培训任务，每年举办基层农技人员集中培训班3~5期，结合科技下乡服务，年培训学员500人次以上，辐射受益农民2万人以上。积极探索与相关部门、企业合作培训模式，开拓培训新业务。

（四）拓展对外交流合作

1. 拓展与东盟国家交流，寻求与台湾农业机构合作

依托广西农科院国际技术转移中心，充分发挥东盟农业研究团队作用，以技术转移和科技培训为重点，进一步拓宽合作交流渠道。以桂台农业发展会议为契机，与台湾农业机构开展交流合作。

2. 深化产学研合作模式

大力推进与国内科研院所、高等院校和区内外企业的交流，共建共享信息资源平台，合作申报科技项目，加强协同创新。加强与市县农业科技部门开展农业信息化本地应用研究。

（五）加大科研平台建设力度

加大推进信息化科研平台建设，完善信息化软硬件配套设备和科研平台设施。依托农业农村信息化企业在农业物联网领域的技术力量，建立面向广西农业科研和生产应用的农业物联网实验室；完成院属各试验基地农业物联网应用部署，建立农业物联网试点和示范基地，支撑农业信息学科发展。进一步开发数字图书馆和数字出版平台系统，不断提升信息服务能力。

（六）提升科学管理效能

以建设现代农业科技研究所为重点，规范行政管理，完善管理制度，提升机构效能。

（七）扎实推进党建和精神文明建设

1. 着力提升党建工作水平

坚决贯彻中共中央各项决策决议，落实全面深化改革各项部署，扎实推进党组织建设，增强理论学习成效，强化全体党员的党性观念，大幅提升党组织和全体党员服务发展、推动改革的能力。

2. 落实全面从严治党责任，深化"三严三实"专题教育成果

贯彻全面依法治国重大决定，落实全面从严治党责任，坚决推进依法依规依纪管党治党。切实加强党风廉政教育，落实党风廉政建设责任制，规范科研经费管理，严管"三公"经费支出。深化"三严三实"专题教育成果，提升作风建设成效，激励党员干部增强党性修养，不断坚定道路自信、理论自信、制度自信。

3. 推进创新文化和精神文明建设

着力推进创新文化和精神文明建设，树立创先争优的工作作风和严谨求实的学术风气，以创新发展激发内动力，提升全所干部职工的"精气神"。

第八部分

中国农学会科技情报分会学术论文交流

东北地区农林高校图书馆科研实力计量分析

刘凤侠*，李颖，刘婷婷

(沈阳农业大学图书馆，沈阳 110161)

摘 要：以东北5所农林高校图书馆为调研对象，以中国知网（CNKI）的"学术期刊网络出版总库"为统计源，采用文献计量方法，对东北农林高校图书馆科研论文数量、来源期刊、论文的支持基金等进行统计分析，旨在以定量数据侧面反映东北5所农林高校图书馆学术研究的现状，并就如何为馆员创造良好的科研环境，提高馆员的科研意识与科研能力提出建议。

关键词：农业高校；科研实力；统计分析

An Analysis about the Ability of Scientific Research of Three Unive Rsities in Northeast of China— Econometric Analysis Based on CNKI Core Dissertation.

Liu Fengxia, Li Ying, Liu Tingting

(Library of Shenyang Agricultural University, Shenyang 110161)

Abstract According to the China Academic Journal Network Publishing Database from CNKI, we made statistical analysis, using bibliometric method, about the total amount of dissertation published on core journal between 2010 and 2014, as well as the times quoted per paper, number of foundation papers, and the type of the source journal about the three agricultural universities. We hope to show the difference in the situation of scientific research between these universities by quantitative data, and provide some evidence to judge the development of these three universities objectively.

Keywords Agricultural universities, ability of scientific research, Statistic analysis

引言

科研论文是体现科研成果的和评估绩效管理的重要指标之一，图书馆员科研论文的数量和质量能够反映出高校图书馆的学术水平和信息服务工作的层次。本文基

---

* 作者简介：刘凤侠，女，沈阳农业大学图书馆，副研究馆员，发表论文20余篇。联系方式：lfxtsg@163.com

于计量学的理论，分析东北三省 5 所本科农林高校图书馆学术论文产出和学术影响力，对于推动农林高校图书馆更好的服务本校教学科研和服务新农村建设，实现东北农林高校图书馆进入国内一流图书馆的目标具有重要意义。

1 数据来源及研究方法

以 CNKI 的《中国学术期刊网络出版总库》（2005—2014 年）为数据源，选取东北林业大学、东北农业大学、吉林农业大学、沈阳农业大学和黑龙江八一农垦大学 5 所农林高校图书馆作为统计对象，对其在图书情报学期刊上发表的论文数量、核心论文篇数、论文的支持基金等进行统计分析，揭示东北 5 所农林高校图书馆的科研现状和学术影响力。

2 东北地区农林高校图书馆科研论文统计分析

2.1 论文的数量分析

东北 5 所农林高校图书馆在 2005—2014 年 10 间共发表论文 710 篇，各馆年均发文 14.2 篇。由于受学校整体实力、科研氛围、图书馆对馆员的科研支持力度及馆员本身的科研能力等因素的影响[1]，5 所农林高校图书馆之间发表论文数量相差较大。从表 1 可见，东北林业大学图书馆的发文数量处于这几所高校图书馆的首位，是八一农垦大学图书馆发文量的 2.5 倍，是吉林农业大学图书馆和沈阳农业大学图书馆的 1.5 倍，其次是东北农业大学图书馆，发文数量也超过了平均值名列第二，吉林农业大学图书馆和沈阳农业大学图书馆总体发文数量相同，略低于平均值，八一农垦大学图书馆发文数量最少，说明与东北林大和东北农大相比，其他 3 所高校图书馆的科研水平还有很大的提升空间。

表 1 东北 5 所农业高校图书馆 10 年发文数量统计

学校名称	2005	2006	2007	2008	2009	2010	2011	2012	2013	2014	合计
东北林业大学	7	19	28	23	30	34	23	11	16	15	207
东北农业大学	24	12	12	9	9	20	18	17	9	21	151
吉林农业大学	7	4	16	22	12	17	10	18	15	9	132
沈阳农业大学	13	6	24	14	17	18	10	11	10	9	132
八一农垦大学	5	8	9	7	10	11	7	10	10	5	82

2.2 论文的期刊分布

5 所农林高校图书馆的 710 篇论文发表于 120 种各级各类期刊，其中，涉及图书情报学期刊 34 种。表 2 列出了发表论文较多的前 10 种图书情报学期刊，从中可见，农业领域唯一的图书情报类刊物《农业图书情报学刊》以发表论文 174 篇成为东北农林高校图书馆馆员发文最多的期刊,《科技情报开发与经济》因其出版频率高、综合性强排在发文数量的第二位[2]。核心期刊发文数量的多少一定程度代表着本地区本学科发展水平[3],在发文较多的十种期刊中,当地主办的《图书馆学研究》、《情报科学》、《图书馆建设》3 种核心期刊共发表论文 67 篇,占发文总量的 9%,说明东北农业高校图书馆员投稿会优先选择本地核心期刊,向其他地区的核心刊投稿较少[4]。

表 2 载文较多的 10 种期刊

期刊名称	论文数量
农业图书情报学刊	174
科技情报开发与经济	70
内蒙古图书馆工作	56
图书馆学刊	32
现代情报	27
图书馆学研究	26
情报科学	24
情报探索	24
农业网络信息	24
图书馆建设	17

2.3 论文高产作者分析

高产作者是各单位的学术骨干,高产作者数量的多少一定程度上代表和反映一个单位的科研水平与实力。表 3 统计看出：东北 5 所农林高校图书馆发文超过 13 篇的有 10 人,共发文 193 篇,占全部发文的 27%。其中,东北林大有 4 人,沈阳农大有 3 人,吉林农大有 2 人,八一农垦有 1 人;从发文数量来看,吉林农大的陈文勇发文 41 篇排在首位,东北林大的兰孝慈发文 22 篇位居第二,沈阳农大的马崴发文 20 篇排在第三位;从发文质量上看,沈阳农大何荣利发表的核心期刊论文比例达到 86%排在首位,东北林大的张静排在第二位,这些高产作者是各图书馆的学术领军型馆员,也是图书馆科研领域的学术精英。

表 3 高产论文作者及核心期刊论文数量

作者	图书馆	论文数/（核心期刊论文）/篇	核心论文所占比例
陈文勇	吉林农大	41/20	48%
兰孝慈	东北林大	22/10	45%

续表

作者	图书馆	论文数/（核心期刊论文）/篇	核心论文所占比例
马 崴	沈阳农大	20/0	0
王春梅	吉林农大	18/7	38%
张 静	东北林大	18/10	55%
陈新洁	八一农垦	17/5	29%
何荣利	沈阳农大	15/13	86%
刘凤侠	沈阳农大	14/3	21%
李海英	东北林大	14/7	50%
张峥嵘	东北林大	14/6	42%

2.4 论文的基金分析

基金论文是科研项目实施和结题成果的重要体现，它的学术价值也高于一般的研究成果[5]。由于受学校学科领域的影响，东北 5 所农林高校图书馆获得的各级各类基金资助项目并不多，10 年间获得各类基金资助而发表的学术论文仅 45 篇。其中，东北林大图书馆是 5 所农林高校图书馆中基金论文最多的高校，涵盖了表 4 中所有基金，其余 4 所农林高校图书馆除八一农垦大学图书馆没有基金论文外，另外，3 所农林高校图书馆各占一定的份额。总体来看，5 所农林高校图书馆获得的国家级科研项目以及受到基金支持的论文比例还偏少[6]，科研实力有待加强。

表 4 基金论文数量

学校名称	东北林业大学	东北农业大学	吉林农业大学	沈阳农业大学	八一农垦大学
国家自然基金	4	0	4	0	0
国家社科基金	3	0	1	0	0
中国博士后科学基金	2	0	0	1	0
国家科技支撑计划	1	2	0	0	0
省级科研基金	8	3	4	7	0

3 结论与建议

通过上述的数据通分析可以看出，东北地区 5 所农林高校图书馆在科研论文的数量和质量上存在着明显的差异，东北林大图书馆的整体科研实力较强、论文质量也较高，吉林农大图书馆的基金项目和个体实力排在前面，另外，3 所高校图书馆还没有国家级基金资助项目。如何鼓励馆员加强学术研究，关注学术热点；采取哪些各种措施为馆员营造良好的科研环境,提高农林高校图书馆的科研实力,这不仅需要图书馆员自身做出巨大的努力,也需要单位、学校等相关部门进一步加大对农林高校图书馆的重视程度和支持力度,以提高农林高校图书馆的科研实力[7]。

3.1 建立科研奖励机制

积极鼓励图书馆员申报各级各类科研课题,对于申报者和申报成功者图书馆给予一定奖励,如配套经费支持、报销论文版面费等等,以激发馆员开展学术研究的积极性和创造性。营造图书馆良好的科研氛围,聘请业界科研能力强专家开展培训,支持馆员参加本校各院系开展的国家社科基金申报讲座,强化馆员的科研意识,全方位为馆员创建良好的科研环境。实现以服务出科研,以科研促服务的目标[8]。

3.2 组建科研团队

将那些科研能力强、业务水平高的馆员作为团队负责人,积极申报各级各类科研项目,提升馆员的科研能力,不断拓宽科研范围,实现服务型馆员到研究型馆员的转变。

3.3 加强馆际交流与合作,

加强农林高校图书馆的馆际交流与合作。那些基础好、科研实力强的大馆应发挥行业领军馆的作用,带动科研实力薄弱的图书馆联合开展项目研究,拟定科研攻关课题,实现农林高校图书馆科研实力的整体提升。

参考文献

[1] 董亚杰. 我国林业高校图书馆科研论文分析与评价 [J]. 情报探索, 2014 (9): 54-56, 65.

[2] 董亚杰. 中国农业高校图书馆科研产出与科研能力分析 [J]. 农业图书情报学刊, 2013, 25 (1): 81-84.

[3] 陈铭. 从核心期刊概念的演变看核心期刊功能的转变 [J]. 图书与情报, 2008 (2): 83-85.

[4] 刘敏. 东北地区高校图书馆科研产出及学术影响力分析 [J]. 图书馆学刊, 2013 (11): 133-138.

[5] 马晓军, 等. 我国高校系统哲学社会科学研究能力初析 [J]. 清华大学学报 (社科版), 2007 (5): 132-138.

[6] 宁岩、季莹. 九所"985工程"高校图书馆科研情况计量分析 [J]. 大学图书馆学报, 2013, 3 (109-112).

[7] 史丽文. 我国4所农业高校与欧美5所涉农高校的学科实力分析 [J]. 中国农业大学学报, 2012, 17 (3): 192-198.

[8] 高红. 国家民委直属高校图书馆科研情况计量分析 [J]. 科技情报开发与经济, 2014, 19: 10-12.

构建农业大数据需解决的问题*

罗治情**，陈娉婷，官波，彭栋，沈祥成***

（湖北省农业科学院农业经济技术研究所，武汉 430064）

摘 要：随着大数据时代的到来，在经历3次变革后，农业也进入大数据时代。本文介绍了大数据和农业大数据的基本概念以及农业大数据的主要内容，在此基础上阐述了国内外农业大数据的发展现状，并分析了我国目前构建农业大数据所存在的问题。最后针对这些问题，提出相应的建议，以期对我国发展农业大数据提供参考。

关键词：农业大数据；农业信息标准化；标准与规范；应用平台

Issues to be Addressed for Constructing Agricultural Big Data

Luo Zhiqing, Chen Pingting, Guan Bo, Peng Dong, Shen Xiangcheng

(Institute of Agricultural Economic and Technology, Hubei Academy of Agricultural Sciences, Wuhan 430064)

Abstract With the advent of the era of big data, after experiencing three revolutions, agriculture has entered the era of big data. This paper introduces the basic concepts of data and agricultural big data and the content of agricultural big data, expounds the current development of agricultural big data at home and abroad, and analyzes the problem ofconstructing agricultural big data in our country. Finally, Some Suggestions were given for these issues in the hope of developing agricultural big data to provide the reference to our country.

Keywords Agriculture big data, Agricultural information standardization, Standards and specifications, Application platform

纵观世界农业的发展历程，截至目前，共经历了3次变革[1]：①以体力劳动为

---

* 基金项目：亚洲开发银行技术援助项目（TA7737）；湖北省农业科技创新中心项目；湖北省农业科学院青年科学基金项目
** 作者简介：罗治情（1982— ），男，湖北安陆人，助理研究员，博士，主要从事农业信息化、农业大数据研究
*** 通讯作者：沈祥成（1966— ），男，高级经济师，主要从事农业经济、农业信息化研究

主的小农经济时代，称之为农业1.0时代。在这个时期，生产过程依靠人力、畜力来完成，以使用手工工具、畜力农具为主；②以机械化生产为主、适度经营的"种植大户"时代，称之为农业2.0时代。在这个时期，在农业各部门中最大限度地使用各种机械代替手工工具进行生产；③以互联网、现代科学技术为主要特征的农业时代，称之为农业3.0时代；在这个时期，微电子和软件在农业领域广泛应用，在农资流通、育种育苗、植物栽种管理、土壤及环境管理、农业技术服务等多个方面实施程序化和互联网的参与。从农资流通、农村物流、农业信息化、农产品交易平台，到信息服务进村入户，信息共享，无不依赖于农业互联网的发展。

互联网是个海量数据平台，而计算机科学和数据科学的融合孕育了大数据。"大数据"一词最早于1980年出现在著名未来学家阿尔文·托夫勒的《第三次浪潮》一书中，被称为"第三次浪潮的华彩乐章"。20世纪90年代至21世纪初，数据挖掘技术使得大数据萌芽；2003—2006年围绕非结构化数据的自由探索为大数据的成长提供环境，以Facebook为代表的社交网络的兴起与流行，推动大数据技术的快速突破；2006—2009年并行运算与分布式系统的出现，标志着大数据的成熟[2]。

在农业3.0时代这场农业革命中，互联网产业提供了巨大的驱动力。然而，伴随着物联网、云计算、移动互联网的发展，数据的碎片化、分布式、流媒体特征更加明显，移动数据急剧增长，直接导致大量非结构化数据的涌现，而传统处理方法难以应对，因此大数据是农业的新现实。

1 大数据与农业大数据

目前，对于大数据的定义还存在分歧，具有代表性的定义就是3Vs定义，即认为大数据需要满足3个特点：数据量大（Volume）、数据类型多样（Variety）和传输和处理速度快（Velocity）。近年来，也有不少学者在3Vs定义的基础上增加其他特性，形成4Vs（价值大，Value）、5Vs（精确性高，Veracity）等[3]。

如同大数据的定义，农业大数据的定义也存在多种。从字面意义上理解，农业大数据即是大数据技术在农业领域中的应用，而学者普遍认可的定义是大数据理念、技术和方法在农业的实践，涉及耕地、播种、施肥、杀虫、收割、存储、育种等各环节，是跨行业、跨专业、跨业务的数据分析与挖掘以及数据可视化[4]。

农业大数据中的数据由结构化、半结构化和非结构化数据构成，其特性满足大数据的5Vs特性。随着农业的发展建设和物联网的应用，非结构化数据呈现出快速增长的势头，其数量将大大超过结构化数据。若从不同角度进行划分，其主要包含[5]：

1.1 从领域来看

以农业领域为核心（涵盖种植业、林业、畜牧业等子行业），逐步拓展到相关上下游产业（饲料生产，化肥生产，农机生产，屠宰业，肉类加工业等），并整合宏观经济背景的数据，包括统计数据、进出口数据、价格数据、生产数据、乃至气象数据等。

1.2 从地域来看

以国内区域数据为核心,借鉴国际农业数据作为有效参考;不仅包括全国层面数据,还应涵盖省市数据,甚至地市级数据,为精准区域研究提供基础。

1.3 从粒度来看

不仅应包括统计数据,还包括涉农经济主体的基本信息、投资信息、股东信息、专利信息、进出口信息、招聘信息、媒体信息、GIS坐标信息等。

1.4 从专业性来看

以农业领域的专业数据资源为主。

实现农业大数据,可以为农业科研、政府决策、涉农企业发展提供新方法、新思路。而建立农业信息化国家大数据中心,努力发展云计算、大数据挖掘等技术,是解决我国农业信息化发展瓶颈的重要手段[6]。

2 构建农业大数据存在的问题

现阶段,随着农业信息化的发展,农业大数据已经成为研究热点。大量的科研人员已经意识到农业大数据的研究价值,也已经投入到农业大数据的分析、处理过程的优化中。2013年6月,国内第一个农业大数据产业技术创新战略联盟在山东农业大学成立[7],还有"渤海粮仓"科技示范工程大数据平台、福建鼎天农业科技有限公司正在做的农业信息化产品12316、农业大数据应用平台(http://www.dataagri.com)等都在推动大数据技术在农业中的应用[8]。在国外,美国政府发起的"大数据研究和发展倡议",建立了data.gov网站,美国农业部在其上建立了自己的门户,目前可以链接到348个农业数据集[9];2012年土壤抽样分析服务商Solum公司开发的系统能够实现高效精准的土壤抽样分析;2013年跨国农业生物技术公司Monsant通过分析自己掌握的海量天气数据来预测未来可能对农业生产造成破坏的各种天气[10]。

近年来,农业大数据的研究得到了快速发展,但是相比于大数据技术在其他领域内的应用,农业大数据面临很多挑战[11]。由于农业数据来源多、异构性强、涉及面广,导致大数据在农业领域中尚未取得成功的重要原因。本文结合农业大数据发展现状和农业大数据关键技术,将构建农业大数据需要解决的问题归纳如下。

2.1 缺乏顶层设计

长期以来,我国的信息化是以部门为中心展开的,客观上形成了行业垂直的信息化体系,在地方上形成了条块分割的信息孤岛,数据开放需要纵向层层审批,造成了信息在一个区域平台共享的难度。虽然国内现在有不少企业、高校与科研院所成立了研究中心,针对大数据汇聚管理、智能分析、知识服务等产业亟须的共性技术进行了研究,但是系统化研究不足,缺乏国家层面的顶层设计[12]。

2.2 农业信息标准化程度不高

中国农业领域经过长期的科研和生产实践，积累了大量的农业数据信息。然而，由于对农业信息描述、定义、获取、表示形式和信息应用环境等尚未形成统一的标准，致使大量的数据信息处于分散的、部门所有的和各自为政的状态，很难在广域和一个集成环境下使用，实现全社会的数据共享[14]。一方面造成大量人力、物力和财力形成的数据信息资源浪费，另一方面可用的信息资源严重不足。

2.3 农业大数据技术标准和使用规范不完善

目前，我国建成的涉农数据库数量很多，产生的各种数据量非常大，但是数据标准不统一且不规范，缺乏统一的宏观规划和指导，数据服务体系不够完善，数据的管理、开放、交换等标准和制度不够完善，无法保证数据资源的共享，数据得不到充分利用[13]。同时，由于我国现行"分区域分阶段"管理体制，在数据库建设方面也存在重复建设现象，造成资源的浪费。

2.4 缺少国家级农业大数据应用平台

当前，开展农业大数据技术和应用的研究机构已经不少，但是不够深入、全面，缺乏统筹思考[14]。利用物联网和信息技术，通过搭建平台，开展相关的服务，是目前通行的做法。而就国家层面而言，面向农业大数据的国家级应用平台处于空白状态。

2.5 人才紧缺

农业大数据的核心在于对数据进行相关关系分析后的预测，而农业科学中的关联关系极其复杂，涉及面广，需要多学科人才组成的团队才能完成。与此同时，在农业大数据的人才培养方面，大大落后于需求。我国缺少专职的科研队伍、管理人才从事农业大数据的研究，与之相对应的，也缺少对农业大数据人员的评价体系[15]。

3 构建农业大数据的建议

针对当前我国构建农业大数据所存在的问题，本文提出以下建议。

3.1 做好顶层设计

做好农业大数据发展的顶层设计，在国家层面制定农业大数据技术研究和人才培养机制，推进相关基础数据库及数据中心建设，制定数据隐私保护政策及数据标准规划。

3.2 加快农业信息标准化建设

开展农业信息标准化工作，对农业信息活动的各个环节都实行标准化管理，将信息获取内容和方法、传递、存储、分析和利用等不同活动阶段有效地衔接在一起，才能切实、有效地开发和利用农业信息资源，扩大信息共享范围，满足农业大数据的需求。

3.3 完善农业大数据分类、存储、利用标准

以发展农业大数据为目标,基于现有技术水平和社会需求,从数据的采集、格式、存储、共享、交换等方面,制定科学合理的农业大数据技术标准和使用规范。

3.4 搭建国家级农业大数据应用平台

深入、全面、规范的开展农业大数据研究与应用,从顶层设计出发,基于大数据系统框架和云计算技术,建立国家级农业大数据应用平台,提供标准的数据采集、交换、访问接口和协议,方便各类数据之间的交互;提供完善的数据分析、处理、应用等技术;提供标准的开放应用程序接口,为实现第三方应用系统的扩展提供技术支撑。

3.5 加强人才培养与队伍建设

根据农业大数据的发展需求,制定相应的人才培养计划,以科研院所、高校和企业为主体,建立多学科交叉的科研团队。同时建立并完善农业大数据人员的评价体系。

4 结语

农业的发展历程经历了3次变革,在第三次变革中,互联网提供了巨大的驱动力。互联网是个海量数据平台,而计算机科学和数据科学的融合孕育了大数据。当农业遇上大数据时,我们面临着许多机遇,同时也存在很多挑战。目前,虽然大数据技术及其应用已经相当成熟,但是农业大数据的研究还处于起步阶段,由于农业数据来源多、异构性强、涉及面广,使得农业大数据的发展存在许多问题:①缺乏顶层设计;②农业信息标准化程度不高;③农业大数据技术标准和使用规范不完善;④缺少国家级农业大数据应用平台;⑤人才紧缺。针对以上问题,本文提出相应的建议,以期促进农业大数据的健康发展。

总之,农业大数据是当前的研究热点,机遇与挑战并存。然而,在构建农业大数据过程中,也必然存在许多困难,只有正视这些问题,并提出科学合理的解决办法,才是发展农业大数据的根本出路。

参考文献

[1] 王澎. 联想控股战略投资云农场 [N]. 农民日报, 2015-03-23005.

[2] 陶翔, 罗天雨. 大数据技术的发展历程及其演化趋势 [N]. 科技日报, 2014-08-10002.

[3] 张浩然, 李中良, 邹腾飞, 等. 农业大数据综述 [J]. 计算机科学, 2014, 41 (B11): 387-392.

[4] 郭承坤, 刘延忠, 陈英义, 等. 发展农业大数据的主要问题及主要任务 [J]. 安徽农业科学, 2014, 42 (27): 9642-9645.

[5] 温孚江. 农业大数据与发展新机遇 [J]. 中国农村科技, 2013 (10): 14-14.

[6] 王儒敬. 我国农业信息化发展的瓶颈与应对策略思考 [J]. 中国科学院院刊, 2013, 28

(3)：337-343.

［7］张浩然，李中良，邹腾飞，等．农业大数据综述［J］．计算机科学，2014，2．

［8］王超．农业大数据文献综述［J］．商，2014（37）．

［9］Big Data Across the Federal Government［EB/OL］．2014-3-19．http：//www.whitehouse.gov/sites/default/files/microsites/ostp/big_ data_ fact_ sheetfmall.pdf

［10］Solum Lands ＄17 Million For Big Data Analysis Of Farm Soil，2012-6-27．http：//www.forbes.com/sites/tomiogeron/2012/06/27/solum-lands-17-million-for-big-data-analysis-of-farm-soil/

［11］蔡书凯．大数据与农业：现实挑战与对策［J］．电子商务，2014（1）：3-4.

［12］李辉．做好顶层设计 推动大数据开放共享［N］．中国高新技术产业导报，2015-03-09004.

［13］李文峰，赵春江，郭新宇．基于农业信息数据元表示的数据挖掘［J］．计算机工程与应用，2004，40（24）：174-176.

［14］宋长青，高明秀，周虎．高等农业院校农业大数据研究现状及发展思路［J］．中国农业教育，2014（5）：16-20.

［15］温孚江．农业大数据研究的战略意义与协同机制［J］．高等农业教育，2013，11（11）：3-6.

竞争情报理论、方法与农业信息咨询服务研究

孙晶岩*，关静霞，秦疏影，刘娜

（北京农学院图书馆，北京 102206）

摘 要：本文详细阐述了竞争情报产生的时代背景、基本内涵，以及竞争情报的常用分析方法，并运用竞争情报最常用的分析方法SWOT，深入分析了农业院校图书馆提供农业信息咨询服务的优势，在此基础上，提出农业信息咨询服务的主要举措，以期更好地服务于新农村建设。

关键词：竞争情报；理论方法；农业信息咨询服务

Research on Competitive Intelligence Theory, Methods and Agricultural Information Consultation service

Sun Jingyan, Guan Jingxia, Qin Shuying, Liu Na

(Beijing University of Agriculture library, Beijing 102206)

Abstract This paper expounds the background, basic content and the common analysis method of competitive intelligence, and the use of competitive intelligence analysis methods SWOT, analyze deeply the advantage of the Agricultural University Library to provide agricultural information advisory services, on this basis, put forward the main measures of agricultural information advisory services, in order to better serve the new rural construction.

Kew words Competitive intelligence, theoretical method, agricultural information consultation service

自20世纪80年代起，一些西方经济发达国家就开始展开了对竞争情报理论、方法较为系统的研究，并将研究成果最先应用到企业战略管理与决策实践中。目前，世界上已相继成立了全球性的竞争情报组织GBIA（全球工商情报联盟）和SCIP（竞

---

* 作者简介：孙晶岩（1966— ），女，大学本科，副研究馆员，2004—2005年参加中科院研究生院"图书馆学（信息资源管理方向）"专业研究生课程进修班，并取得结业证书。研究方向：图书馆文献资源建设研究，已发表论文26篇；合著书2部；研究项目5项。E-mail: sunjingyanbua@163.com

争情报专业人员协会)[1]。到目前为止，无论是理论研究还是实践工作都证明，竞争情报已成为部门或机构继人才、资金、组织以后的第四要素。我国20世纪90年代初开始进行竞争情报理论与方法的研究与宣传，1995年成立"中国科技情报学会竞争情报分会"，竞争情报的崛起是我国情报学发展历程中的重大事件。本文拟通过对竞争情报相关理论、方法的研究，为农业信息咨询服务提供支持和参考。

1 竞争情报产生的时代背景、基本内涵

1.1 竞争情报产生的时代背景

竞争情报源于第二次世界大战后西方发达国家之间的商业竞争。20世纪60年代起，随着日本经济的迅速崛起，美国对日本科技与经济快速发展的原因展开大量的商业调查和情报分析，竞争情报工作得以在美国迅速发展。80年代以后，伴随信息技术和互联网的迅猛发展，全球经济迎来新一轮发展高峰，竞争情报工作的理论和方法也得以更广泛应用，特别是90年代后，伴随全球经济一体化进程的加速和跨国公司的异军突起，竞争情报迅速成为企业提升竞争优势和进行战略决策必不可少的重要支撑[2]。

在全球经济一体化进程迅猛发展的宏观背景下，高新技术的日新月异，使竞争环境呈现出复杂多变的动态特点，在这样一个"优胜劣汰、适者生存、不适者淘汰"的竞争年代，所有企业都必须面对市场竞争的考验，企业很难将长期竞争优势建立在某一种能力或资源的基础上，而必须谋求一种与外部环境变化相适应的动态平衡能力。客观上迫使企业不仅要努力学习竞争对手或行业内外一流企业的优点和长处，避免自己的弱势和不足，而且还必须密切关注周围的竞争环境，系统掌握市场变化和竞争对手的相关情报，为企业提供战略决策支持，进而永保自身的竞争优势，才能在激烈的竞争市场中立于不败之地[3]。

1.2 竞争情报的基本内涵

简而言之，竞争情报（Competitive Intelligence，CI），指通过对竞争环境和竞争对手等相关信息的研究，形成竞争策略的过程。由于大多数竞争情报活动与商业活动有关，所以，竞争情报也称Business Intelligence，即BI。伴随竞争环境的动态变化，竞争情报已成为组织长期的战略资产，竞争情报研究过程体现了信息活动的"智慧性"、"谋略性"等价值和效用，围绕新技术产生、竞争环境变化、竞争对手动态、企业自身需求而展开的有关信息搜集、分析、整合和利用，构成了企业竞争情报工作的全体内容和具体行动。

具体而言，竞争情报是指通过对反映竞争环境和竞争对手的各要素和事件的动态变化及其相互联系的信息或数据进行较为系统地搜集、分析、整合和应用，及时为企业高管提供竞争环境、竞争对手以及企业自身的相关信息情报，使管理者全面了解外部竞争环境和内部竞争态势，从而准确判断竞争对手实力、估计自身竞争能力、识别外部环境所蕴藏的各种机会和威胁，并据此制定和实施正确的竞争战略，

以获取和保持持久的竞争优势[4]。

2 竞争情报的常用分析方法及竞争情报 SWOT 的分析过程

2.1 竞争情报的常用分析方法

竞争情报工作的核心内容是通过跟踪与监测本行业内的竞争对手或先进企业的管理、开发、生产、经营等方面信息，系统了解当前竞争现状和自身竞争优势，科学预测未来竞争态势和可能的发展机遇，从而对自身战略战术作出相应的调整和改进，促进企业可持续发展。成功的竞争情报工作需要成熟而有效的竞争情报分析方法，目前，竞争情报领域常用的基本方法主要有：SWOT 分析法、PEST 分析法、竞争五力模型分析法、定标比超分析法、专利分析法和财务报表分析法等。此外，还可以结合文献调研法、系统分析法、网络调查法、专家访谈法、归纳推理法等分析方法一起使用。因篇幅所限，本文仅对常用的 SWOT 分析法进行介绍。SWOT 分析法是 20 世纪 80 年代初由美国旧金山大学管理学教授韦里克提出的一种简明而有效的企业战略分析方法，目前已被广泛应用在竞争对手分析和企业战略制定等方面[1]。依据这一方法，企业可以结合外部环境和内部资源等客观条件，找出自身的优势（Strength）、劣势（Weakness）、机会（Opportunity）和威胁（Threat）所在，并在此基础上指导企业如何根据现在竞争态势制定相应的竞争战略，其中，优势和劣势分析主要在于对竞争对手和企业自身实力的比较，而机会和威胁则着眼于外部环境变化及对企业的影响上[5]。

2.2 农业院校图书馆关于竞争情报的 SWOT 分析过程

SWOT 分析的关键要素是正确识别出优势、劣势、机会与威胁，取决于被评价者的生存环境。评价出某种因素的优劣与否，预示着是机会还是威胁，而农业院校图书馆发展竞争情报战略所处的生存环境主要是由社会上竞争情报研究机构和其所依托的农业院校背景所构成。通过搜集、分析、整合大量信息，分析出农业院校图书馆所处的内外两部分环境：外部环境，即机会因素（O）和威胁因素（T），是对农业院校图书馆的发展有直接影响的有利和不利外部因素，主要归类为社会经济、地理环境、外部市场、竞争对手等方面的要素；内部能力，即优势因素（S）和劣势因素（W），是农业院校图书馆在其发展过程中自身存在的积极和消极因素，主要归类为组织、技术设备和研发、人力资源、服务等方面的要素。在对上述因素进行分析时，不仅要考虑这些因素的过往影响情况，还要预测这些动态因素的变化对农业院校图书馆未来发展的影响。

除此之外，还应对农业院校图书馆的特殊情况进行具体分析，并把高等教育学、图书情报学、信息管理学、市场经济学、图书馆管理学等相关学科的基础理论运用其中，把新农村建设下的农业信息需求与农业院校图书馆的信息推广服务结合起来进行考量，找出农业院校图书馆在新农村建设中信息咨询服务的优势和劣势，科学客观地确立农业院校图书馆在新农村建设中信息咨询服务的地位和作用。在新农村建设背景下，农业院校图书馆经过多年的建设和发展，具有很多向广大"三农"区域扩展信息咨询服务的优势：拥有农业所需的丰富馆藏资源和大量的数字资源；拥有很多可服务于农村信息化建设的高素质人才资源和先进的技术设备；拥有很多服务于农村信息化发展的科研成果；拥有很多为农村社会弱势群体提供信息援助等优势，能较好地为相关部门或科研人员提供决策信息，并针对新农村建设中不同群体的信息需求给予合理化的服务建议。

3 农业信息咨询服务的内涵及主要举措

3.1 农业信息咨询服务的内涵

信息咨询服务是根据用户提出的有关问题，运用各种信息技术，对相关信息资源进行收集、分析、整合、传递，为用户提供解决问题所需要的策略、规划、方案或措施、建议等信息产品。信息咨询服务是集科学知识、科学方法和客观实践等于一体的高级科技活动，属于信息产业的重要组成部分，是信息咨询服务的主要方式方法。而农业信息咨询服务就是把农业信息资源、相关技术、研究成果等，转化为社会效益和经济效益的中介与桥梁，促进农业生产、教学科研等的良性互动、循环和不断发展，对实现领导决策科学化、民主化起着重要作用。

3.2 农业信息咨询服务的主要举措

3.2.1 依托远程教育，服务农村信息化建设

农民是农村建设的主要力量，从某种意义上说农村的信息化就是培养农民具有现代信息意识和现代科技能力的过程。伴随现代信息的发展，农业院校图书馆可打破传统的短期培训教育方式，应利用自身的网络平台对农民进行远程教育。通过利用网络信息资源共享，请本校的名师上网讲课，并把课件上传到网上；还可组织农业方面的专家通过远程教育对当地的科技、生产、决策进行研究，制成视频课件，农民可随时免费浏览并下载观看，将有效满足农民继续教育的需求。农业院校图书馆通过远程教育提高农民的科技信息水平，进而推动农村产业化、现代化的进程。

3.2.2 为农民提供参考咨询服务

农业院校图书馆应从农村的实际情况出发，本着科学、务实、创新的态度，帮助农民解决遇到的难题。农业专家或工作人员可通过实地调研或利用网络与农村科技工作者和农民进行各种技术咨询和专业信息交流，对农业热点问题和农业技术开展讨论。高校图书馆可派出专业技术人员对农民关心的法律政策信息、医疗健康信息、市场供求信息、农业结构调整信息等热点问题提供信息咨询和知识解答服务，让农民切实感受到科技信息给他们带来的经济效益。

3.2.3 加强农业专题数据库建设

随着互联网技术的迅速发展，农业院校图书馆应利用自身的信息资源，建立最具特色的农业数据库。农业数据库以农业信息需求为主体，立足于农业部门，以共享信息服务为目的，把农业所需的数字信息资源以分类的方式进行整合，变为数据

库资源，最终形成共享服务的网络信息资源体系，建立农业特色数据库和专题数据库，例如：农业资源信息数据库、农业法规政策数据库、农业质量标准数据库、农业专家数据库、农业生产资料数据库、农民经济人数据库、农村批发市场数据库等。各项农业数据库的建立必将大大提高农民的专业知识技术水平，对实现我国农村资源与农村智力的开发，提高各级政府农业管理者的决策水平，必将产生重要的积极推动作用。

3.2.4 开展"个性化"信息咨询服务，丰富农民工的精神文化生活

党中央、国务院高度重视农民工的业余文化生活，要想从根本上解决农民工的精神文化生活，需要全社会动员起来，有系统、较详尽、切合农民工实际需要的"农民工文化工程建设"规划。农业院校图书馆是拥有大量农业信息资源的社会公益系统重要组成部分，应在实际工作中把农民工纳为服务对象，把服务落到实处，加强基层信息咨询服务建设，可从以下4个方面着手：①建立工地流动民工书屋，有些农业院校图书馆为农民工免费办理图书借阅证，使农民工跟本院校师生一样借阅图书，享受信息服务；②免费开放网络资源，提高信息自助能力，针对一些年轻农民工对网络信息资源的需求和渴望，农业院校图书馆可在电子阅览室为这些用户开设免费绿色上网通道，并派专业人员进行现场技术指导；③根据需求开设讲座和培训课程，农业院校图书馆应发挥社会教育的功能，利用院校的专业优势，聘请本院校的农业专家、农业教授为农民工做农业科普知识和农业生产相关信息的培训课程；④服务中体现人文关怀，农业院校图书馆应把农民工纳入重点服务对象，从思想上肯定农民工的社会地位，把农民工与本院校师生同等对待，以农民工的需求为服务导向，让农民工更多体会到和谐社会的人文关怀。

3.2.5 开展网上科技信息下乡活动。

可在农业院校图书馆主页上开设数字农业图书馆及农业科技栏目，为农户免费提供网上咨询及多种农业科技信息咨询服务，并及时回复用户的提问，打破了传统的与农户面对面咨询服务的限制，更有利于随时解决农户的难题，同时图书馆只需要有几位高级专业技术人员解答用户的信息咨询，也为农业院校图书馆节约了人力、物力、财力。

3.2.6 提高馆员的信息咨询服务意识

树立"以人为本"的信息咨询服务新理念。农业院校图书馆馆员在对"三农"提供信息咨询服务中，必须从根本上转变思想，树立以农户信息需求为服务宗旨的新理念，不断提升馆员的信息素养。在美国有一种说法："在图书馆所发挥的作用中，图书馆的基础设施占5%，图书馆的文献信息资源占20%，而图书馆馆员所占的比例最大达到了75%"。从中可以看出馆员在图书馆的地位是何等的重要。应通过参加技术或数据库培训、学术会议、院校间学术活动、资源展示会、读者培训、实地调研等活动，有意识地加强图书馆馆员的知识和理念的不断提升，进而提高信息素养，推动农业院校图书馆的可持续发展。

参考文献

[1] 包昌火, 李艳, 包琰. 论竞争情报学科的构建 [J]. 情报理论与实践, 2012, 35 (1): 1-9.

[2] 郑荣, 刘永涛, 彭玉芳. 协同学视角下的竞争情报联盟构建研究 [J]. 情报科学, 2013, 31 (8): 27-31.

[3] 陈峰. 产业竞争情报产品与服务的细分内容 [J]. 情报学报, 2013, 32 (1): 37-43.

[4] 郑继来. 论高校图书馆在新农村建设中的作用 [J]. 现代农业科技, 2010, 24 (3): 16-19.

[5] 谢新洲. 竞争情报进展 (2010) [M]. 北京: 科学技术文献出版社, 2010: 46-47.

均线分析应用于农产品市场价格波动变化的研究*

林中**，戴明华，高国赋，李丹

（湖南省农业信息与工程研究所，长沙 410125）

摘 要：阐释了均线的定义和均线分析的作用及特点，论证了均线分析应用于农产品市场价格波动变化的可行性，通过均线图表+均线说明的方式进行了实例验证，针对当前及今后的研究应用中所面临的技术局限性问题，提出对均线分析应当进一步创新研究，并且在均线类型组合、周期参数的设置、辅助指标及辅助工具的筛选优化、加权移动平均线应用于农产品市场以及均线的叠加应用这六个方面提出了相应的研究思路和方法。

关键词：均线分析；农产品市场；价格；波动；应用研究

Research on the Moving Average Application to the Agricultural Product Market Prices Fluctuation

Lin Zhong, Dai Minghua, Gao Guofu, Li Dan

（Hunan Agricultural Information and Engineering Research Institute, Changsha 410125）

Abstract This study illustrates the definition of moving average and the function and characteristics of the moving average analysis, it demonstrates the average analysis application feasibility in agricultural products market price fluctuations. Verified by the average chart and average line, it points out the technical limitations of the problems faced in the current and future research, proposed that the average analysis should be further innovation research and proposed on the corresponding research ideas and methods from six aspects of average type combination, periodic parameter settings, auxiliary indices and auxiliary tools optimization, weighted moving average line application to agricultural products market and average stack and application.

Key words average analysis, agricultural products market, price, fluctuation, applied research

---

* 基金项目：农业部农业信息服务技术重点实验室项目资助（2014-AIST-02）
** 作者简介：林中（1968.4— ），男，本科，助研，研究方向为农产品市场信息分析，发表相关研究论文多篇。E-mail：26503536@qq.com

均线分析是当今应用最普遍的技术分析方法之一，以图表为主要手段对市场行为进行研究，主要是用来预测市场价格变化的未来趋势，供求关系变化规律等。通过技术分析可以测算出买卖双方相对强弱程度、预测价格如何变动并有效控制风险。

1 均线的定义及特点

均线即移动平均线，是将某一段时间的收盘价之和除以该周期，通过将某一段时间研究标的指数或价格的平均值标示在坐标图上所连成的曲线。根据时间周期分为短、中、长期均线。

短期移动平均线起伏较大，震荡行情时该线形象极不规则；中期移动平均线波动幅度较短期线移动平均线平滑，且较长期移动平均线敏感度高；长期移动平均线，敏感度不高。

2 均线分析的特点及基本作用

2.1 追踪和研判趋势

移动平均线能够表示出股价趋势的方向，具有趋势的性质。均线的使用参数不同，则显示不同周期的趋势运行情况，均线的运行方向可以清晰地指出相应周期的趋势运行状态。

2.2 助涨、助跌性

短期平均线向上移动速度较快，中长期平均线向上移动速度较慢，短期价格均线在中长期均线的上方时，中长期均线可以看作为短期均线的支撑线，短期价格回跌至中长期平均线附近，自然会产生支撑力量，这是平均线的助涨性，反之为助跌性。

2.3 稳定性

越长期的移动平均线，越能表现稳定的特性，即移动平均线不会轻易向上或向下，必须市场趋势势真正明朗后，才会选择延伸的方向。

2.4 滞后性

均线有稳定的一面，也有滞后的一面。越短期的移动平均线（即参数较小），敏感性越强、稳定性越差，越长期的移动平均线滞后性越明显，稳定性越强。

由此可见，均线是反映价格运行趋势的重要指标，其运行趋势一旦形成，将在一段时间内继续保持，趋势运行所形成的高点或低点又分别具有阻挡或支撑作用，因此均线指标所在的点位往往是十分重要的支撑或阻力位，这就提供了研判市场趋势和相应操作的有利时机，这也是均线系统的价值体现之一[1]。

3 均线分析应用于农产品价格波动的可行性

均线分析技术普遍应用于股票、期货市场这类价量流动型市场，均线+K线+辅助指标+多种判市理论的组合已经成为市场分析和决策的利器，农产品市场同样属于价量流动型市场，农产品市场与股票、期货市场都具有共同的市场规律：价格变化反映供求关系，供求关系决定价格变化；市场大、参与者多，市场行为包容消化一切影响价格的任何因素，技术分析和市场行为学与人类心理学存在紧密的关系；价格通常都是沿已经形成的趋势继续演变，价格形态都可以通过特定的图表表示。因此，应用均线分析技术进行对农产品价格波动变化的监测和分析具有理论上的可行性和技术上的可操作性。

4 均线分析研究现状

目前将均线运用于农产品价格波动监测分析的研究和应用中，具有代表性的有浙江工商大学统计与数学学院与中国·寿光农产品物流园共同研发的中国寿光蔬菜指数，中国农业科学院农业信息研究所（简称中信所）的中国农产品市场监测预警系统，深圳市中农数据有限公司（简称中农数据）与前海农交所联合编制发布的"农产品批发价格指数"，三者各有侧重、各具特点。

山东寿光蔬菜指数是在应用标的的价格的各价格之间进行直接的连线，在图表表现形式上形成简单直观的一条日均线，由于没有进行任何指标和参数的设置，从技术分析的角度来看，单靠一条简单的价格或指数连线对市场走势的分析和评测，其指导意义不大。中信所尽管在价格的图表表现方式上也是采取了简单的将价格连线的方式，但是由于开发了系统分析预测模型，因此该系统展现了强大的分析和预测功能，均线只是起到一种辅助分析作用。中农数据从市场分析的实战角度出发，将均线的周期设置、形态体现和分析功能进行了有效结合[2-4]。

5 均线分析应用实证

本研究以中农数据公开发布的前海·中国农产品批发价格指数中，截取其中的前海·中国蔬菜批发价格指数作为示例，进行均线分析技术应用于农产品价格波动变化的实证分析。

图1中这条线即为日均线，通过基期设定、标的蔬菜价格进行指数转换后，将相邻的指数点位连接成线而成，不同周期的均线设定方式相似。日均线是目前在农产品市场价格波动分析中应用得最为广泛的图表表达方式，它能直观的体现和描述市场价格的波动状况，如果用于对市场的分析和预测评判，其参考作用有限。

在日均线的基础上加入五日均线后，这对短期（日均线）+短中期（五日线）的均线组合开始初步体现均线分析的作用，图表中可以明显看出：从1月下旬至2月中旬的上扬行情和2月中旬开始到3月底结束的下跌行情中，日均线和五日线相互作用，即五日线对日均线的压制和支撑，日均线对五日线的缠绕盘整和穿越（上穿/下穿），同时两线之间的联动非常紧密，有助于对市场中短期波动变化的分析和研判，体现了均线的助涨和助跌作用。

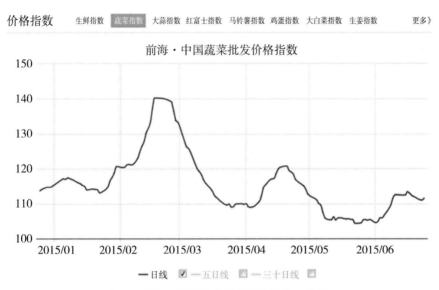

图 1　前海·中国蔬菜批发价格指数日线图

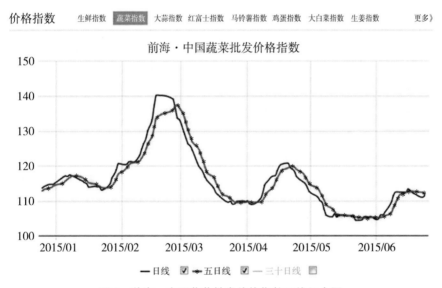

图 2　前海·中国蔬菜批发价格指数两线组合图

在将 30 日均线也加入后，可以看到：启动于 1 月下旬的那波上扬行情，发端于在前期的缓慢盘跌过程中，代表短期的日均线和短中期的 5 日线在代表中长期的 30 日线处得到支撑后，3 条均线逐渐黏合，日均线和五日线相继上穿 30 日线，市场选择向上的方向，指数从启动点 113 点到该波上扬行情 140 点开始高位盘整，形成顶

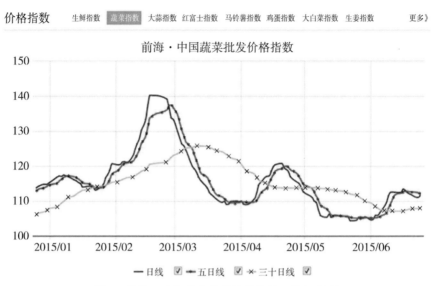

图 3　前海·中国蔬菜批发价格指数三线组合图

部区域，日均线拐头下穿 5 日线，数日后 5 日线也开始掉头向下，形成一波下跌行情。

短期（日均线）+短中期（五日线）+中长期（三十日线）的均线组合基本体现了均线分析技术的作用和特点，基本能够表述市场波动状况，分析市场异动，研判市场走向和周期长短，具备长期跟踪市场经历的信息员在熟练掌握均线分析技术后，配合其丰富的市场跟踪经验，将能够承担市场分析师的角色[5]。

6　均线研究应用中存在的技术局限性

农产品市场在价量体现方面与股票、期货市场尽管具有很多的共性，但其也存在差异性：不同于股票、期货市场，它没有统一的开市和闭市时间，价格的采集和报送由市场信息员来采集报送，一般只统计进场量，反映的只是本市场的价格和成交量，从而导致目前采集报送的只有最高价、最低价、平均价和进场量这 4 个市场数据来反映本市场的波动变化，而不能应当前通行规范的最高价、最低价、开盘价、收盘价和成交量这五大基本数据也就是全息信息要素来表达反映市场的波动状况。

这种差异性带来的主要问题是由于农产品现货市场采用的是非通行规范的价量采集方式，所采集得到的价格和成交量数据，无法与在股票期货市场中广泛运用的技术理论和分析方法进行有效结合，从而带来了一定的技术局限性，即难以运用均线+K 线的基本组合来体现价量波动，也导致一些常规的技术分析方法和理论（如波浪理论、形态分析、通道技术等）无法充分运用，还有一些通行常用的技术分析指标需要进一步的筛选优化后，才能进行配套组合分析。

7 均线分析的进一步创新研究

由于农产品市场价量采集报送等方面的原因,对均线分析技术的进一步研发带来了一些技术局限性,但仍然可以在以下方面进行进一步的研究并加以创新。

7.1 均线类型、市场类型以及市场品种的组合应用

均线分析适用的市场类型和市场品种极为广泛,可以根据市场应用的需求和科研项目的设计进行多种或多重创新均线组合,如品种指数+不同品系+代表性品种的均线组合,同一品种、品系在不同市场类型的均线组合,不同市场品种的交叉组合式均线组合等多种、多重组合。

7.2 周期参数的设置

均线的周期设置一般分为短、中、长3种周期,在具体的周期设置方面有多种方式,可以按照5、10、20、30、60、120、240日的常规设置周期,也可按斐波那契数列中的3、13、21、34、55、89、144、233进行神奇数字周期设置,比如中农数据就是以5日、10日和30日作为其短期、中期和长期均线的周期参数设置。在具体设置上要根据市场走势轨迹,通过对短期、中期和长期不同周期的价格均线进行不同设置,来对比分析均线对当期价格的阻力、支撑而产生的不同变化,以最为贴近市场波动状况的周期参数为设置原则。

7.3 辅助指标的筛选优化

由于目前的农产品市场采集报送的只有最高价、最低价、平均价和进场量这四个市场数据,因此,只能在这些数据的基础上筛选和优化股票、期货市场上通行通用的辅助指标,在众多的辅助指标中可以从计算方法和计算公式所采用的数据类型着手,找到适用于农产品市场数据类型的辅助指标,再进行筛选优化。

7.4 辅助工具的筛选优化

价格的涨跌幅度和持续的周期可以通过在已开发的测算工具如百分比线、黄金分割线、波浪尺来筛选优化;根据价格运行的轨迹可以通过划线工具来划分上升/下降通道以及支撑线和压力线等。

7.5 加权移动平均线应用于农产品市场

计算平均值时增加权系数构成加权平均,权重的增长体现了对应数据的重要性和对均线的影响程度,加权的原因是基于移动平均线中,更注重于最新的数据,对未来价格波动的影响最大的收盘价,赋予较大的权值。同时加权处理后有助于使价格曲线更加平滑,从而更好地识别趋势。加权方式分为4种。

7.5.1 指定日期加权移动平均线

计算公式:$MA(N) = (C_1 + C_2 + \cdots + C_i \times 2 + C_n)/(n+1)$

由于在具体价格分析中用于计算平均数的价格数据对于平均值的影响不一定相同,因此加权平均相比算术平均更加灵活,易于设置价格指数对于平均值的影响权重,指定日期加权的依据是日期数据在所有数据中对于未来的影响是最大的,因此

加大了该日数据权重。

农产品价格中，若价格因素在周期内受某一区间影响最大，可以增加周期内该区间段的价格权重。以长江流域为例，蔬菜生产有较明显的季节性。1月份气温接近0℃，一部分耐寒蔬菜虽可露地越冬生长，但植株生长缓慢，产量显著降低，而形成1~2月的冬淡；7~8月的月平均气温在28℃左右，不仅喜温蔬菜不适宜生长，就是耐热的瓜、豆类也往往生长不良，又形成8~9月的夏淡，其他各月适宜于蔬菜生长，而形成旺季，进入旺季后的近期蔬菜价格对平均价更有参考意义。

7.5.2 线性加权移动平均线

计算公式：$MA = (C_1 \times 1 + C_2 \times 2 + \cdots\cdots + C_n \times n)/(1 + 2 + \cdots + n)$

线性加权体现的是周期内数据权重的线性增加，农产品价格的趋势受季节、供应量影响，最近的价格较前面的价格对趋势的影响更大，线性加权是权重呈线性增加的，可以用线性加权来表示在一组数据中各数据对平均值的影响随时间递增。

7.5.3 梯型加权移动平均线

计算方法（以5日为例）：

［（第1日收盘价+第2日收盘价）×1+（第2日收盘价+第3日收盘价）×2+（第3日收盘价+第4日收盘价）×3+（第4日收盘价+第5日收盘价）×4］/（2×1+2×2+2×3+2×4）即为第五日的阶梯加权移动平均线。

梯形加权结合价格指数，相当于先两两计算算术平均再在此基础上计算线性加权。先算术平均的数值相比之前趋势更加平滑，平均后的数值整体的权重线性增加。

7.5.4 平方系数加权移动平均线

平方系数加权是一个周期内价格分别与平方系数的乘积之和除以该周期总权重。特点是平方系数增长很快，表示相应的各价格指数权重增加很快，农产品价格在季节交替之时，随着新的农产品上市，价格每日变化很大，所以该产品大量上市时，后面数据影响大于前面，采用这种加权平均更能符合市场行情。

上述4种加权方式如果加以综合运用，可以在价格影响因素与价格变化趋势的速度之间，进一步研究找出它们之间的对应关系，如线性、幂函数等，通过已有数据可以研究各种价格影响因素与价格变化规律的关系，如气温影响农产品产量，可以找出该影响对价格的影响是线性还是幂函数等，通过使用加权平均完善平均线的方法，可以综合考虑到各种对价格的影响因素，评估影响因素对价格的作用，将影响因素转化成计算平均值的权重系数，从而得到更加合理的均线，在价格预测中可以在此加权平均线基础上结合均线理论进行更进一步的分析研究。

7.6 均线的叠加应用

由于农产品市场同样具有其内在的周期性规律和运行轨迹，通过将当前均线走势与历史走势进行叠加对比，可以提早发现市场异动而加以监测；在波动开始加剧时可以通过形态的对比预判测算振幅的大小、持续周期的长短，同时可以通过对市场后续的实际走势来验证当时的判断，从而进一步提高市场分析技术[6]。

8 结语

开展对均线分析的创新研究,将进一步丰富农产品市场价格监测分析预警的方法和技术手段,本研究认为,通过对均线类型、市场类型以及市场品种的组合应用,设置确定均线周期参数,筛选优化辅助指标及工具,辅之以特定状况下的加权移动均线,配合均线叠加功能,进行基于均线分析技术为主的系统开发并且加以推广,将有助于提高农业信息工作者对农产品市场运行轨迹的预判和综判能力,加强对行情波动的整体分析技术水平;对提高农业信息工作质量,撰写更为专业性的市场评论,也将起到积极的促进作用。

参考文献

[1] 邱立波. 均线技术分析 [M]. 北京:中国宇航出版社,2013.

[2] 贾亚童. 股指期货引入对现货市场影响的研究 [D]. 济南:山东大学,2010.

[3] 杨晨辉,刘新梅,魏振祥. 我国农产品期货与现货市场之间的信息传递效应 [J]. 系统工程,2011(4):10-15.

[4] 崔利国. 基于混沌神经网络模型的我国蔬菜价格短期预测研究 [D]. 中国农业科学院,2013年.

[5] 唐江桥. 畜产品价格定量预测方法评析 [J]. 重庆工商大学学报(社会科学版),2011年01期.

[6] 林中,周超,戴明华. K线组合分析技术在蔬菜价格波动分析技术预警中的应用实现 [J]. 湖南农业科学,2014(21):66-69.

农产品质量安全溯源发展浅析

黄红星**，郑业鲁***，刘晓珂，李静红
（广东省农业科学院农业经济与农村发展研究所，广州　510640）

摘　要：本文分析了我国农产品质量安全溯源发展现状，认为标准不完善和不统一、产业应用基础薄弱、保障不足是面临的主要问题，并从标准化、产业化、规范化应用的角度提出了对策建议。

关键词：农产品；质量安全；溯源

Research Progressin Quality and Safety Traceability for Agricultural Products

Huang Hongxing, Zheng Yelu, Liu Xiaoke, Li Jinghong
(Institute of Scitech Information, Guangdong Academy of Agricultural Sciences, Guangzhou　510640)

Abstract　Based on the analysis of current traceability system situation in agricultural products, this paper maintained that the major problems of the quality and safety traceability for agricultural products were verified standards、weak industrial foundation and shortfall in guaranteed system capacity. In the end, suggestions on how to improve it from the standardization、industrialization and normalization points were put forward.

Keywords　agricultural product, quality and safety, traceability

"民以食为天"，我国政府、学界、业界都非常重视农产品及食品质量安全问题，并把溯源作为农产品质量安全管理的重要手段。2013年中共中央"一号文件"要求

---

*　基金项目：广东省科技计划项目（项目编号：2012A020100008），广州市科技计划项目（项目编号：7414562350719）

**　作者简介：黄红星（1979—　），男，副研究员，研究方向为农业信息技术

***　通讯作者：郑业鲁（1959—　），男，研究员，研究方向为农业科技情报、农村发展咨询、农业信息化

"健全农产品质量安全和食品安全追溯体系"。2014年中共中央一号文件强调要"强化农产品和食品质量安全监管",并要求"支持食品溯源体系建设"。随着政府的重视和研究的深入,我国农产品质量安全溯源体系不断发展和完善,但在实际应用中还有一些问题亟待解决。

1 发展现状

农产品溯源简单而言就是要解决农产品生产、流通、消费全过程的信息如何记录、如何传递、如何管理、如何查询的问题,其运行需要信息编码、农产品标识、信息系统和数据库等关键技术的支撑。近年来自动识别、传感器、移动通信等技术的不断发展,为农产品溯源的发展完善提供了重要动力。

1.1 溯源信息编码从模仿走向创新

目前,国外多采用EAN.UCC系统对农产品进行溯源编码。EAN.UCC系统是由国际物品编码协会和美国统一代码委员会共同开发、管理和维护的全球统一标志系统和通用商业语言[1]。中国物品编码中心参考EAN.UCC系统,发布了《牛肉产品跟踪与追溯指南》和《水果、蔬菜跟踪与追溯指南》。由于相对一般商品,农产品具有地域性、鲜活性等特点,国内学者在EAN.UCC系统的基础上,进一步采用产品码、产地码、生产日期码、认证类型码、校验码等相结合的编码方式设计农产品溯源码[2],或者将基于地理坐标和多重加密的农产品溯源码与电子地图相结合,可快速定位到产地并以可视化形式展示,更有利于质量安全突发事件的应急管理[3-4]。

1.2 农产品标识技术多样化发展

标识是农产品溯源信息传递的载体,目前较常见的标识有条形码、二维码和RFID电子标签等。不同标识技术具有不同特点,根据农产品生命形态、产品包装方式、产品价值等选用合适的标识技术是溯源系统构建中信息流与实物流关联的基础。目前,在果蔬类产品上使用较多的是条形码,成本低,识读速度快;在大畜体上,二维码溯源耳标是目前使用较为广泛的标识,也有些地方在肉牛、生猪、宠物等高价值的动物上使用了RFID耳标;在水产品上,由于其特殊生长环境,实现鲜活产品的溯源难度较大,有研究使用可植入式玻璃管RFID标签对鱼类个体进行标记[5],但如果要在生产中广泛使用还面临着成本高、操作难度大的问题。近几年,还有一些高端标记方法如DNA分子标记[6]、鼻纹识别(鼻纹是牛类类似与人指纹的鼻部肤纹,每头牛的鼻纹都不相同)[7]、虹膜识别[8]、面部识别、超微分析(包括同位素指纹分析、矿物元素指纹分析、近红外光谱分析、脂肪酸含量分析)[9-12]等也在农产品溯源领域进行探索性研究。

1.3 信息采集技术相对成熟

实现农产品供应链各环节信息的准确快速采集需要数据采集设备和数据传输网络作支撑。目前,在生产和仓储物流的环境信息采集方面,都已有相对成熟的采集设备,包括空气温湿度、土壤温湿度、土壤电导率、气体(O_2、CO_2、乙烯等)浓度、光照强度、红外线等传感器和视频监控设备等,能够实现各类环境指标的实时自动采集。在生产经营操作的信息采集方面,移动式农事信息采集设备、智能读取器、便携式打印机、溯源电子秤等设备层出不穷。由于农业生产经营面大点多的特点,配合以上这些采集设备所使用的无线传感器网络(Wireless Sensor Networks,WSN)是一种分布式传感网络,它的末梢是可以感知和检查外部世界的传感器,而且网络设置灵活,设备位置可以随时更改,还可以与互联网进行有线或无线方式的连接,实现采集数据的实时传输、存储。

1.4 溯源信息交换和查询技术趋于便捷化

为了实现农产品全供应链的追溯,在系统建设中需要建立溯源中心数据库,其数据来源于生产、加工、存储、流通、销售等各环节,各环节采集的信息能与中心数据库进行数据交换。XML的自描述性、可扩展性及开放性等优点已使之逐渐成为信息表示和信息交换的标准,可很好实现不同平台和系统间的数据交换[13]。随着溯源信息的不断丰富,网站、电话、短信等溯源查询手段不断完善,但随着智能终端的普及,基于移动智能设备的兼容性强的条码(一维、二维)扫描查询,可通过多平台快速查询和获取多源追溯信息[14],将逐渐成为农产品溯源查询的主流解决方案。

1.5 以省级创新团队为载体,探索溯源产学研合作新模式

在广东省科技厅的支持下,由广东省农科院农经所牵头,联合中农院农业信息研究所、中山大学软件学院、华南师范大学经管学院、东莞市动监所等单位,成立了广东省农产品安全监测预警与追溯技术研究团队。团队开展了广东省主要农产品溯源关键技术的研发,并在典型地区开展示范应用,有力推动了农产品溯源关键技术的研发与应用探索。在生猪溯源方面,以东莞为试点,创新性地开展RFID与视频监控相结合的物联网模式应用,初步实现东莞市生猪养殖、运输、屠宰过程的信息化监管。在果蔬产品溯源方面,以梅州为试点,构建果蔬供应链溯源应用通用模型,搭建农产品溯源公共服务平台,开发适用于智能终端的嵌入式应用软件,着力解决溯源实际操作过程中信息采集、数据融合等关键技术问题。

2 存在问题

随着社会信息透明度的提升和人民对幸福感受的重视,农产品安全已经上升到影响国计民生的社会安全问题,也成为考验政府管理能力的重要工作。李克强总理在2014年政府工作报告中强调要切实保障"舌尖上的安全"。习总书记强调:"食品安全,首先是'产'出来的,要把住生产环境安全关;食品安全,也是'管'出来的,要严厉打击食品安全犯罪"。从国家到广东的实际情况来看,农产品安全溯源在局部地区和产业链的某些环节已经实现应用,各部门也在大力推进农产品溯源试点,但在全产业链、跨区域层面实现还有很大的难度。农产品溯源的技术日趋成熟,但由于成本、利益机制等问题,大规模应用还受到制约。

2.1 信息标准不统一，信息对接和共享困难

面对农产品质量安全的严峻形势，政府相关职能部门先后开展了农产品质量安全溯源的应用研究，如农垦开展了系统内的质量安全溯源工作。农业、商务、质监等部门也在实施农产品质量安全溯源。目前各部门、各地区的农产品质量安全溯源总体上还处于试点阶段，根据自身需求，设计开发了溯源信息系统和数据库，但同时也造成了当前农产品溯源存在多系统、多渠道、多部门分头操作，在产品编码、标识管理、技术应用等方面都有差异，致使环节不对接，信息不共享，过程信息不能有效加载，难以实现真正意义上的全程追溯。

2.2 农业现代化、标准化水平还不高，溯源成本难以消化

建立农产品溯源体系，客观上需要较高的生产管理水平，并在一定程度上增加了企业的生产管理成本。分散、小规模的传统农业，很难适应溯源要求的生产经营流程再造。另一方面，农产品市场体系还不完善，消费者了解溯源的少，查询的更少，溯源对质量安全保障的功能尚未真正体现，由此带来生产经营成本的增加还没有合理的分担机制，要么是成为高价农产品光鲜的外衣，把成本都转嫁给消费者，要么是有其名无其实，没有真正记录农产品生产及质量安全的信息。

2.3 保障体系不完善，农产品质量安全追溯推进难度大

从发达国家的经验和做法来看，农产品安全溯源大都由统一和专门的机构负责推进，并在资金投入、政策、法律法规等方面有明确的规定。但我国在农产品质量安全溯源组织实施方面存在"九龙治水"的问题，很多地方没有明确的农产品质量安全溯源管理机构，部门分工不明确，工作协调难度大。在制度方面，目前政府出台的大多为指导性文件，缺乏明确、可行的操作细则和相关的法律法规依据，涉农企业实施产品溯源动力不足。在资金投入方面，部分地区农产品质量安全溯源工程重建设轻管理，后期投入不足，影响溯源管理的完善和优化。

3 对策建议

3.1 建立统一的农产品溯源标准体系，解决信息缺链断层问题

由于农产品生产周期长、分布地域广、涉及的行业多、需要采集的信息复杂，农产品质量安全监管很难由一个部门、一套系统来完成，因此，必须建立一套统一的农产品质量安全溯源标准体系，包括农产品分类与编码标准、数据标准、软硬件标准、信息应用与服务标准等[15]。基于标准体系，从企业到各级政府监管部门，从生产者到流通商间，都遵循统一的信息格式，从而实现农业产业链信息资源共享。同时要建立跨部门、跨区域的农产品数据中心，解决信息链条断层的问题。

3.2 把农产品溯源与行业诚信建设及农产品电商结合起来，推动可持续发展和市场化运行

中国经济发展已经进入了新常态时期，"个性化、多样化消费渐成主流"；"市场竞争逐步转向质量型、差异化为主的竞争"。从新常态的若干特征来看，可以预测，

中国农业将加速转型升级,农产品市场将更加成熟、完善,农产品电商将进入高速发展时期,诚信将成为企业竞争力的重要内涵。借助于溯源体系,农产品电商能更好地解决信息不对称、监管困难的问题,倒逼农业生产标准化水平的提升,同时能大大提高消费者的积极性和参与度,把溯源的成本进行合理的消化,实现溯源体系的可持续发展,进而推动农业产业的整体提升。

3.3 完善保障体系,系统推进农产品质量安全溯源工程

建议把农产品质量安全溯源纳入各级现代农业发展规划和农业财政支出预算中,形成持续和稳定政府投入引导机制。建立多部门协调统一的农产品质量安全溯源平台,破除不同部门间的数据壁垒,为消费者提供权威的溯源信息查询渠道。制定可操作性强的《农产品质量安全溯源实施细则》,明确政府、企业、生产者各类主体的责任、义务和权益,并以立法的形式加以保障。在借鉴国外成功经验的基础上,积极探索适合我国的农产品安全溯源应用、推广模式,开发低成本的技术和装备,减轻企业和生产者负担。

参考文献

[1] 孔洪亮,李建辉.EAN·UCC系统——掌控食品安全跟踪与追溯的命门[J].条码与信息系统,2003(6):4-6.

[2] 刘振刚,凌捷,何晓桃,等.农产品质量安全追溯码的设计与实现[J].计算机与现代化,2009(9):125-128.

[3] 杨信廷,钱建平,张正,等.基于地理坐标和多重加密的农产品追溯编码设计[J].农业工程学报,2009,25(7):131-135.

[4] 钱建平,杨信廷,刘学馨,等.农产品快速图形化追溯系统构建[J].农业工程学报,2011,27(3):167-171.

[5] 丁文,马茵驰,李文通.亲鱼个体快速识别系统的设计与实现[J].水产养殖,2014(12):14-19.

[6] 张小波,吴潇,何慧,等.基于SNP_s标记的猪肉DNA溯源技术的研究[J].中国农业科技导报,2011,13(3):85-91.

[7] 钱建平,杨信廷,吉增涛,等.生物特征识别及其在大型家畜个体识别中的应用研究进展[J].计算机应用研究,2010,27(4):1 212-1 215.

[8] 李超,赵林度.牛眼虹膜定位算法研究及其在肉食品追溯系统中的应用[J].中国安全科学学报,2011,21(3):124-130.

[9] 李成,潘立刚,王纪华,等.稳定同位素技术在农产品产地溯源中的应用研究进展[J].农产品质量与安全,2013(5):53-59.

[10] 孙淑敏,郭波莉,魏益民,等.基于矿物元素指纹的羊肉产地溯源技术[J].农业工程学报,2012,28(17):237-243.

[11] 孙淑敏,郭波莉,魏益民,等.近红外光谱指纹分析在羊肉产地溯源中的应用[J].光谱学与光谱分析,2011,31(4):937-941.

[12] 王凯强,朱丹,等.基于脂肪酸差异的有机猪肉溯源识别研究[J].广东农业科学,2014

(21): 106-110.

［13］王雷，付祥. 基于 XML 的农产品质量追溯异构数据交换标准［J］.农业网络信息，2012 (5): 102-104.

［14］毛林，程涛，成维莉，等. 农产品质量安全追溯智能终端系统构建与应用［J］.江苏农业学报，2014，30（1）：205-211.

［15］岳高峰，徐成华，张金伟. 浅析我国农产品安全流通信息化标准体系建设［J］.中国标准化，2014（7）：49-54.

上海现代都市农业科技发展战略展望*

俞菊生**，罗强，董家田，张晨，俞美莲，马佳，马莹

（上海市农科院信息研究所/上海市农科院都市农业研究中心，
上海 201403）

我国按照农业自然资源与农业综合区划，建立了以国家农业科技创新中心、国家农业科技创新区域分中心和国家农业科技试验站为核心的全国公共农业科研服务系统。目前全国共拥有50个国家级、300个省级农业科研综合试验站，在优势学科、专业和研究领域已打造了一支国际一流的科学家队伍，基本建成适应社会主义市场经济体制、农业科技自身发展规律和我国农业农村基本特点的国家农业科技创新体系[1-2]。

作为中国经济最发达的大都市，上海农业的地位、作用与发展方向具有特殊性，对我国东部沿海地区的农业实现现代化具有引领作用。上海应抓住国家农业科技创新体系建设的契机，按农业科技自身发展规律和现代都市农业、农村的时代需求，确立国际化、前瞻性的农业科技创新体系，在国家新型农业科技创新体系构建中抢占先机发挥作用，实现本市现代农业的跨越式发展，为长三角及全国农业发展服务，努力将上海建设成为我国现代都市农业科技研发的总部[3]。

1 农业科技创新的目标、任务与方向

1.1 农业科技创新的目标

上海现代都市农业科技发展总目标是：建立具有国内先进水平的新型都市型农

---

* 基金项目：上海市科技发展基金软科学研究重点课题"上海现代农业科技创新战略与途径研究"（编号：12692103200）；上海市发展和改革委员会"长三角区域农业合作研究"（编号：2010-07）联合资助。

** 作者简介：俞菊生，男，留日农经博士，日本学术振兴会外国人特别研究员，现任上海市农科院信息研究所副所长/都市农业研究中心主任/研究员、上海海洋大学研究生导师、上海市注册咨询专家。出版研究专编著10部，发表论文百余篇；获国家省部级科技进步奖、哲学社会科学优秀成果奖、政府决策咨询奖等12项成果。研究领域：都市现代农业、市场农业及农业规划等。
E-mail: xxyu@saas.sh.cn

业科技创新体系，面向市场，集中力量解决提高农业质量和效益的关键技术创新问题。逐步解决调整农业结构、发展种源农业、绿色农业、装备农业、特色农业和农产品加工运销，推进农业产业化、组织化、标准化，全面提高农业效益，以及改善农村生态环境等方面的科技问题。力争在农业生物技术、农业信息技术等涉农产业高新技术研究开发及产业化方面取得突破，为率先基本实现农业现代化和建设现代都市农业奠定坚实基础。农业科技创新的目标可以分解为4个方面。

1.1.1 促进成果转化，落实科技兴农

要加大上海现有农业科技成果转化力度，促进全市农业科研成果的产业化转化步伐，通过提高农业科技贡献率，显示农业科研工作影响度。

1.1.2 着力抓好先进适用技术与高新技术的组装集成

在加速先进适用技术推广的基础上，加快发展高新技术，通过先进适用技术与高新技术组装集成突显出的创新优势，培育新的经济增长点，为发展新兴产业提供技术支持。

1.1.3 重视基础性研究与解决实际技术问题相结合

既要注重农业应用基础性研究，增强科学技术贮备，提高学术水平；更要面向市场，结合农业生产实际，着力解决农业和农村发展中急需解决的关键技术。

1.1.4 自主研究与引进相结合

既要重视发展自主农业科技研究，提高自主科技创新能力，又要引进国内外农业先进技术和管理经验，加强引进技术的消化吸收与二次创新。

1.2 农业科技创新的主要任务

上海市农业科技发展要以农业增效、农民增收和农村可持续发展为中心，以推进现代都市现代农业科技创新为主题，以科技体制改革为动力，以增加投入和政策支撑为保障，全面完成以下5大任务。

1.2.1 建立新型现代都市农业科技创新体系

深化农业科技体制改革，建立新型现代都市农业技术创新体系、科技成果转化服务体系和科技宏观管理体系，形成以政府为主导，依托农业科研机构，以农业科技成果转化服务为纽带，紧密联系农业企业和农户，建立"开放、流动、协作、竞争"的新型现代都市农业科技运行机制。

1.2.2 加强农业高新技术研究，进一步增强科技综合竞争力

加强农业科研与开发，大力发展农业高新技术及其产业，力争在农业生物技术、信息技术、农业生态工程技术等农业高新技术领域取得较大突破，使上海市农业科技综合实力进入全国先进水平，成为全国现代都市农业科技创新的重要基地。

1.2.3 加快农业科技成果转化服务与产业化，强化科技兴农工作

实施重大农业科研成果推广工程，强化农业科技培训与中介服务力量，大力推进农科教产学研结合，探索多种形式的农业科技成果转化服务模式，制定推进农业科技产业化发展的政策，培育在国内具有竞争力的农业科技企业或集团[4-5]。

1.2.4 培养3支高素质的农业科技人才队伍

包括一支由学术带头人、科研骨干组成的高效精干的科研队伍；一支多学科、高质量的农业科技成果转化服务队伍；一支农业科技企业家队伍和现代都市农业科技管理队伍。

1.2.5 建立一批体现上海现代都市现代农业特色和优势的重点学科、重点实验室、重点工程技术研究中心、农业科技园区等科技基地，培育出经营具有自主知识产权农业产品的农业科技龙头企业或集团，增强上海市农业科技创新能力。

1.3 现代农业科技创新方向

全面完成新时期现代都市农业科技发展的目标与任务，必须对现代农业科技发展的方向进行战略性调整，实现4个转变。

1.3.1 从注重农业数量增长向更加注重农产品的安全和提高农业整体效益转变

农业科技研发要适应市民生活水平提高和参与国际市场竞争的需要，促进郊区农业结构的战略性调整、增加农民收入，注重农产品安全和市场竞争力的提高，不断提高农业综合生产力，提高农业整体效益。

1.3.2 从为农业产中服务为主向为农业产前、产中、产后全过程服务转变，实现产加销一体化协调可持续发展

现代都市农业科技要面向农业生产全过程，大力发展农用工业技术、农产品加工及营销技术，推进农业产业化发展，实现多层次加工增值，拓宽农村就业渠道，走具有上海国际大都市特色的郊区农村可持续发展道路，实现农业生产，加工、流通等涉农产业与生态环境的协调和可持续发展。

1.3.3 从市内市场为主转变为面向市内、国内、国外3个市场

适应世界和区域经济一体化趋势，充分发挥上海改革开放前沿的区位优势，重点加强长江三角洲农业科技合作，扩大对外农业科技交流，扩大农业科技发展空间，根据大都市郊区农村的特点发展种源农业、装备农业、创汇农业、高科技农业、休闲农业等，推进农业科技国际化，提高上海现代都市农业和农产品的国际竞争力[6]。

1.3.4 从劳动集约型、资源型农业向知识技术集约型农业转变

现代都市农业科技要推进农业从劳动集约型、资源依附型向知识技术集约型现代农业转变，利用高新技术改造传统农业，把资源开发技术与市场开发技术相结合[7]。充分利用现代都市农业最贴近市场、最了解消费者新需求的特点，加强农产品营销策略和农村市场信息化的开发，促进农业增长从劳动集约型、资源依附型向知识技术集约型转变[8]。

2 加快农业科技创新体系建设

2.1 构建重点学科、技术平台、科技基地体系

通过组织实施国家和省市重大科技项目计划、攻关计划、星火计划、自然科学基金计划、社会科学计划、农业科技跨越计划等多种途径巩固优势学科，建立新兴

学科,加强基础学科的科研创新队伍建设;通过技术平台和基地建设,增强农业科技的创新能力、持续发展能力和产业化能力[9]。

2.2 建立开放流动竞争协作的新型农业科技运行机制

2.2.1 坚持科研立项招投标制度

坚持公开、公正、公平的原则,实行课题招标和择优委托制度。改革经费使用方式,在农业科技总经费不断增加的基础上,改革拨款方式,对不同类型的科研项目采取不同的资助方式。

2.2.2 改革科研机构人事制度分配办法

形成符合事业单位特点的政事职责分开、配套措施完善的分类管理体制,建立一套符合专业技术岗位、管理岗位和工勤岗位人才成长规律的管理制度,形成公开、平等、竞争、择优的用人机制;改革分配办法,探索并完善技术要素参与分配的方法和途径,使科技人员的收入与其工作绩效挂钩。

2.2.3 逐步完善现代科研院(所)管理制度

积极探索实行理事会决策制、院(所)长负责制、科学技术委员会咨询制和职工代表大会监督制度。科研机构主管部门要逐步将直接领导转为通过参加理事会参与科研机构的决策,赋予科研机构自主权[10]。

2.3 加强农科成果转化推广服务体系建设

2.3.1 建立农业科技成果转化服务网络

重点通过区(县)、镇(乡)农技推广服务机构,转化推广农业科技成果,对公益性、关键性技术的转化工作主要由科研机构完成,实行低价和免费政策鼓励;对农业科技龙头企业开发有市场前景的技术,财政要拨专项予以支持。

2.3.2 促进农科教结合,建立多元化的农技转化服务体系

根据上海市郊实际推进农科教结合,建立多元化的农技转化服务网。可通过参与农民技术协会和其他服务组织的途径,为广大农民提供技术、人才、信息等的咨询与服务。

2.3.3 发展适用于农村技术市场的中介服务机构

加强技术合同认定登记工作,积极组织农业技术交流、交易活动。关注农业和农村科技中介服务组织,在科技信息、市场信息、人才信息等的农村科技中介服务领域发挥引导作用[11]。

3 推进十大农业科技创新行动

为加快上海现代都市农业发展的关键性与实用性技术研发步伐,应组织实施以下十大自主科技创新行动。

3.1 实施优质高效种源种苗农业科技行动

3.1.1 强化种源种苗工程

加大优质高抗的蔬果、粮油、畜禽、水产等品种的选育、引进、试验、示范和

推广力度，加强相关新技术和新装备的研究开发和推广应用。

3.1.2 重点开展生物技术与工程技术相结合的粮菜花果畜禽综合育种能力

加强地方性传统良种选育，建立新的育种技术模式和标准，提高种源农业竞争力。

3.1.3 提高具有上海特色的蔬菜、水果、食（药）用菌、花卉、水产、畜禽等品质档次

开发适应生育调控和反季栽培、保鲜包装运输、机械化栽培的作物新品种。

3.2 实施高收益型智能化园艺生产科技行动

3.2.1 根据东部沿海地区的气候特点，研发具有自主知识产权，可用于周年栽培蔬菜、花卉等园艺作物的智能化设施。根据消费结构变化新趋势生产高品质的园艺类产品，以满足市内、国内、国外3个市场的新需要。

3.2.2 研究开发适合长江三角洲地区经济林果栽培所需的复合型环境控制技术，创建高收益型的设施园艺装备技术系统，建立长期稳定的经济林果高品质生产技术体系。

3.3 实施现代林果业科技行动

3.3.1 加强林果业生态工程技术研究和示范，确保城市和农村的生态安全。优先开展郊区生态脆弱区的生态恢复技术研究和经济林果的品种选育与栽培技术研究。重点开展黄浦江中上游和苏州河沿岸生态林与果林建设技术，加强生态林和果林的工程效益监测评价技术研究与开发。

3.3.2 加强沿海防护林体系建设技术研究，积极引进更新经济林果新品种，加强郊区优质竹林、经济林、观赏植物培育技术及生物快繁技术的研究，开展林化产品精细加工技术研究。

3.3.3 加强林果树的重大病虫害预测预报和综合防治技术研究，优先开展重大危险性病虫害的快速检疫技术的研究与应用，开展信息技术在病虫灾监测和预报中的应用研究。

3.4 实施优质安全畜禽兽医业科技行动

3.4.1 加强地方优质畜禽品种资源利用和国内外优良品种引进研究

开发良种选育与快速繁育技术、建立科学的良种繁育体系，研究畜禽生产性能测定技术、遗传评定技术，促进畜禽业的标准化生产。

3.4.2 加强畜禽疾病综合防控及人畜共患病与未知疫病防控的研究

研究开发规模化、工厂化养殖场疫病自动监测控制技术，加速动物疫苗、新型兽药、疫病诊断试剂盒的研究与开发；着力加强人畜共患病与未知疫病的研究，加强国内外相关情报收集和建立疫病预警机制及处置突发性重大人畜共患病与未知疫病的技术体系，确保公众卫生和城市安全。

3.4.3 加强优质、安全饲料检测技术及其认证标准体系的研发

建立健全各种畜禽品种科学饲养标准和饲料标准，确保饲料安全性和饲养的安

全性；加速开发饲料检测新技术，确立饲料检测技术与认证标准体系。

3.5 实施农产品精加工及绿色食品科技行动

3.5.1 加快农产品加工业现代新技术的开发应用

重点研究开发农产品保鲜、储运、加工技术与装备，促进核辐射技术、无菌包装技术、胶囊化技术等在农产品加工与综合利用中的应用。加快现代生物技术研究开发，特别是酶技术、微生物固态发酵技术、深层发酵技术等。

3.5.2 建立健全农产品及其加工品质量标准体系和质量监测体系

主要建立农产品与加工品、种子、种苗、种畜、菌种以及无公害、绿色、有机食品的质量标准体系，开发产品监测技术，开发绿色、有机食品，提高产品的安全性。

3.5.3 扶持规模大、科技含量高的农产品加工龙头企业

加强与农产品加工科技企业合作，促进上海市郊农产品加工业水平的全面提升。

3.6 实施农业资源利用和生态保护科技行动

3.6.1 开展农业资源的调查、勘察、收集和合理利用规划

重点开展市郊、长三角和近海资源调查、收集评估和综合利用，建立主要农业资源开发利用的生态环境保护指标体系和农业资源监测体系。

3.6.2 开展农业资源的高效利用，提高农业资源利用率

重点支持种、养、加结合的立体农业，生态农业的研究与开发；大力开发旱作和节水农业技术，加大推广喷灌、微灌、滴灌等新型节水灌溉技术力度，建立高效节水农业示范区，推进节水农业技术革命；大力应用节肥、节能技术与设备，大幅提高土地产出率和资源综合利用率。

3.6.3 开展农业生态环境保护，防治农业面源污染

重点加强崇明生态岛、黄浦上游等环境敏感地带的环境保护，加强防治农业化学物质污染环境的技术研究，着重搞好江河、湖泊的水功能区划，确定江河、湖泊水域自净能力，加强郊区水体环境保护。

3.7 实施农业生物技术产业化科技行动

3.7.1 农业生物技术育种、生物制品及其产业化

开展水稻等主要作物抗逆基因工程研究及产业化开发，开展畜禽胚胎工程、林果菜品种遗传改良与病虫害防治；加强植物组织培养、脱毒、快繁工厂化生产新技术的研发；加强生物农药、生物肥料、生物调节剂的研制与开发。

3.7.2 食品生物技术及其产业化

开展现代发酵技术、酶技术在农产品加工、食品工业上的应用，大力加强农产品、林果产品、水产品、畜禽产品等新型食品的研发。

3.8 实施农业信息化科技行动

3.8.1 建立市区（县）镇（乡）农业科技信息网络体系，建设上海农业科技公共数据库平台及数据库群，开发计算机辅助决策系统，智能化专家系统等应用系统，

为农业科研、生产、管理提供信息服务。

3.8.2 加快开发信息网络技术、遥感系统（RS）、全球定位系统（GPS）、地理信息系统（GIS），建立上海市农业资源、环境、灾害等综合性监测、预报、预警系统，重点建立市场、灾害、疫病等预警防御信息体系。建立"都市型现代农业科技动态综合信息系统"，为新农村、新郊区建设提供农业科技全方位服务。

3.8.3 加强农业信息网络知识培训。通过举办培训班、学术研讨会，开展科技下乡及科技兴农服务等各种形式，加强对从事农业生产、加工、销售、管理、科研、推广人员的网络知识培训，提高网络信息资源的使用效率。

3.9 实施现代都市农业理论研究科技行动

3.9.1 重点开拓发展战略研究和市场调控理论等的宏观经济研究

围绕都市型农业理论，新农村建设和农业现代化，国内外农村、农业、农民问题，农产品市场、流通、价格、土地、劳动力、技术、金融市场等问题与时俱进地开辟研究新领域，为学术理论、农村社会进步提供基础性文献。

3.9.2 加强农业科技发展趋势与政策法规中观经济研究

着力研究国内外农业科技发展趋势，农业生产与经营管理政策，城乡一体化和城乡统筹发展政策，农村生态环境保护对策等的中观政策问题研究，为政府决策提供参考依据。

3.9.3 加大农业技术微观经济研究力度

主要研究农业技术经济政策，可行性研究与项目评估，技术经济与资源配置评价，区域经济、产业与科技发展规划等，为农业龙头企业、农业科技工作提供管理与操作思路。

3.9.4 坚持"立足上海郊区农村，面向长江三角洲，服务全国"的学科发展宗旨

研究内容要进一步做好从研究郊县农业向研究郊区农村的转变，做好从研究生产向研究产前、产中、产后全过程的转变，重点研究拉长农业产业链，研究"涉农"产业领域。决策咨询研究要进一步突出服务政府与领导的功能。

3.10 实施全面开放的国际农业科技交流与合作科技行动

3.10.1 加强国内外先进农业技术设备和优良种苗以及先进管理经验的引进与推广，促进消化、吸收、创新。加强对外引进的组织管理，充分发挥农业科研机构在引进中的作用，提高引进的针对性，保证技术引进先进性和适用性。

3.10.2 促进农业科学技术和人才的国际与国内交流。加强农业科技人员的国内外交流，鼓励农业科研人员开展国际合作研究与学术交流，加大外派农业科研人员到国内高水平的科研机构或国外进修、深造的力度。按照"支持留学、鼓励回国、来去自由"的政策，创造良好环境和条件，鼓励和引导留学人员、留居海外的农业科技人员回沪或来沪工作、讲学、交流。

3.10.3 推进各种交流形式的国际组织、研发机构、高等院校和科技企业的合作交往，充分利用国际合作渠道资源，发挥学科带头人技术优势和高层次海归人才优势

提高国际国内合作层次，借助国际交流与合作研究提高尖端农业科技水平。

参考文献

[1] 刘春香，闫国庆．我国农业技术创新成效研究［J］．农业经济问题，2012（2）：32-37.

[2] 李其才，李强，等，农业科技革命与农业科技创新体系［J］．科技资讯，2008（4）：227-229.

[3] 张晨，俞菊生．以科技创新推进上海农业现代化建设［J］．上海农村经济，2012（3）：30-32.

[4] 鲁柏祥．基于知识的国家农业技术创新体系研究［D］．杭州：浙江大学，2007.

[5] 熊桉．供求均衡视角下的农业科技成果转化研究［J］．农业经济问题，2012（4）：44-48.

[6] 朱玉春，黄增健．我国农业科技创新能力区域比较研究［J］．商业研究，2008（9）：133-136.

[7] 陈水乡．农业科技创新体系建设的实践与探索［M］．北京：中国农业出版社，2007：1.

[8] 王志丹，周腰华，赵慧娥．提升我国农业科技创新能力的思考［J］．沈阳农业大学学报（社会科学版），2010，12（3）：272-275.

[9] 陈勇鸣．瓶颈与突破：上海科技创新研究［J］．上海行政学院学报，2005（5）：43-53.

[10] 张亚中，朱艳梅．中国农业科技创新体系建设思路与对策研究［J］．中国农学通报，2005（11）：441-443.

[11] 卢江勇，蒋和平．我国农业科技创新能力实证研究［J］．新疆农垦经济，2008（6）：19-25.